国家社会科学基金项目

·亚洲区域合作研究丛书·

澜湄水资源合作

从多元参与到多层治理

郭延军 ◎著

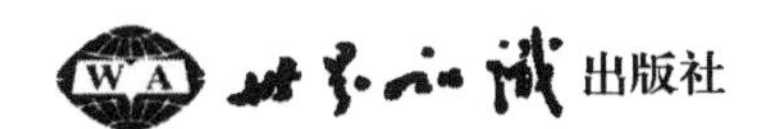

图书在版编目（CIP）数据

澜湄水资源合作：从多元参与到多层治理 / 郭延军著. --北京：世界知识出版社，2020. 5
（亚洲区域合作研究丛书）
ISBN 978-7-5012-6229-8

Ⅰ. ①澜… Ⅱ. ①郭… Ⅲ. ①湄公河—流域—水资源管理—国际合作—研究 Ⅳ. ①TV213. 4

中国版本图书馆 CIP 数据核字（2020）第 072976 号

责任编辑　刘豫徽
责任出版　王勇刚
责任校对　陈可望

书　　名　**澜湄水资源合作：从多元参与到多层治理**
Lanmei Shuiziyuan Hezuo：Cong Duoyuancanyu dao Duocengzhili
作　　者　郭延军

出版发行　世界知识出版社
地址邮编　北京市东城区干面胡同 51 号（100010）
网　　址　www. ishizhi. cn
投稿信箱　lyhbbi@ 163. com
电　　话　010-65265923（发行）　010-85119023（邮购）
经　　销　新华书店
印　　刷　北京虎彩文化传播有限公司
开本印张　720 毫米×1020 毫米　1/16　22⅞印张
字　　数　272 千字
版次印次　2020 年 6 月第一版　2020 年 6 月第一次印刷
标准书号　ISBN 978-7-5012-6229-8
定　　价　69. 00 元

序 言

拙作即将付梓出版之际，才意识到自己从事跨界水资源研究已近十年时间。期间，不但研究对象的称谓发生了变化——从之前的“大湄公河”到现在的“澜湄”，而且中国处理周边水问题的观念和政策也发生了重大调整和变化——从“被动应对”到“主动引领”，这些变化反映出中国学者和政策制定者对跨界水资源问题的认识和理解在不断深化。今天，跨界水资源国际合作不再仅仅是技术官员的“领地”，更多的政府部门、国际关系学者、国际组织和社会组织参与到“水外交”进程当中。从“水外交”的角度探讨跨界水资源合作，不但有助于更好地认识和解决中国周边水资源问题，而且可以为推进中国周边外交开辟新的路径。

本书所讨论的问题正是对上述变化所做的学术努力。细心的读者可能会发现，书中的资料和案例时间跨度比较大，一方面，笔者力图较为完整地展现澜湄水资源合作的历史脉络，另一方面，由于本书是在笔者2017年完成的国家社科基金项目成果基础上修改完成，书中资料难免有些陈旧，且有些内容已在期刊发表。为此，笔者对书中有关内容进行了更新和补充，以尽量体现时效性。令人欣慰的是，澜湄水资源合作一直处于快速发展之中，从几年前相对无序的“多元参与”，到现在逐步走向有序的“多层治理”，这一重要变化在一定程度上弥补了本书时间跨度较大的问题，同时也成为本书最重要的论点。

本书认为，推动构建澜湄水资源多层治理，不会一蹴而就，而是一个“水到渠成”的渐进过程。要实现这一目标，不但要在学术和理论上进行努力，更重要的是要大胆实践，参照国际通行规则，探索符合澜湄地区特点的水资源治理之路，特别是要把澜湄水资源治理放到中国周边外交的“大棋局”中进行规划和设计。

中国高度重视周边外交，习近平总书记提出，“要更加奋发有为地推进周边外交，为我国发展争取良好的周边环境，使我国发展更多惠及周边国家，实现共同发展。”① 为服务周边外交这一总体目标，中国应当考虑以水资源合作为切入点，通过采取更加积极主动的水外交政策，使跨界水资源合作成为中国参与区域合作中的一个“亮点”以及中国为周边地区提供公共产品的一个“典范”，从而服务于“一带一路”建设，早日实现构建“澜湄国家命运共同体”的目标。

周边外交和澜湄水资源合作的快速发展，对研究者和政策制定者提出了更高的要求。笔者深知自己的努力微不足道，但也欣喜地发现，近几年国内涌现出一批新生力量，他们具有扎实的理论功底，又有敏锐的问题意识，产出了不少令人印象深刻且具有启发性的研究成果。澜湄水资源问题正在成为一个研究热点，国关学界“水圈”也在不断扩大。可以预见，澜湄水资源问题的研究会得到不断拓展和深入。

在研究和写作过程中，笔者结识了不少同行挚友，包括但不限于云

① 习近平：《为我国发展争取良好周边环境推动我国发展更多惠及周边国家——习近平在周边外交工作座谈会上发表重要讲话》，《人民日报》2013年10月26日，第1版。

南大学卢光盛教授和吕星副教授、澜湄水资源合作中心钟勇主任和高立洪处长、澜湄环境合作中心李霞处长，在和他们的交流中，笔者获得了不少灵感和启发。外交部、水利部、环保部等相关部委的同事给笔者提供了很多便利，让笔者接触了大量一手资料。世界知识出版社的大力支持，特别是责任编辑认真负责的工作以及提出的宝贵建议，让本书增色不少并得以顺利出版。在此一并表示衷心感谢！

郭延军

2020年3月2日

目 录

第一章　导言

在可持续发展和绿色发展已成为全球共识的时代背景下，跨界水资源的开发与利用可谓是一把“双刃剑”：一方面，跨界水资源为沿岸居民提供水源和食物、航行运输和农业灌溉等，且相比煤炭、石油等传统化石能源，水电是优质的绿色能源；另一方面，水坝建设尤其是大型水坝建设不可避免地会改变当地的生态环境，且有可能给民众生计带来现实或潜在影响。正是由于水资源所具有的这一双重属性，使得流域国家在进行水资源开发利用时往往面临两难境地，各方围绕开发与保护所产生的矛盾层出不穷，以有效协调水电开发与环境保护之间关系为核心内容的水资源综合管理（Integrated Water Resources Management，IWRM）理念应运而生。水资源综合管理理念最早提出于20世纪90年代。该理念认为，水资源是有限的，与其他相关资源构成了一个完整的生态系统。水的各项功能的发挥并非独立，而是相互影响的，对其中一项功能的利用可能会对其他功能的发挥产生负面影响，甚至会形成一种“零和”关系。如，灌溉以及农业污水排放意味着饮用水和工业用水的减少，而水电大坝建设则有可能破坏渔业捕捞和生态系统。水资源综合管理因而提倡水资源开发应以公平和不损害重要生态系统的方式进行，以促进水、土地及其他相关资源开发与管理的协调发展，在最大限度地提高经济效益和社会福利的同时，维持水资源利用的可持续性。[①] 水资源综合管理的理念和方法已被包括中国在内的国际社会所广泛采纳和践行，这也应是跨界流域管理的核心。[②]

水资源综合管理理念超越了传统的以处理人与自然的关系为主要内容的水利管理范畴，将处理流域内各涉水利益相关主体的关系也纳入进来，主张水资源的利用与开发应该以多方参与和利益协调为基础，即吸收各层次的使用者、计划者和政策制定者。[③] 尽管水资源综合管理已经成为国际社会的通行理念，但是在具体的实践中却面临着巨大挑战，这主要是由于用水各方，尤其是上下游国家之间的利益诉求存在差异，有时无法形成一个令各方满意的结果。尤其是对于跨界水资源的综合管理而言，需要处理从全球/国际到地区、国家、国内和地方用户等不同层面的行为者的关系，而如何促进这些行为者的投入以及能否有助于跨界水资源的综合管理，往往取决于政治、法律、行政和监管等环境条件。[④] 也就是说，跨界水资源的综合管理已不仅是一个技术性问题，而更多的是一个政治性问题，需要跨越国界的相关行为体基于开发与保护共举的理念，协调各种利益诉求，以达到水资源利用的可持续性。这就

---

① "IWRM Guidelines at River Basin Level," Hydrology, http://www.hydrology.nl/ihppublications/169-iwrm-guidelines-at-river-basin-level.html; "The Need for an Integrated Approach," Global Water Partnership, http://www.gwp.org/en/The-Challenge/What-is-IWRM/.

② 习近平曾经提出"节水优先、空间均衡、系统治理、两手发力"的治水理念，这实际上就是一种综合管理的思路。参见《习近平：真抓实干主动作为形成合力确保中央重大经济决策落地见效》，新华网，2015 年 2 月 10 日，http://www.xinhuanet.com/politics/2015-02/10/c_1114323910.htm；流域国际组织网、全球水伙伴等编：《跨界河流、湖泊与含水层流域水资源综合管理手册》（水利部国际经济技术合作交流中心译），北京：中国水利水电出版社 2013 年版，前言。

③ 刘戎：《水资源治理与传统水利管理的区别》，《水利经济》2007 年第 3 期，第 55 页。

④ 流域国际组织网、全球水伙伴等编：《跨界河流、湖泊与含水层流域水资源综合管理手册》（水利部国际经济技术合作交流中心译），北京：中国水利水电出版社 2013 年版，第 9—11 页。

与国际关系中以“善治”为根本目标的治理理念的基本内涵十分吻合。

作为世界上水资源最为丰富的河流之一，澜沧江—湄公河上的水电开发一方面符合流域国家的共同需求和利益，通过水电大坝建设促进经济发展的趋势不可避免；但另一方面，流域国家也会长期面临环境保护的压力。受到地理位置和国内经济结构等因素的影响，水电开发给流域各国带来的成本与收益并不完全一致，上游大坝建设的环境成本主要由下游国家承担。如何妥善处理水资源开发与环境保护之间的关系、在上下游国家之间合理分配成本与收益，成为影响流域国家间关系的重要议题。21世纪初以来，因澜湄水资源开发所引发的矛盾日益突出，引起了国内外学界和政界的广泛关注，但已有研究对于该问题在国际关系层面所呈现出的日益复杂的特征尚缺乏全面深入的分析。为此，本研究以澜湄水资源开发与利用为主要对象，分析相关行为体的互动及其利益诉求，指出当前流域治理出现有效性不足的主要原因在于其无法全面反映流域出现的权力流散趋势，无法容纳多元化的利益诉求，而要解决这一问题，需要各方在水资源综合治理理念的指导下，构建能够体现权力流散趋势和利益分享要求的多层治理机制，这不仅有助于化解各方在开发与保护方面的矛盾与冲突，还有助于真正实现全流域的可持续发展。

中国地处澜沧江—湄公河上游，在对流域水资源进行开发时基本不受流域下游国家的影响，下游国家水电开发所产生的负面环境影响也不会对中国构成直接危害。从理论上讲，处于上游的国家，尤其是大国，可能缺乏与沿岸下游国家合作的意愿和动力。虽然湄公河下游四国在水资源开发的利益分配方面亦存在争议与矛盾，但中国在上游的水资源开发利用对下游国家的生态环境以及民生产生的潜在消极影响，也时常受到其他国家的批评，甚至成为影响中国与下游国家关系的重要因素。作为崛起中的大国，中国应从外交和战略层面对此予以高度重视，充分发挥主观能动性，注重为流域国家提供与水资源相关的地区公共产品，这不仅与当前中国日益积极主动的周边外交政策趋势相一致，更能充分展现负责任大国的良好形象，为自身的和平崛起塑造良好的周边环境。

2015 年 11 月，中国与湄公河五国共同启动了澜湄合作机制，水资源合作作为优先领域之一，受到中国和流域国家的高度重视，涉水合作机制和合作规划不断完善，为实现更加有序、高效的流域水资源治理提供了平台和可能性。

第一节　选题意义

在国际环境日益复杂的背景下，国际问题研究的跨学科性已成为大势所趋。尤其是伴随着大国间战争爆发的可能性不断降低，以及来自非传统安全的威胁不断上升，人们越来越认识到，依靠政治、军事、经济、文化或技术等任一单一方式已经无法有效应对当前国际社会所面临的新威胁，而是需要采取综合性的手段才能维护国际社会整体的和平与繁荣，这需要来自不同学科和专业领域的专家和学者们的共同努力。在这些新威胁中，国际河流以及跨界水资源开发利用和治理问题尤其引起了政界和学界的广泛关注。

水是生命之源，是维持生态系统正常运转和人类生存的至关重要的天然资源。虽然水是地球上分布最广泛的资源，总量大约是 14 亿立方千米，但其中淡水资源总量仅为 3500 万立方千米，约占水资源总量的 2.5%。而在这些淡水资源中，大约有 2400 万立方千米，或者说 70%都是山地、南极和北极地区的冰和永久积雪。[1] 水的稀缺性与不可替代性使其成为“最可能导致国家间爆发战争的可再生资源”。[2] 尽管发生“水战争”的论断有夸大之嫌，但不容否认，受到当前全球气候变暖、人口增长和经济发展等综合因素的影响，清洁水的充足供应所面临的压力与日俱增，加之水资源安全问题经常与粮食安全和能源安全等问题叠加在一起，从而进一步凸显了水资源治理的紧迫性。

在所有的水资源形式中，跨界水不仅是最重要的组成部分，而且由于世界上的大部分人口和生态系统用水都依赖于跨越国界的水资源，因而与人类活动的联系最为密切，其开发利用和治理活动对国家间关系的影响也更为显著。一般而言，国际河流（international rivers）、国际水道（international watercourse）、国际流域（international basin）和跨界水资源（transboundary water resources）既是当前四个最常用的概念，也是含义上最为接近的概念。其中，国际河流与国际水道两者可以互相替代。前者是指流经或分隔两个或两个以上国家的河流。后者是《国际水道非航行使用法公约》中的用法，根据其定义，“水道”是指地面水和地下水的系统，由于它们之间的自然关系构成一个整体单元，并且通常流入共同的终点，“国际水道”则是指其组成部分位于不同国家的水道。概括而言，国际河流与国际水道都是指包括了涉及不同国家同一水道中相互关联的河流、湖泊、含水层、冰川、蓄水池和运河。《国际河流利用规则》（《赫尔辛基公约》）则使用了“国际流域”的说法，指出国际流域是指“延伸到两国或多国的地理区域，其分界由水系统

① 相关数据参见《全球水资源》，联合国网站，http://www.un.org/zh/sustainability/waterpollution/impfacts.shtml。

② 转引自［美］詹姆斯·多尔蒂、小罗伯特·普法尔茨格拉夫：《争论中的国际关系理论》（第五版）（阎学通、陈寒溪等译），北京：世界知识出版社2003年版，第184页。

（包括流入共同终点的地表和地下水）的流域分界决定”。“流域国”则是指“其领土是国际流域一部分的国家”。相对而言，跨界水资源涵盖的范畴最为宽泛，它是指国际河流或国际水道（湖泊、含水层）中的水资源。总之，上述概念从内涵上讲具有很大的重合性，因地理层面的含义并非本研究的重点，故在此不作具体区分，根据国内的习惯说法和具体语境，本书将主要使用国际河流和跨界水资源两种说法。

据联合国统计，截至 2014 年，全球共有 276 条跨界湖泊和河流，覆盖了陆地面积的近一半，水量占全球淡水总量的 60%。有 148 个国家的境内有跨界河流穿过，21 个国家则完全位于跨界河流的流域内。从人口数量来看，世界人口中的 90%生活在拥有跨界流域的国家中，另有 40%直接生活在跨界河流或湖泊区域。虽然有些跨界河流由两个国家共享，但大多数流域都是由三个或三个以上国家共享。其中，全球共有 13 个流域由 5—8 个国家共享，刚果河、尼日尔河、尼罗河、莱茵河和赞比西河则由 9—11 个国家共享。流经国家最多的河流是多瑙河，共有 18 个沿岸国家。[①] 在国际社会无政府状态下，跨界水资源生态边界与政治边界的这种不一致性，使之天然地成为一个跨国性问题，尤其是在水资源危机不断上升、水资源供应趋紧的情势下，如何公平合理地开发利用跨界水资源，已经不再局限于技术领域，而是成为一个涵盖政治、经济、社会、文化、法律、环境等诸多领域的综合性问题，也成为国家制定周边战略、开展周边外交的重要内容和重要变量。这可谓是本研究在

---

① 受到国内政局变动的影响，国家数量在近年来有所变动，从而也影响着跨界水系的数量。此处数据来源于联合国统计，参见 United Nations Department of Economic and Social Affairs (UNDESA), *International Decade for Action "Water for Life" 2005-2015*, Last updated: October 23, 2014, http://www.un.org/waterforlifedecade/transboundary_waters.shtml; *Sharing Benefits, Sharing Responsibilities*, UN-Water Thematic Paper, 2008, http://www.unwater.org/downloads/UNW_TRANSBOUNDARY.pdf。

宏观层面的意义所在。

除此之外，对于中国而言，研究澜湄水资源开发利用与治理问题也具有重要的理论与现实意义。

一、跨界水资源问题已成为中国周边外交中的重要议题

近年来，以南海问题为代表的领海争端日益国际化，不仅成为影响中国与周边外交关系的重要议题，而且已经超越了双边乃至地区层面，成为各大国展开外交较量的重要领域，牵动着相关各方的政治、外交和战略走向。然而，除了海洋争端这一地区热点，中国与周边国家围绕水资源开发利用问题所展开的互动同样值得关注，在此过程中所产生的矛盾与冲突虽然不及前者表现得那么显著，但由于跨界水资源所具有的战略意义及其与当地民众的生活息息相关，如果不对其加以重视和研究，很可能会成为下一个影响中国与周边国家间关系的现实威胁；此外，如果中国能够充分利用自身在地缘、经济和技术等方面的优势，发挥主观能动性向周边国家提供水资源类公共产品，[①] 与周边国家就构建水资源合作机制展开务实合作，则将对新时期下周边外交的开展起到极大推动作用。

中国境内河流众多。据初步估算，中国境内流域面积在 100 平方公里以上的河流约有 5 万多条，河川年径流量超过 2.7 万亿立方米。在如此众多的河流中，也包括了许多国际河流。中国拥有国际河流的数量和跨境共享水资源量均居世界各国前列，具体来说，国际河流（湖泊）

① 从公共产品角度分析水资源问题的研究，参见李志斐：《水问题与国际关系：区域公共产品视角的分析》，《外交评论》2013 年第 2 期，第 108—118 页。

有40多条（个），其年径流量占到中国河川年径流总量的40%以上，每年出境水资源量多达4000亿立方米，相当于甚至超过长江的年径流总量。其中主要的国际河流有15条，包含了境外的18个流域国（其中15个为毗邻的接壤国），影响人口逾30亿（含中国）。这些国际河流的公平合理利用和协调管理，直接影响着中国近1/3国土的可持续发展，也影响着中国与东南亚、南亚、中亚和东北亚地区的国际合作与地区的稳定。[①]

国际社会一致认为，受到人口压力和气候变化等因素的影响，未来亚洲地区的水资源供应将成为地区冲突的重要导火索，而对于拥有“亚洲水塔”、有着左右与境外关联的干流、支流的中国来说，中国与周边国家之间的水资源问题已经越过国境，成为考验中国在周边开展水资源外交能力的重要课题。事实上，近年来，因水资源的开发利用所导致的国家间矛盾与争议时有发生。如，2005年，吉林松花江污染曾引发中俄争议，伊犁河与额尔齐斯河的水分配曾导致中俄哈争议，中国怒江开发也曾受到周边邻国的批评与质疑。再如，中国与印度因历史、宗教和边界等问题关系一向复杂，水资源问题更成为两国外交争议的重要领域，不断有印度媒体和学者指责中国在雅鲁藏布江建造水坝会影响印度。而在更大范围内引起国际社会关注的是中国与湄公河流域国家的水资源问题，并因2010年的湄公河大旱使得下游国家与中国之间的水资源争议彻底浮现。[②] 尽管引起上述争议的具体原因不一，但它们共同体现出当前中国周边水资源争议两个重要特征：一是从范围上讲，中国与

① 何大明、汤奇成等：《中国国际河流》，北京：科学出版社2000年版，第2页。

② 关于中国与周边国家在水资源问题上的关系分析，参见李志斐：《水资源外交：中国周边安全构建新议题》，《学术探索》2013年第4期，第28—33页。

周边国家的水资源纠纷并非局限在某一个区域，而是普遍存在于中国的西南、东南和东北地区，涉及地域广泛、国家众多，其中不乏大国（如印度和俄罗斯）以及与中国具有传统友好关系的国家（如湄公河流域国家）；二是从矛盾表现上来讲，争议往往指向中国，并围绕中国在境内的水资源开发是否会对下游的水量、水质和鱼类等生态环境产生不利影响展开。这充分表明，水资源问题已成为中国周边外交中的一个普遍性及显性议题。

中国周边的水资源矛盾在近年来集中爆发是多种因素共同导致的结果，概括而言，这些因素可归纳为以下三个方面：首先，与周边邻国相比，中国处于多条国际河流的上游、有些则是其发源国，在开发方面具有天然的地理优势。改革开放以来，中国经济发展迅速，为满足国内日益增长的电力需求，中国制定了系统的水电开发规划，水电开发时间较下游国家早、开发力度也更大，中国的这一动向受到了下游国家的高度关注。其次，随着中国的快速崛起，周边国家，尤其是小国难免会感受到来自大国的压力，它们进而会担心大国是否会采取激进的周边政策，这种忧虑无疑会投射在跨界水资源利用问题上。最后，出于政治和战略考虑，美国等西方大国近年来纷纷以亚洲的水资源问题作为炒作对象，刻意夸大矛盾、制造分歧，对中国与周边国家水资源矛盾的升温起到了推波助澜的作用，使得中国与周边国家的水资源矛盾更加复杂。由此可见，与领土、领海争端等传统安全问题相比，水资源问题在当前中国周边尽管并不十分凸显，但对于中国来讲却是一个普遍存在的问题，不仅关系着国家的经济发展和对外交往，而且随着包括中国在内的地区各国经济的不断发展，与水资源有关的矛盾正呈现日益尖锐的趋势，从而成为影响中国与周边国家关系的重要因素。

二、澜湄水资源问题在中国周边水资源议题中最具代表性

作为中国乃至东南亚地区最重要的国际河流，澜湄水资源在流域各国社会经济发展中发挥着不可替代的作用，中国与下游国家之间以及下游四国间围绕其开发利用与治理所展开的互动对于中国周边外交的影响也更为深远。因此，在中国的周边水资源议题中，澜湄水资源极具代表性，成为当前一项亟须研究的重要课题，具体表现在以下三个方面。

首先，澜湄水资源对于确保沿岸国家的经济发展和人民的日常生活具有深远意义。

众所周知，水能是澜沧江—湄公河最为丰富也是极其重要的资源，其干流总落差为5500米，其中5000米（91%）集中在中国境内的澜沧江，1780米在云南省境内。流域内水能蕴藏多达9.006×10^{7}千瓦，可开发利用量6.437×10^{7}千瓦，水电开发潜力大，但分布极不均衡。澜沧江流域的开发潜力集中在干流，而湄公河流域的开发潜力主要集中在支流。从区域上看，水能资源主要集中在老挝、中国（云南）和柬埔寨。① 这三个国家的水电大坝建设也最为积极。

然而，相比丰富的储量，澜沧江—湄公河水能资源的开发尚处于起步阶段，尤其是下游的柬埔寨、老挝和缅甸等国虽然水能资源丰富，但开发却极不充分，无法满足本国的电力需求。② 总体来说，未来澜沧江—湄公河流域水电资源的开发空间依然较大，尤其是下游的开发前景

① 转引自陈丽晖、何大明：《澜沧江—湄公河水电梯级开发的生态影响》，《地理学报》2000年第5期，第578页。

② 陈丽晖、何大明：《澜沧江—湄公河水电梯级开发的生态影响》，《地理学报》2000年第5期，第578页。

广阔，加之流域各国现正处于经济快速增长时期，未来一段时间内各国在水资源开发利用方面仍将具有较大需求，水能资源开发今后仍将是各国流域综合开发的主要目标。①

除了水电开发外，澜沧江—湄公河还肩负着灌溉、航运和旅游等多重功能。其中，农业是湄公河下游的主要产业，约60%的湄公河流域居民以此为生，因而极其依赖水流的平稳和充足供应。此外，湄公河还是世界上重要的渔业产区，鱼类资源不仅种类多样，而且数量丰富，为世界上最大的内河淡水渔业产区。流域内大部分人口直接或间接地以鱼类资源为生，也是其家庭收入的主要来源，例如，柬埔寨全国人民80%以上的蛋白质摄入都来自湄公河的鱼类资源，老挝国内生产总值（GDP）的13%来自湄公河的鱼类资源。② 此外，对于下游沿岸居民来讲，湄公河还具有深远的历史和文化含义，是他们心目中的“母亲河”。总之，澜沧江—湄公河丰富的自然资源使其在沿岸国家的经济发展和日常生活中“身兼数职”，发挥着不可替代的多重作用，尤其是其丰富的水能资源，对于国家的经济发展而言具有战略意义。因此，处理好水电开发与其他功能之间的关系，是当前摆在流域各国面前亟须解决的重大问题。

其次，随着流域开发的不断深入，澜沧江—湄公河沿岸国家围绕开发与保护问题的矛盾集中爆发，成为影响国家间关系的重要议题，这其中既包括中国与下游国家之间的矛盾，也包括下游国家间的矛盾。

---

① 何大明、柳江、胡金明等：《纵向岭谷区跨境生态安全与综合调控体系》，北京：科学出版社2009年版，第92页。

② Mekong River Commission, “Biodiversity and Fisheries in the Mekong River Basin,” *Mekong Development Series*, No. 2, June 2003；《工程院院士：澜沧江水电开发对下游鱼类资源没影响》，中国长江三峡集团公司网站，2012年5月30日，http://www.ctgpc.com.cn/xwzx/news.php?mnewsid=60881。

学界普遍认为，河流的水电开发势必会带来流域水文、生态等方面的变化，从而对其他功能的发挥产生不利影响。这一点也明显地体现在澜湄流域。如，上游澜沧江干流的水电开发虽然不直接消耗水量，但会带来河川径流年内和年际分配的变化，从而引发河川水文过程（水情）和水生生态等方面的变化；而湄公河流域的水资源开发利用，除少数几个电站主要用于发电外，多数电站水库还用于蓄水灌溉，因此，这不仅会带来下游水文过程的变化，而且会引起水量的明显变化（减少），对下游干流沿岸地区，特别是洞里萨湖和湄公河三角洲地区的影响更严重。[①] 中国地处上游，且正处于经济快速增长时期，水电需求巨大，在澜沧江规划建设了多座水电大坝。2010 年上半年，中国西南地区和湄公河下游遭遇罕见旱情，来自下游国家的一些民众和团体指出，是中国在湄公河上游（澜沧江）修建水坝加重了旱情。尽管这一说法得到了中国官方和以湄公河委员会为代表的国际机构的澄清，但该问题仍成为影响中国与下游国家间关系的消极因素。此外，受到国内政治转型的影响，东南亚国家内部对于水电开发的争议日益明显，导致下游国家部分民众、媒体乃至政府在该问题上不但对中国频频发难，中国在上游的水坝建设更成为其内部政治斗争的主要话题。[②]

除了中国与下游国家之间的矛盾，下游国家之间的关系也因水电开发问题出现了波动。如，2013 年开工建设的老挝沙耶武里水电站项目在湄公河委员会内部掀起新一轮的争论。反对者提出，大坝建设的环境成本过高且会出现利益分配不均现象，因而呼吁停止一切在湄公河干流

① 何大明、柳江、胡金明等：《纵向岭谷区跨境生态安全与综合调控体系》，北京：科学出版社 2009 年版，第 92 页。

② 例如，由中国主要投资建设的缅甸密松水电站 2011 年被叫停，很大程度上是由于缅甸国内克钦地方势力的反对。

建设大坝的行为。总之，上游国家侧重于开发，而下游更强调维护原生生态环境，这成为澜湄流域开发利用过程中矛盾的焦点所在。

最后，与世界其他水系相比，澜湄水资源开发治理仍处于探索阶段，治理的水平和效果并不令人乐观。

近年来，澜沧江—湄公河次区域建立了多种合作机制和项目，其中有不少都涉及跨界水资源治理的问题，但是，要么这些机制自身存在缺陷，要么机制之间缺乏协调，有些甚至形成了相互竞争的局面。参与机制的各种行为体，如国际组织、政府、国际投资者以及非政府组织都有各自不同的利益和关注点，这些利益也时常发生矛盾（见表 1）。总体上看，现有治理机制基本处于各自为政的状态，不足以为澜湄水资源合作提供充足的公共产品，以有效维护本地区水资源安全。流域唯一的专门水资源治理机构——湄公河委员会也多受诟病。在此背景下，以美国代表的域外大国纷纷以水资源治理为抓手，介入地区水资源事务。尽管域外势力的参与可能会有助于提升澜湄水资源的整体治理水平，但也存在若干负面影响，其中最明显的就是美国暗含深层的政治目的，即以水资源问题为抓手加强自身在地区事务中的影响力，这无疑会使本地区水资源矛盾更加复杂。此外，如前所述，随着东南亚国家的政治转型，其国内关注环境保护的社会团体和国际非政府组织在水资源领域的活动日益活跃，并经常在具体议题上相互呼应。在此情形下，流域现有以主权国家为主要行为体的治理机制显然已无法反映和容纳多样化的利益诉求，各方一致呼吁在现有治理框架基础上发展出更为有效的治理机制，中国作为发源国，面对上述客观趋势显然无法置身事外。

表1　部分组织机构对于澜湄流域关注点的差异

机构类型	关注点
各流域国政府	国家利益、发展优先权
国际组织	贷款、人力资源开发、跨世界银行、亚洲开发银行环境基础设施项目的支持
国际投资者	重经济效益的开发项目
非政府组织	环境方面的项目

资料来源：陈丽晖、曾尊固、何大明：《国际河流流域开发中的利益冲突及其关系协调——以澜沧江—湄公河为例》，《世界地理研究》2003年第1期，第71—78页。

三、澜沧江—湄公河次区域是中国周边外交的重点方向

古往今来，国家如何处理与周边的关系是摆在政治家、思想家和战略家面前的永恒话题。正如印度前总理瓦杰帕伊曾经所说，“你可以选择你的朋友，但不能选择你的邻居”。不论是中国古代的“远交近攻”和“远攻近交”之辨，还是西方的地缘政治学思想，乃至当今的地区主义理论，都是对该问题的高度理论概括。对于一个正在崛起的国家而言，周边的意义尤为重大——其不仅是崛起国的战略依托，而且也会最先感受并反映国家间的权力变动。一种被广泛认可的观点认为，美国之所以能够在独立战争后迅速实现国家稳定，在二战后崛起为超级大国并延续自身的霸主地位，其中的一个重要原因在于其通过门罗主义构建了有利于己的相对宽松的周边安全环境。

当前，国内政界和学界已就周边地区对于中国的战略意义形成广泛共识。然而与美国不同，中国的周边环境十分复杂。中国拥有960万平方公里的陆地疆土，有2.2万公里长的陆地边界线，与中国接壤的国家

有 14 个。中国还有 1.8 万公里长的大陆海岸线，与日本、韩国、菲律宾、印度尼西亚、文莱、马来西亚等国的领海相接或相重叠，它们是中国的海上邻国。此外还有非接壤但有着密切关系的近邻国家，如柬埔寨、泰国、新加坡、孟加拉国等。因此，中国被称为“世界上邻国数目最多的国家”。除了邻国数量多，这些国家的情况还十分复杂多样，这在整个世界上较为少见。中国所处周边环境特别复杂的性质，决定了中国与邻国之间发生摩擦的概率要更大一些。[①] 基于这一客观现实，周边外交在中国整体外交战略中始终占据十分重要的地位，中国始终坚持与周边国家发展睦邻友好关系，维护周边地区的和平与稳定，为本国和周边国家的共同发展塑造良好的外部环境。在周边外交的开展过程中，东南亚地区、特别是澜沧江—湄公河次区域尤其成为中国重点着力的方向，体现出合作起步较早、合作机制较为健全和合作成果丰富等特点，具体表现为以下两个方面。

第一，以大湄公河次区域经济合作（GMS）机制为平台，中国与湄公河国家在各领域的合作进一步深入，国家间关系日益稳定。

20 世纪 90 年代，中国与周边国家之间关系基本实现正常化，此后，中国积极与周边国家建立战略伙伴关系，尤其在经济合作方面取得重要进展，[②] 这其中，中国与湄公河流域国家间以大湄公河次区域经济合作机制为平台开展的合作尤为突出。1992 年，在亚洲开发银行的推动下，大湄公河次区域六国（中国、缅甸、老挝、泰国、柬埔寨和越南）正式启动大湄公河次区域经济合作机制，旨在通过加强各成员国

① 周方银：《如何看待中国的周边安全环境》，《时事资料手册》2009 年第 5 期，第 15 页。

② 参见陈琪、管传靖：《中国周边外交的政策调整与新理念》，《当代亚太》2014 年第 3 期，第 4—22 页；周方银：《中国崛起、东亚格局变迁与东亚秩序的发展方向》，《当代亚太》2012 年第 5 期，第 4—32 页。

间的经济联系，促进次区域的经济和社会发展。二十多年来，在亚行和各成员国的共同努力下，大湄公河次区域经济合作合作稳步推进，成果丰硕，为消除贫困，促进各国经济社会发展发挥了积极作用。合作注重以项目为主导，确定了交通、能源、电信、环境、农业、人力资源开发、旅游、贸易便利化与投资九大重点领域，并积极为成员国提供资金支持和技术援助。[①] 近年来，中方持续加大投入，为次区域国家的大型基础设施和工业化项目提供资金支持，推出一系列务实合作倡议和举措。2017 年，中国累计对五国投资超过 420 亿美元，贸易总额达到 2200 亿美元，人员往来达到 3000 万人次。中方还实施一系列民生项目，覆盖教育、文化、卫生、减贫等多个领域。近两年，超过 1.2 万名次区域国家学生获得中国政府奖学金，3000 多位在职人员赴华参加短期研修培训。[②] 2018 年大湄公河次区域经济合作通过《2022 区域投资框架》，涉及未来 5 年次区域重点推进的 200 多个项目，需要投入资金 600 亿美元，[③] 其中近三分之一由中方首倡、直接参与或提供资金支持。

除了多边层面，中国还积极发展与流域国家的双边关系。在下游国家中，中国与缅甸和柬埔寨是传统友好国家，与老挝和越南同属社会主义国家，与泰国保持着密切交流。因此，尽管中国与上述国家的双边关系在历史上曾出现过波动，但这并未改变双边关系总体向好的大局。尤其自中国—东盟自由贸易区建成以来，中国与下游国家之间的双边贸易呈现更加良好的发展势头，贸易结构进一步改善，双边投资额也有了较

---

① 《中国参与大湄公河次区域经济合作国家报告》，中国政府网，2011 年 12 月 17 日，http://www.gov.cn/jrzg/2011-12/17/content_2022602.htm。

② 《携手书写次区域发展合作新篇章——王毅在大湄公河次区域经济合作第六次领导人会议上的讲话》，中国新闻网，2018 年 3 月 31 日，http://www.chinanews.com/gj/2018/03-31/8480595.shtml。

③ 亚洲开发银行网站，https://greatermekong.org/gms-latest-projects。

快增长。中国还以合资或独资等方式参与柬埔寨、泰国、越南的跨境经济合作区开发建设，促进了当地的经济发展。

第二，作为“一带一路”的重要组成部分，澜沧江—湄公河次区域已成为中国推行周边外交新理念和“建设中国—东盟命运共同体”的“实验田”，[①] 而水资源问题则成为新时期中国周边外交的重要议题。

在中国快速崛起的背景下，中国的周边环境发生了明显变化。特别是中国与周边国家的力量对比发生的显著变化，引发了周边国家及民众对中国的认知与政策反应出现波动，“中国威胁论”一度甚嚣尘上。2010年，美国高调宣布“重返亚太”，开始在外交、军事和经济等领域深度介入中国周边事务，如广泛参与亚太地区既有的多边机制和区域合作架构，提升与东南亚国家的外交关系；极力调整军事部署以将主要精力投放于亚太；力图通过推进《跨太平洋伙伴关系协定》（TPP）谈判，建立以其为中心并绕开中国的泛太平洋经济合作区。尤其是在南海和钓鱼岛等地区热点问题上，美国一改往日的不直接介入政策，开始积极寻求并利用海洋问题以遏制中国的发展。[②] 这直接导致与中国有关的地区热点问题不断升级，中国周边安全环境面临巨大压力和挑战。特朗普上台以来，尽管对东亚地区多边主义以及湄公河地区事务的关注程度和投入力度有所下降，但“印太战略”的提出，进一步强化了中美战略竞争态势，重新激化了不断降温的南海局势，分散了地区国家开展经济合作的注意力，迫使地区国家面临可能在中美之间“选边站”的尴尬境地，中国与周边国家的关系也出现了“近而不亲”的现象。

---

① 参见刘稚：《大湄公河次区域合作发展报告（2014）》，北京：社会科学文献出版社2014年版，第22页。

② 参见王浩：《过度扩张的美国亚太再平衡战略及其前景论析》，《当代亚太》2015年第1期，第4—37页。

党的十八大以来，中国新一届中央领导集体更加重视周边外交。2013年10月24日，中央召开中央周边外交工作座谈会，以“确定今后5年至10年周边外交工作的战略目标、基本方针、总体布局，明确解决周边外交面临的重大问题的工作思路和实施方案。”① 有学者指出，此次会议的召开，标志着中国处理周边关系的政策与理念发生了转变，表现为周边外交在外交全局中地位提升，从强调“互利”到强调“惠及”，政策目标由维持周边稳定和密切经济合作提升为建设“命运共同体”，总体上突出更加奋发有为地全面推进周边外交工作，落实“亲、诚、惠、容”的周边外交新理念。其中，“惠”是主要指经济方面，即带动周边国家共同发展，“诚”是指通过在分歧上的以诚相待和信守承诺塑造良好国际声誉，“容”是指对周边区域整合和周边国家与美国的关系持包容态度，最终达到与周边国家的“亲”。② 上述新理念的提出充分表明，随着国力的日益强大，中国越来越有能力和意愿向国际社会提供公共产品，打造自身负责任大国的良好形象。在实践层面，2013年以来，中国的周边外交日益活跃。中国国家领导人先后出访中亚与东南亚国家，并相继提出了建设“丝绸之路经济带”和“21世纪海上丝绸之路”，与中亚打造“利益共同体”、与东南亚建设“命运共同体”的政策新主张。2015年12月25日，由中国倡议筹建的亚洲基础设施投资银行正式成立，以重点支持亚洲地区的基础设施建设。这些都是中国积极主动推进周边外交，肩负起崛起大国的应有责任，为自身及地区国家提供公共产品的有力例证。可以预见，未来中国将继续以周边作为战

① 《习近平：让命运共同体意识在周边国家落地生根》，新华网，2013年10月25日，http://news.xinhuanet.com/2013-10/25/c_117878944.htm。

② 参见陈琪、管传靖：《中国周边外交的政策调整与新理念》，《当代亚太》2014年第3期，第4—22页。

略依托，坚持在睦邻友好、和平发展的原则下发展与周边国家的关系。在此进程中，妥善解决包括水资源争端在内的各种现实与潜在的热点问题将是中国无法回避的课题。

从中国外交实践来看，不论是从微观方面，即澜湄水资源问题本身的重要性，还是从宏观方面，即中国周边新外交战略的推进，水资源都是值得研究与关注的重大问题。然而，水资源问题在当前并不是中国周边外交中的首要关注，一方面，这容易使中国疏于防范和应对，在面临突发水资源危机或争端时陷入被动，如果应对不当，还可能会引发国家间争端以及民众对中国的不满情绪，甚而为域外大国的干预提供了借口和平台，不仅有损于中国负责任大国的形象构建，也不利于中国与周边国家构建“命运共同体”战略的总体推进。另一方面，这也给未来中国加强周边地区的水资源外交、探索向周边提供公共产品的新路径提供了操作空间。同时，鉴于澜湄流域在国际上的重要地位，这也将为国际河流治理提供宝贵经验。

四、研究澜湄水资源治理问题对于探讨中国如何向周边提供公共产品、寻找符合地区特点的国际河流治理路径具有深远的理论意义

国家要想确立自己的大国地位和身份，除了需要加强自身的物质实力建设外，还需要通过为国际社会提供公共产品以获取他国的认可与尊重。在当前美国制度收缩的背景下，如何以及为国际社会提供何种公共产品成为中国崛起过程中所要解决的重大问题。有学者通过系统分析水资源问题的内容后认为，水资源问题具有公共性和区域性两大属性，要

解决流域国在分配和利用方面的矛盾，需要相关行为体提供水资源类区域公共产品。所谓水资源类公共产品，是指流域国将公平、合理、有效地使用水资源，保证未来可持续发展，作为重要的战略考虑，在必要而合理的范围内，联合起来对水资源使用的行为进行政策、法律和机制上的规定。通过提供水资源类区域公共产品，流域内国家可以获得三重收益：（1）有助于避免和解决水资源问题，使流域国共同从和平共享水资源中获益；（2）促进流域国联合起来保护水质、水域生态环境等，使之从可持续发展中受益；（3）促进区域合作。水资源问题的产生和发展会影响国家之间贸易、交通、人力、投资等方面的交流与合作，甚至造成“虽是邻居，但老死不相往来”的对立局面。但如果能在水资源问题上协调立场，在水资源领域开展合作，那么就可能会带出一系列的国家互动和在多领域的合作，促进整个区域合作，从而使国家之间的获益领域远远超过水合作本身所带来的收益。[1] 显然，提供水资源公共产品不仅符合流域国家的共同利益，而且有助于一国掌握在该问题上的主导权。此外，随着国际社会逐渐认同水资源综合管理理念，流域国家更加倾向于通过合作而非对抗的方式解决国际河流水资源争端。据统计，1949—2009 年间，世界各国共签署了 200 多份有关跨界水资源的国际协议，仅有 37 起国际水资源争端最终诉诸武力解决。[2] 然而，由于国家在水资源利用问题上的利益各异，导致各方在国际河流水资源治理的合作方式、内容以及争端解决等问题上看法并不一致，在具体的机制建设上，不同地域在程度和效果上也参差不齐。

---

① 李志斐：《水问题与国际关系：区域公共产品视角的分析》，《外交评论》2013 年第 2 期，第 115 页。

② 《第 17 个世界水日：跨界水—共享的水、共享的机遇》，中国政府网，http://www.gov.cn/jrzg/2009-03/21/content_1264730.htm。

作为澜湄流域上游大国，出于以下两个方面的原因，中国在提供水资源公共产品、探索国际河流治理新路径方面大有可为。第一，与周边国家相比，中国境内的水资源利用较为充分，加之自身在经济、技术等方面的优势，使其能够较容易地在合作中占据主动。第二，由于中国居于多条国际河流的上游，对水资源的开发利用一般不会受到下游国家更多的制约，因而可能会缺乏合作的动力，从而引起下游国家的不满和疑虑。而中国若能充分发挥主观能动性，切实推进流域整体合作，无疑会有效改善中国在周边的舆论环境，真正实现对周边国家的“惠及”与共同发展，有助于促进负责任大国形象的构建，这也符合中国更积极主动推进周边外交的整体战略布局。

综上所述，当前，随着流域国家经济不断发展，水资源开发利用进程也将不断推进，围绕着开发与保护问题，上下游国家、域外国家及各种非国家行为体的矛盾日益突显，加之周边国家对中国崛起进程的战略性担忧，使得澜湄水资源开发与治理问题已不仅限于技术层面，更成为一个政治与外交问题。从国际关系角度对此进行分析，不仅具有实践意义，而且对于中国新时期周边外交的推进和探索国际河流水资源治理新路径具有理论上的指导意义，既有助于实现整个流域的有效治理，又可使其成为中国向周边提供公共产品的成功典范，促进次区域国家的共同发展，真正落实“人类命运共同体”和“亲诚惠容”的外交新理念。

第二节　研究综述

国际河流的开发机制、潜力、生态环境保护与水资源的合理利用和管理及其相关关系的研究，所涉学科和议题较为广泛。大的方面涉及自然环境与人文环境的变迁，包括政治、外交和经济等诸方面。在学科和专业上又旁及自然地理和人文地理，包括水文水资源学、水科学、环境地理学、经济地理学、历史地理学和国际法学等，并且具有较强的区域性和综合性。因此，国际河流的研究应该体现出是多学科和多专业交叉的特点。[①] 前文已经详细阐述了从国际关系视角研究澜湄水资源问题的重要意义，以下将对国内外研究现状进行评析，从中可以看出，与澜湄水资源问题的现实紧迫性相比，不论是从成果数量、所涉及议题的广度以及研究深度来讲，已有研究都显得较为薄弱和滞后。

一、国内研究述评

国内对于该问题的研究始于20世纪90年代。1992年，何大明和刘大清编译出版了《湄公河研究》一书，主要是介绍湄公河临时委员会机制的成立背景、性质、职能、组织结构及人员组成等基本情况，当时，不论是中国自身的参与还是流域的合作水平都处于起步阶段，因此，该研究仅停留在介绍和梳理阶段。随着90年代后期中国参与次区域合作的不断深入，以及澜沧江水电开发建设的推进，国内对于澜湄水资源问题的研究也日渐丰富。归纳起来，国内的研究主要在以下三个学科展开。

一是从技术和科学层面探讨水电开发对流域生态的影响。妥善处理水资源的开发与环保之间的关系，促进两者的平衡发展已成为业界以及

① 参见何大明、汤奇成等：《中国国际河流》，北京：科学出版社2000年版，第13页。

流域国家面临的共同难题，中国在上游的开发无疑是下游国家以及国际社会关注的焦点。国内学者通过研究流域干流水电梯级开发对下游的水位、径流流量、水沙、气候变化以及鱼类的综合影响，在科学数据的基础上论证了中国在上游修建大坝对河流整体生态环境的影响并不显著，① 而且这一判断也得到了国外学者的认可，从而有力回击了来自下游国家和国际社会的质疑。但由于这些成果大多仅限于科学领域，因而无法全部揭示该问题背后复杂的政治因素。

二是国际关系学者的研究。自 1992 年大湄公河次区域经济合作机制正式确立以来，澜湄流域在地区中的重要性和国际影响力逐渐增强，各种合作机制层出不穷，中国借助这些多边机制参与次区域合作的深度与广度也日益加深。基于水资源安全所具有的战略意义，国内学界对于澜湄水资源合作的研究逐步升温。根据讨论议题的不同，这些成果又可分为三类。

一部分学者关注与水资源有关的澜沧江—湄公河次区域的若干合作机制，分析这些机制的特点与成效，并就中国所应采取的政策提供思路。贺圣达在《大湄公河次区域合作：复杂的合作机制和中国的参与》一文中，将大湄公河次区域合作机制分为以下各种类型：国际组织参与的机制（以亚行发起的大湄公河次区域经济合作为代表），东盟十国和中国参与的机制（如“10+3”），次区域几方参与的合作机制（如湄

① 相关研究参见陈丽晖、何大明：《澜沧江—湄公河水电梯级开发的生态影响》，《地理学报》2000 年第 5 期，第 577—585 页；傅开道、何大明、李少娟：《澜沧江干流水电开发的下游泥沙响应》，《科学通报》2006 年第 51 卷增刊，第 100—105 页；何大明、吴绍洪等：《纵向岭谷区生态系统变化及西南跨境生态安全研究》，《地球科学进展》2005 年第 3 期，第 338—344 页；康斌、何大明：《澜沧江鱼类生物多样性研究进展》，《资源科学》2007 年第 5 期，第 195—200 页；刘稚：《环境政治视角下的大湄公河次区域水资源合作开发》，《广西大学学报（哲学社会科学版）》2013 年第 5 期，第 1—6 页。

公河委员会），以及该地区国家与次区域以外的国家如印度、日本等国形成的合作机制。作者认为，各方的合作体现出合作的领域广泛、参与方众多以及开放性的特点，且这种开放性和多元化的合作机制格局将长期存在。[①] 张锡镇在回顾了中国参与大湄公河次区域合作的进展及成效后指出，中国与其他各国的矛盾集中在水资源开发和利用领域，并主要体现为中国与下游国家的矛盾、国家政府与地方利益集团和环保组织之间的矛盾，以及大湄公河次区域同国际环境非政府组织之间的矛盾。[②] 笔者也曾对澜湄水资源安全合作及其困境进行考察，提出现有合作机制存在若干缺陷（如以湄公河委员会为代表的现存机制自身能力建设欠缺），而且机制之间缺乏协调，有些甚至是竞争性的关系，因而无法满足该地区对水资源这一安全公共物品的需求。因此，建议推动建立覆盖全流域的合作机制，促进澜湄水资源安全的善治。[③] 制度化合作是有效推进澜湄水资源治理的关键，部分学者虽然注意到了这一问题，但总体上研究并不深入，如忽视了对湄公河委员会成效的分析、对合作机制存背后国家利益的博弈也未予以充分讨论，从而导致研究出现片面性。

有部分学者关注流域各国在水资源开发和利用方面的利益差异。通过回顾澜湄流域的开发进程，学者们认为，这些利益冲突主要集中于国家之间、部门之间以及大型工程中的国家、地方与个体之间。首先，由于各国地理位置和发展水平的不同，导致在流域开发中必然客观存在各流域国目标冲突问题。在澜湄流域，上游国最为关注的是航运和水电建

---

① 贺圣达：《大湄公河次区域合作：复杂的合作机制和中国的参与》，《南洋问题研究》2005年第1期，第6—14页。

② 张锡镇：《中国参与大湄公河次区域合作的进展、障碍与出路》，《南洋问题研究》2007年第3期，第1—10页。

③ 郭延军：《大湄公河水资源安全：多层治理与中国的能力建设》，《外交评论》2011年第2期，第84—97页。

设，而下游国则偏重灌溉、防洪和渔业等，目前则主要集中在水量分配和水生生态两个方面。其次，国家内部各部门之间的利益冲突表现为：农业和渔业部门需要上游泥沙带来肥沃的土地和营养物质，而航运部门则需要减少泥沙、清理河道，以减少航运风险。从防洪的角度而言，上游修建大坝是目前人类控制径流的重要而有效的方式之一，而渔业部门则认为大坝带来了泥沙的减少、阻碍了部分鱼类的洄游，大坝的修建使得电力部门与渔业、农业、林业、航运部门之间产生利益冲突。最后，大型工程中国家、地方与个体之间也容易产生利益冲突，水电开发可为电力部门、国家和企业带来收益，促进经济的发展，所涉及的部分地、州、县也因此获得利润，但与此相伴随的移民生产和生活的恢复问题却是一个世界性难题。[①] 当然，对于国际河流的水源利用存在利益冲突本是正常，但由于在澜湄流域，处于上游的中国的综合实力和发展水平要比下游各国高很多，中国在水资源利用上面临的来自区域内外的压力和障碍更大。所以，理解各方的利益诉求是中国未来参与地区水资源合作的重要前提。[②]

还有学者关注域外力量的介入及其影响。他们认为，在中国的地区影响力日益提升、与东南亚国家间关系日益紧密的背景下，出于遏制中国影响力、加强自身存在的考虑，美国和日本等域外国家纷纷提升本国

① 陈丽晖、曾尊固、何大明：《国际河流流域开发中的利益冲突及其关系协调——以澜沧江—湄公河为例》，第71—78页。

② 参见秦晖：《湄公河枯水之思》，经济观察网，2010年4月13日，http://www.eeo.com.cn/observer/shijiao/2010/04/13/167385_3.shtml；贺圣达：《大湄公河次区域合作：复杂的合作机制和中国的参与》，《南洋问题研究》2005年第1期，第6—14页；张锡镇：《中国参与大湄公河次区域合作的进展、障碍与出路》，《南洋问题研究》2007年第3期，第1—10页。

的地区合作水平，试图以此获得对该问题的参与或主导权。[①] 例如，日本已成为大湄公河次区域最大的援助国和投资国，对大湄公河地区的投入不断提升。[②] 自奥巴马政府提出“亚太再平衡战略”以后，美国也加大了在大湄公河地区事务的介入力度，水资源治理无疑是重点领域，《湄公河下游倡议》（Lower Mekong Initiative，LMI）已成为美国“亚太再平衡战略”的重要内容。国内学者就奥巴马政府介入湄公河水资源开发的背景、目标及政策特点等进行了深入分析，尤其关注其对中国的影响。已有研究一致认为，美国之所以重新重视并不断加大对湄公河地区水资源事务的投入，目的在于试图恢复美国在该地区的传统优势。这产生了两方面的影响，一方面，有利于提高该地区在环境、医疗、教育和基础设施等民生领域的整体水平；另一方面，作为域外国家，美国加强与次区域国家的双边及多边合作与机制化建设，就上游的水资源开发频频发表否定立场，无疑会进一步加剧湄公河地区合作的竞争态势，使地区形势进一步复杂化，也对中国参与次区域合作产生了负面影响。[③] 总而言之，域外势力的介入固然可以促进地区经济、民生等领域的发展，但也使水资源治理形势更加复杂。

三是国际法学者的研究。由于国际河流及其开发所特有的跨国界性

---

① 参见马燕冰、张学刚：《湄公河次区域合作中的大国竞争及影响》，《国际资料信息》2008年第4期，第15—20页；李永春：《试析韩国的湄公河开发战略》，《东南亚研究》2013年第6期，第55—61页。

② 毕世鸿：《试析冷战后日本的大湄公河次区域政策及其影响》，《外交评论》2009年第6期，第112—123页；毕世鸿：《重拾“价值观外交”的日本与湄公河地区合作》，《东南亚南亚研究》2013年第4期，第6—11页。

③ 任远喆：《奥巴马政府的湄公河政策及其对中国的影响》，《现代国际关系》2013年第2期，第21—26页；罗圣荣：《奥巴马政府介入湄公河地区合作研究》，《东南亚研究》2013年第6期，第49—54页；屠酥：《美国与湄公河开发计划探研》，《武汉大学学报（人文科学版）》2013年第2期，第122—126页。

质，极易引发国际争端，从而使得国际法成为国际河流研究中不可或缺的视角，产生的成果也较为丰富。国际法学界将解决相关流域国之间国际河流（湖泊）水资源开发和环境保护的水分歧与冲突的公约、条约或协定等法律文件通称为国际水法。其研究对象是国际河流的水资源，主体是国际河流沿岸国家或其他国际行为者，客体为国际河流流域及其有关的利用行为，其调整内容涵盖国际河流的划界、航行、水量分配、水电开发、国际河流流域环境与生态保护等方面。[①] 对于国际河流的利用可分为两类，一是航行利用，二是非航行利用。出于本书的主题，此处仅关注国内法学界对于国际河流非航行利用及其影响方面的研究。对于国际河流的非航道使用行为的规范，国际上公认的国际法规则来源于1966年国际法协会制定的《国际河流利用规则》。在实践中，国际社会指导跨界河流管理主要有两份公约：一份是联合国国际法委员会于1997年通过的《国际水道非航行使用法公约》；另一份是联合国欧洲经济委员会于1992年签署的《跨界水道与国际湖泊保护与利用公约》。前者主要关注国际水道的开发利用问题，对跨界水资源治理具有更强的指导意义。但由于这一公约过于限制上游国家的开发行为，导致其部分规定并未受到国际社会的广泛认可，直到2014年8月17日才正式生效。国际法上的分歧也同样体现在澜湄水资源问题上。一种观点认为，现行国际河流规则本质上存在缺陷，从而造成在实践中难以落实，此外，国际水权理论的发展与流域国家在国际河流开发问题上对主权的强调与坚持的客观趋势不相符，具体在澜沧江—湄公河问题上，他们强调

① 参见王志坚：《国际河流法研究》，北京：法律出版社2012年版。

中国应坚持本国权益，同时发展出代表自身利益的规则。[①] 与之相反的观点则认为，尽管国际河流规则和水权理论存在可操作性不强等问题，但无法就此否认其对实践的指导意义。事实上，若干国际河流合作协议都体现了现有国际法的原则，对于中国来讲，国际水权的发展带来挑战的同时，也为中国调整思路、在新形势下与下游国家开展合作提供了机遇。[②]

综上所述，国内三个层面的研究，一方面有助于我们从多个角度全面、深入地了解澜湄水资源矛盾的现象与实质，另一方面也存在若干缺陷与不足。具体表现在：水利工程专家和环保专家虽然从各自的学科角度论证了上游水电开发不会对下游的生态环境产生明显影响，但他们的研究多是利用本学科的数据或模型论证一种客观结果，对日益复杂的国际河流水资源开发形势的分析明显不足。而在国际关系学界，现有研究大多将水资源问题纳入澜沧江—湄公河次区域整体合作的框架中，问题意识尚不明显，因此，除了对该问题进行专门研究的成果较少这一缺陷外，[③] 其不足之处还主要表现为以下三个方面。

首先，大多关注澜湄水资源开发某一特定方面的议题，如域外国家的介入、合作机制的效力以及各方的利益冲突等，而并没有将其统筹到

---

① 王志坚：《国际河流法研究》，北京：法律出版社2012年版；边永民：《大湄公河次区域环境合作的法律制度评论》，《政法论坛》2010年第4期，第149页。

② 参见何艳梅：《中国跨界水资源利用和保护法律问题研究》，上海：复旦大学出版社2013年版。

③ 笔者于2020年2月18日搜索中国学术期刊网络出版总库（CNKI）的期刊发表论文，结果如下：以“澜沧江—湄公河”为主题，从1993年至今，得到文献566篇，其中政治学类55篇；以“澜沧江—湄公河+水资源”为主题，从1995年至2020年2月18日，得到文献46篇，政治学类12篇。可以看出，当前国内针对中国参与澜湄水资源开发治理问题的研究与该问题的现实紧迫性并不相符，国际关系学者的研究更是如此。

水资源治理的框架内，从而造成议题的分散化。实际上，推动流域水资源的综合治理是我们研究水资源外交的最终目的之一，这两者并不矛盾，而是一个问题的两个方面，同时，如果脱离了这一大框架，就容易出现“只见树木不见森林”的情况。

其次，当前国内的研究大多关注于国家行为体的政策和利益冲突，而对于国内社会团体、非政府组织以及国际组织等非国家行为体在澜湄水资源治理中的角色和作用的研究不足。以非政府组织为例。众所周知，自冷战结束以来，非政府组织在国际事务中的作用日益突出，已成为国际关系研究和实践中不可或缺的组成部分。由于国际河流水资源问题是一个对国际社会具有普遍性影响的公共性话题，与非政府组织的价值追求极为吻合，因此，他们在该问题上的活动极为积极，作用也较为突出。

最后，当前国内从中国周边外交的角度出发探讨澜湄水资源开发与治理问题的重大意义的研究尚不多见，尽管近年来不断有学者强调国际河流对中国周边外交和安全的重要性，呼吁以提供公共产品的方式推进水资源外交，[①] 但专门针对澜沧江—湄公河这一重点区域进行研究的成果尚显不足。笔者认为，造成上述不足的根本原因主要在于中国地处上游，仿佛在水电开发问题上具有与生俱来的“原罪”，使得国内学者对水资源开发与治理问题采取了有意或无意的回避态度。某种程度上，正是国内在研究上的缺失给部分国家和媒体以炒作空间。

---

① 参见李志斐：《跨国界河流问题与中国周边关系》，《学术探索》2011 年第 1 期，第 27—33 页；李志斐：《水问题与国际关系：区域公共产品视角的分析》，《外交评论》2013 年第 2 期，第 108—118 页。

二、国外研究述评

与国内研究相比，国外对澜湄水资源问题的研究时间较早、视角更为多元化、所涉及的议题更为广泛、成果也较为丰富，这其中既有历史因素——西方国家曾作为殖民者长期主导湄公河地区事务，二战后部分国家又被纳入美国主导的资本主义体系，即便在当前，西方国家仍在该地区具有较大的影响力；又有现实因素——20 世纪 90 年代以后环保运动在西方迅速发展，河流的生态保护是其中的重要议题，国内的这种思潮外溢到国际社会，则表现为对国际河流生态问题的关注。此外，政治利益也是促使西方学界对该问题展开研究的另一重要因素。综合来看，国外学者在澜湄水资源问题上的研究及主要观点如下。

首先，重点关注水电开发和大坝建设对流域生态环境的影响。尽管国外学者也承认水电开发具有明显的经济效益，但他们更为关注其对于流域生态环境的影响。依据观点的激进程度，这又可分为三类。一是谨慎派，认为澜湄水电开发一方面可以有效促进流域的经济发展，另一方面又可能对生态和沿岸居民生计带来不利影响，已有研究大多只关注其中的一个方面，因此，容易得出片面的结论。实际上，水电开发的利弊在不同层面有不同的表现，不能因某一层面的利弊而得出总体结论，而应该以多层次的视角，从地方、国家和区域层面同时加以分析。① 二是怀疑派，有学者通过分析湄公河委员会的相关报告和下游四国所进行的相关研究后认为，外界对于湄公河环境问题的关注由高到低分别为：水

① Marko Keskinen, "Water Resources Development and Impact Assessment in the Mekong Basin: Which Way to Go?" *Ambio*, Vol. 37, No. 3, May 2008, pp. 193-198.

质退化、枯水期流量减少、泥沙淤积变化、捕鱼量下降，湿地退化和洪水。然而，通过对现有数据进行分析后可以发现，除了三角洲地区外，没有证据表明下游水质变差；旱季流量并没有减少，反而在未来有增加的趋势；悬浮泥沙浓度并不高，也没有迹象表明泥沙负荷将大幅增加；尽管在过去的几十年里，单位渔获量有所下降，但总渔获量呈增加趋势；洪水暴发的频率也不会超出极限范围。这显然与人们的普遍认知不相符。造成这种感知和数据不匹配的原因在于，以湄公河委员会为代表的管理机构未能对监测数据进行有效的分析和发布，对于民众所关心的问题反应也不够及时，在一定程度上造成了社会的主观猜测乃至恐慌。这充分说明，湄公河委员会、成员国政府及相关管理人员的治理能力有待提高。[①] 三是反对派，即认为水电开发会对生态环境产生不利影响，因而对其持反对态度。这一派学者大多强调澜沧江—湄公河（主要是下游）在农业、航运与渔业等领域所发挥的重要作用，而流域国家大多出于发展经济的考虑，并未给予河流生态保护以足够重视，且严重缺乏保护生态的必要知识和手段。因此，澜沧江—湄公河干流的水电项目无疑会对流域生态环境产生不可逆转的负面影响。另外，目前流域尚缺乏统一的水资源管理协调机制，即使在湄公河委员会内部，成员国的国家利益也没有得到有效协调。出于上述考虑，流域国家应当重新评估甚

① Ian C. Campbell, "Perceptions, Data, and River Management: Lessons from the Mekong River," *Water Resources Research*, Vol. 43, 2007, pp. 1-13; Scott W. D. Pearse-Smith, "Water War in the Mekong Basin?" *Asia Pacific Viewpoint*, Vol. 53, No. 2, August 2012, pp. 147-162.

至取消开发计划。[①] 这一派学者尤其关注渔业生产，认为在湄公河干流筑坝将妨碍鱼类洄游，破坏水生环境，且没有任何已知有效手段能缓解这一不利影响。[②] 水电大坝对环境的影响是学界争论的焦点，目前来看，在澜沧江—湄公河问题上，第三种观点在国外的研究中占据主流，并从总体上影响了国外学者的立场。

其次，对中国在澜沧江的开发行为和澜湄水资源治理政策大多持批评态度。这显然是受到了上文反对修建大坝观点的影响，许多国外学者将中国在上游的开发行为视为霸权表现和对流域治理的最大挑战，这也成为国外研究的最大特点。这既与发达国家对大坝总体上的反对态度有关，也与其遏制中国崛起、维护本国在本地区利益的战略诉求密切相关。这方面以美国智库的研究最具代表性。

2010年湄公河爆发大旱，西方许多研究都明确指出，是中国在澜沧江修建水坝加重了旱情。由于不受湄公河委员会的约束，中国在上游建大坝的过程以及大坝在实际运行中信息不公开透明，未充分考虑对下游国家的生态影响。更有部分媒体和民众将澜沧江大坝解读为中国试图借此控制下游的水量，从而达到控制下游国家政府和民众的目的，甚至

---

① Timo A. Räsänen, Jorma Koponen, Hannu Lauri and Matti Kummu, "Downstream Hydrological Impacts of Hydropower Development in the Upper Mekong Basin," *Water Resources Management*, Vol. 26, No. 12, September 2012, pp. 3495-3513; Scott William and David Pearse-Smith, "The Impact of Continued Mekong Basin Hydropower Development on Local Livelihoods," *The Journal of Sustainable Development*, Vol. 7, No. 1, 2012, pp. 73-86.

② Jane Bradbury, "Giant Fish Threatened by Mekong Dams," *Frontiers in Ecology and the Environment*, Vol. 8, No. 7, September 2010, p. 344；澳大利亚湄公河资源中心（AMRC）：《湄公河委员会研究的启示——湄公河干流筑坝对渔业的影响》，《湄公河简报》2008年第9期。

有人将中国称为上游的“水上霸权”。[①]

这些说法显然并非完全基于客观事实，而是明显掺杂了其他政治目的，旨在恶意曲解中国发展水电、促进流域经济发展的意愿，但由于其具有很强的煽动性，不但给中国的水电开发造成了不利的舆论环境，而且破坏了中国的地区形象，抹杀了中国为保护生态环境所做的贡献，为流域国家间关系的发展增添了变数。

再次，注重湄公河流域的治理问题，尤其关注湄公河委员会的作用。由于西方国家国内水电开发已基本饱和，他们更加关注流域生态的保护和治理问题，因此，作为次区域唯一一个水资源跨境管理机构的湄公河委员会成为其研究的重点。湄公河委员会是在西方国家的倡议和大力资助下成立的，随着水资源开发形势和地区格局的演变，国外学者对湄公河委员会作用的认知和评价也发生了变化，其态度从乐观和推崇转向更为谨慎和保守。

早在20世纪60年代末、70年代初，国外就出现了不少专门针对湄

---

① Timo A. Räsänen, Jorma Koponen, Hannu Lauri and Matti Kummu, "Downstream Hydrological Impacts of Hydropower Development in the Upper Mekong Basin," *Water Resources Management*, Vol. 26, No. 12, September 2012, pp. 3495–3513; Philip Hirsch, "The Changing Political Dynamics of Dam Building on the Mekong," *Water Alternatives*, Vol. 3, No. 2, 2010, pp. 312–323; David Blake, "Proposed Mekong Dam Scheme in China Threatens Millions in Downstream Countries," *World Rivers Review*, Vol. 16, No. 3, 2001, pp. 4–5; Richard Cronin and Timothy Hamlin, "Mekong Turning Point: Shared River for a Shared Future," The Henry L. Stimson Center, January 2012, p. 31; Kai Wegerich and Oliver Olsson, "Late Developers and the Inequity of 'Equitable Utilization' and the Harm of 'Do No Harm'," *Water International*, Vol. 35, No. 6, 2010, p. 714; John Lee, "China's Water Grab," *Foreign Policy*, August 24, 2010, http://www.foreignpolicy.com/articles/2010/08/23/chinas_water_grab; International Centre for Environmental Management, "Strategic Environmental Assessment of Hydropower on the Mekong Mainstream," Final Report, prepared for the Mekong River Commission, October 2010; Richard P. Cronin and Timothy Hamlin, "Mekong Tipping Point: Hydropower Dams, Human Security and Regional Stability," The Henry L. Stimson Center, 2010; Evelyn Goh, "China in the Mekong River Basin: The Regional Security Implications of Resource Development on the Lancang Jiang," RSIS Working Paper, No. 069/04, 2004, Nanyang Technological University.

公河治理机制的研究，他们尤其对当时的临时湄公河委员会予以高度评价，认为其成立和发展代表了流域国家在水资源开发合作中跨越国家主义障碍、追求地区主义的光明前景，更有人将其视为未来东南亚地区主义的雏形。① 然而，随着20世纪90年代澜沧江—湄公河干流水电大坝建设的不断推进，湄公河委员会独立性差、治理能力不足等问题日益暴露，西方社会对于湄公河委员会作用的认知也发生了转变。② 如，澳大利亚悉尼大学湄公河资源中心于2008年发表的报告《湄公河委员会在干流大坝治理中的角色》中，就对湄公河委员会的局限性及其原因进行了详细分析。该报告指出，根据成立时签订的协议，湄公河委员会有义务管理湄公河水资源的可持续发展与公平利用，对干流大坝建设负有监管责任。然而，从本质上来看，湄公河委员会属于咨询机构，不具备超国家的权威，没有强制执行权。此外，湄公河委员会90%的资金主要来自国际捐赠者，这些捐助大多具有附加条件，湄公河委员会的若干重大决定不能违背捐助者的意愿或利益，这在一种程度上影响到了湄公河委员会的独立性以及全流域的整体利益和目标的实现。③ 总之，捐助者、公民社会和各国政府对湄公河委员会所扮演的角色有着不同的理解和期望，从根本上说，它是一个“被治理”（governed）的机构而不是

① Virginia Morsey Wheeler, “Co-Operation for Development in the Lower Mekong Basin,” *The American Journal of International Law*, Vol. 64, No. 3, June 1970, pp. 594－609; P. K. Menon, “Some Institutional Aspects of the Mekong Basin Development Committee,” *International Review of Administrative Sciences*, Vol. 38, No. 2, June 1972, pp. 157–168.

② Jeffrey W. Jacobs, “Mekong Committee History and Lessons for River Basin Development,” *The Geographical Journal*, Vol. 161, No. 2, July 1995, pp. 135－148; Jeffrey W. Jacobs, “The Mekong River Commission: Transboundary Water Resources Planning and Regional Security,” *The Geographical Journal*, Vol. 168, No. 4, December 2002, pp. 354–364.

③ 澳大利亚湄公河资源中心（AMRC）：《湄公河委员会在干流大坝治理中的角色》，《湄公河简报》2008年第10期。

一个“治理”（governing）的机构，[①] 由于没有任何监管权力，无法形成有法律力约束的国际协议，正是湄公河委员会本身的缺陷导致其效率低下。上述观点基本代表了当前国外学界对湄公河委员会的看法。

值得注意的是，随着近年来澜沧江—湄公河干流大坝建设的不断推进，在湄公河委员会及其成员国的呼吁下，西方国家对湄公河委员会的作用进行了重新评估，并着手从人事和财政等方面给予其更大的自主权，以提高其行动效力和合法性，但受成员国自身能力和资金所限，这一设想能否真正实现尚存较大变数。

最后，突破水电开发利益之争的国家界限，将视线转到沿岸国国内以及国际非政府组织等非国家行为体身上。一般而言，上游国家在水资源开发中获益，而下游则主要承担负面影响，因此，长期以来，人们普遍以国家为单位划分流域对水电开发的立场。但随着澜沧江—湄公河次区域国家民主化进程的推进，流域国家内部不同地域和不同利益集团在水电开发问题上的分歧日益明显，国家的水电开发决策因此成为国内各种力量博弈的结果。在这种情况下，传统的以国家为单位来划分对流域水资源开发态度的做法就显得过于简单。国外学者在近年来已经认识到这个问题，指出由于多元行为体的存在，不能简单地认定下游国家一定会持反对态度，在电力贸易相互依赖等因素的共同影响下，澜湄水资源开发主要不是表现为上下游国家间的矛盾，而是国内受影响的贫穷的农村大众和精英当权者之间的矛盾。[②] 这一视角得到了越来越多学者的认

---

① Gary Lee and Natalia Scurrah, *The Mekong River Commission and Lower Mekong Mainstream Dams* (Sydney: Oxfam Australia and University of Sydney, October 2009), p. 20.

② Claudia Kuenzer, Ian Campbell, Marthe Roch, Patrick Leinenkugel, Vo Quoc Tuan and Stefan Dech, "Understanding the Impact of Hydropower Developments in the Context of Upstream-Downstream Relations in the Mekong River Basin," *Sustainability Science*, Vol. 1, No. 1, November 2012, pp. 565-584.

同。例如，有学者认为，尽管上下游国家在水电开发问题上的立场不同，但爆发武力冲突或“水战争”的预测显然不符合客观现实。当前湄公河流域的主要冲突表现在流域国家内部的不同地域之间。① 还有学者在探讨下湄公河治理中的社会参与（participatory governance）问题时也涉及不同行为体间的权力关系，并以湄公河委员会的发展为例，指出权力关系是影响社会参与的方式和效果的决定性因素。② 打破传统的国家界限，将非国家行为体引入讨论中，是国外研究的重要特点，也是值得国内学者重视和借鉴之处。

通过回顾已有研究可以看出，国内外在澜湄水资源开发与治理问题上的关注点明显不同，得出的结论也大相径庭，国内学者虽然承认上下游国家间以及流域国家内部对水电开发具有不同的利益诉求，但重点旨在论证上游开发不会对下游产生重大影响；而国外学者虽然表现出对湄公河生态环境问题的关注、对湄公河委员会作用的探究以及对非国家行为体的重视，使得我们对该问题的复杂性有了更为深入的认识，但这些研究多怀有对中国的偏见，特别是认为中国不加入湄公河委员会和不透明的做法造成了流域合作进展的缓慢和下游生态遭到破坏。③ 有学者在比较了国内外的研究后指出，关于澜沧江大坝的跨境生态影响，言辞激烈、观点偏激的评价多来自非政府组织和一些非同行领域的人员，而导

① Marko Keskinen, “Water Resources Development and Impact Assessment in the Mekong Basin: Which Way to Go?” *Ambio*, Vol. 37, No. 3, May 2008, pp. 193-198; Katri Mehtonen, “Do the Downstream Countries Oppose the Upstream Dams?” in Matti Kummu, Marko Keskinen and Olli Varis, eds., *Modern Myths of the Mekong: A Critical Review of Water and Development Concepts*(Helsinki: Water & Development Publications, Helsinki University of Technology, 2008), pp. 161-173.

② Chris Sneddon and Coleen Fox, “Power, Development, and Institutional Change: Participatory Governance in the Lower Mekong Basin,” *World Development*, Vol. 35, No. 12, 2007, pp. 2161-2181.

③ Ellen Bruzelius Backer, “The Mekong River Commission: Does It Work, and How Does the Mekong Basin's Geography Influence Its Effectiveness?” *Südostasien Aktuell*, Vol. 4, 2007, pp. 31-51.

致中外产生这些误解的主要原因，除了缺乏充足的、可用于进行定量分析的数据，各方使用的数据标准不一致，以及未能起建立起覆盖全流域的监测系统等科学和技术因素外，还与中国学者的研究成果不多，导致下游国家及国际社会对澜沧江—湄公河的资源环境问题认识不足，以及流域国政府之间缺乏交流机制等政治因素密切相关。[①] 这造成国外研究在总体上占据了话语权，尽管其结论显然是站不住脚的，却在事实上给中国的水电开发政策制造了舆论压力。这种情况提醒我们，需要加强国内在这方面的研究，特别是对该问题所呈现出的复杂的政治因素加以详细分析，加之近年来澜湄流域水资源矛盾事件频发，更凸显出这方面研究的现实紧迫性。

---

① 何大明、柳江、胡金明等：《纵向岭谷区跨境生态安全与综合调控体系》，北京：科学出版社 2009 年版，第 93—95 页。

第二章　澜湄水资源合作：权力流散、利益分享与多元参与

如前所述，尽管澜湄流域各国均在原则上认同水资源综合治理理念，但在具体做法上存在较大分歧，使其成为影响国家间关系的一个重要因素。尤其是结合当前国际关系所呈现出的特点，本章提出权力流散与利益分享已成为澜湄水资源开发的新趋势。作为冷战后国际社会权力结构性变化的一个重要现象，权力流散改变了权力主体的构成，进而引发了国家在全球或地区公共问题治理方式上的变革。由于国际河流所具有的“整体性”和“共享性”特征，在其开发和治理过程中，出现了越来越多的非国家行为体，利益诉求也趋于多样化。推动建立利益攸关方之间的利益分享机制，公平分配国际河流开发权益，日益成为一种国际趋势和区域共识。作为一条世界知名的国际河流，澜湄水资源治理亦无法脱离上述趋势。当前，澜湄流域各国正在加紧实施水电开发计划，与此同时，流域治理权力也在加速向非政府组织、国际组织以及域外国家流散，本章将分析澜湄水资源治理中的权力流散现象与利益分享诉求，为下文详细分析各行为体的互动作理论准备。

第一节　国际关系中的权力流散与利益分享

权力与利益是政治活动的中心内容，贯穿政治行为的始终。早在两千多年前，修昔底德即直言不讳地指出，“强者可以为所欲为，弱者则必须忍气吞声”，从而深刻地揭示出支配古代欧洲城邦国家间关系的基本逻辑是实力对比和权力结构。随着现代国家的诞生，国际关系发生了深刻变化，国家间关系已经在很大程度上超越了“丛林法则”，强国不能再随意将其意志凌驾于弱国之上而肆意攫取利益。但是，国际关系的游戏规则距离“公正”和“平等”依然遥远，在国际无政府状态下，支配国家间关系的基本逻辑仍然是实力对比和权力结构，国际政治的基本逻辑则体现为“权力决定利益”。①

当前，国家间围绕权力与利益的互动主要体现为权力流散与利益分享。权力流散（diffusion of the power）是冷战后国际关系中出现的权力结构性变化的一个重要现象，其主要标志是权力从主权国家手中日益流散到包括国际组织、跨国公司、非政府组织、市民社会以及个人等行为体。权力流散带来了利益的多元化及治理方式的变革，从而对国家的治理能力提出了新的要求。利益分享（benefit sharing）概念的出现则为国家应对由权力流散所引发的公共资源治理挑战提供了一个有益的思路和解决方案。以下将简要论述二者在国际关系中的具体表现。

在传统国际关系中，权力集中在民族国家手中，如冷战时期美苏两

---

① 程晓勇：《弱国何以在不对称博弈中力量倍增——基于朝核问题六方会谈的分析》，《当代亚太》2014年第6期，第69页。

个超级大国形成的两极对抗体系。冷战结束后，全球化带来的跨国性流动削弱了国家的控制力，加强了国际组织、跨国公司等非国家行为体的力量；网络技术的普及降低了权力的门槛，跨国公司、恐怖组织以及个人等网络行为体开始和国家共享权力舞台。同时，随着国际权力格局的变化，欧美等发达国家对国际事务，尤其是全球公共问题的控制力下降，更多国际行为体参与到全球治理中，国际权力由少数国家垄断的局面发生改变，权力分布由集中转向流散，权力流散日益成为国际关系的总体趋势。① 总之，权力流散概念是对如下客观趋势的概括，即随着全球化进程的推进，国际权力格局所呈现出的由主权国家向非国家行为体、由少数大国向其他新兴国家和中小国家转移的进程。

在实践中，权力流散表现为两大特点：一是从西方大国向中国、印度等新兴大国流散；二是由民族国家向非国家行为体流散。例如，当前，二十国集团已经成为各国在经济领域进行对话与合作的重要平台，从八国集团到二十国集团的建立和发展，标志着以中国为代表的发展中国家在国际经济事务中的发言权大幅提升，并与发达国家一道，就全球金融问题和各国经济政策等议题行使权力；而在应对全球气候变化问题进程中，出现欧盟、伞形集团和发展中国家的三方对立，则直接反映了在减排问题上的权力流散。相比国家之间的权力转移，权力从国家手中的流散更为重要，对国际关系的影响也更为直接。例如，国际市民社会的迅速兴起，非政府组织的数量和影响力大大增强，它们组成“跨国

---

① 国际政治经济学代表人物苏珊·斯特兰奇在其代表作《权力流散：世界经济中的国家与非国家权威》中指出，权力正在全球范围内发生着大转移。国家权力（权威）正在衰落，而非国家权威却正在兴起。一系列的非国家行为体已经和正在挑战国家的权力，包括那些最强大国家的权力。参见［英］苏珊·斯特兰奇：《权力流散：世界经济中的国家与非国家权威》（肖宏宇、耿协峰译），北京：北京大学出版社 2005 年版；尉洪池：《国际关系中的权力流散》，《求索》2013 年第 3 期，第 240 页。

倡议网络”，设定世界事务的诸多议事日程，传播国际规范，成为影响各国民意和政治进程的重要力量。权力流散现象反映了在全球化不断深入、技术迅速发展和国际格局深刻变革的背景下，权力主体日益多元化，绝对权力缺失，新行为体作用和影响增强的事实。[①]

权力流散给国际社会带来了两个方面的影响：其一是要求人们改变传统权力观以适应新的权力结构现实。如约瑟夫·奈（Joseph Nye）曾指出，为了应对各国共同面临的威胁和挑战，要求人们重新理解权力的概念，不再把权力看成对别人的控制，而是如何与别人共享权力，因为赋予别人权力可以帮助人们实现自己的目标。[②] 对于跨国问题的治理而言，需要的不是权力的集中，而是权力的共享。[③] 其二是导致利益诉求的多样化和治理方式的变革，这也是权力流散所带来的最直接后果。在传统的国家“管制”型模式下，很大一部分非国家行为体的利益诉求被掩盖或压制而得不到充分表达，权力流散极大地改变了这一状况。为了实现各自的利益诉求，新的权力主体要求与国家分享治理权力，建立信息上更加公开透明、程序上更加民主平等、利益分配上更加公平合理的治理模式。这也许是主权国家面临的一大挑战，即便权力流散并不必然会削弱主权国家的权力，[④] 但后者也必须接受权力日益分散化的现实，并调整和改革现有的管理模式，努力找到一种能够体现多行为主体

---

① 尉洪池、孙吉胜：《国际政治中的权力》，载秦亚青主编：《当代西方国际思潮》，北京：世界知识出版社 2012 年版，第 160 页；秦亚青：《全球治理失灵与秩序理念的重建》，《世界经济与政治》2013 年第 4 期，第 6 页。

② Joseph S. Nye, *The Future of Power* (New York: Public Affairs, 2011), pp. 150-151.

③ 尉洪池、孙吉胜：《国际政治中的权力》，载秦亚青主编：《当代西方国际思潮》，北京：世界知识出版社 2012 年版，第 159 页。

④ 参见［美］理查德·拉克曼：《国家与权力》（郦菁、张昕译），上海：上海世纪出版集团 2013 年版。

利益诉求的新的治理模式，从而保证社会的有序运行。“利益分享”概念的提出正是这一努力的集中体现。

利益分享并不是一个新的概念。作为一种理念和实践，利益分享是人类在获取和利用自然资源的过程中逐渐发展起来的，首先被运用于全球范围的生物资源保护（动物、植物、微生物）。1993 年 12 月 29 日，全球第一份有关保护和可持续利用生物多样性的协定——《生物多样性公约》（Convention on Biological Diversity）正式生效，其中明确将利益分享和主权原则作为遗传资源获得和利用的基本原则，[①] 在这里，利益分享主要是指如何在资源的使用者（使用国）与提供者（提供国）之间分享由资源利用所带来的收益，[②] 鼓励相关行为体在协商的基础上共同分担资源开发的成本和收益，以缓和各方的矛盾和争端，构建利益分享机制因而成为资源开发过程中的重要环节，这可视为对利益分享狭义上的理解。

随着权力流散趋势在社会各个层面日益显著，利益分享概念的使用已经超出了资源开发范畴，成为一个广泛适用于经济、管理和社会等多个领域的理念。广义上讲，利益分享是利益主体在合理差异和互惠互利基础上形成的对社会共同利益的公平享有。而当处于不同社会阶层中的利益主体不能够平等地享有社会共同利益时，社会就会出现矛盾和冲突。[③] 如企业管理中的利益分享，是指企业经营方（雇主）与雇员分享

---

① 联合国：《生物多样性公约》，1992 年，http://www.cbd.int/doc/legal/cbd-zh.pdf。

② Convention on Biological Diversity Secretariat, “Nagoya Protocol on Access to Genetic Resources and the Fair and Equitable Sharing of Benefits Arising from Their Utilization to the Convention on Biological Diversity,” WIPO, October 29, 2010, http://www.wipo.int/wipolex/en/other_treaties/text.jsp?File_id=202956; Convention on Biological Diversity Secretariat, “Annex: Monetary and Non-Monetary Benefits,” 2011, https://www.cbd.int/abs/text/articles/?sec=abs-37.

③ 何影：《利益共享：和谐社会的必然要求》，《求实》2010 年第 5 期，第 39 页。

企业发展利益，这可以有效缓解劳资矛盾，构筑和谐的企业环境；在国内社会和经济发展领域，利益分享是指相关各方都能公平、有效地享受社会发展红利，逐步缩小发展差距。值得注意的是，进入21世纪，利益分享已成为国际关系中的一个常用词汇，以及中国构建新型大国关系中的重要部分，如，2013年9月5日，习近平主席在出席二十国集团领导人第八次峰会时发言指出，“各国要树立命运共同体意识，在竞争中合作，在合作中共赢。在追求本国利益时兼顾别国利益，在寻求自身发展时兼顾别国发展。让每个国家发展都能同其他国家增长形成联动效应。利益融合，是世界经济平衡增长的需要。各国要建设利益共享的全球价值链，培育普惠各方的全球大市场，实现互利共赢的发展”。[①] 总的来讲，由于利益分享概念的提出为国家探索新的多行为体参与的治理模式提供了有益的思路，因而有越来越多的研究开始着眼于如何构建利益分享机制，使之成为解决全球或地区有关公共资源共享问题的有效方案。

第二节　多元参与进程中的澜湄水资源合作

自20世纪90年代以来，权力流散和利益分享就成为贯穿于澜湄水资源合作进程的两大趋势。其内在逻辑是：国际河流属于“流动的主权”，在澜湄水资源管理中，权力流散导致了流域内国家地位和作用的相对下降，越来越多的国际组织、非国家行为体以及流域外势力参与到

---

① 《习近平出席二十国集团领导人第八次峰会并发表讲话》，中国新闻网，2013年9月6日，http://www.chinanews.com/gn/2013/09-06/5252268.shtml。

水资源管理中，呈现出多元参与的特点；多元参与进程对更好地协调各方利益提出了更高要求，利益分享逐步成为被各方接受的概念，并在多元参与实践中发挥着重要作用。

一、权力流散背景下的多元参与

权力流散趋势主要表现在四个方面：上下游国家之间的权力流散；权力向国际组织流散；国家权力向社会流散；权力向域外国家流散。

首先，权力在上下游国家间流散。

与国内水资源开发主要局限于一国内部、属于国家内政不同，国际河流水资源开发具有鲜明的双重属性：一是主权性，即在法理上一国享有使用和开发其境内水域的全部主权；二是共享性，即各国又在事实上共享河流的开发和使用权。其中，主权性是第一属性，国家对于其领土范围内的水资源具有最高的、排他性的权力；而共享的开发使用权是主权的“附属性”权力。由于国际社会仍处于无政府状态，在国际河流水资源利用问题上，各国对于相互尊重主权、保持自身及对方的领土完整基本没有异议。但如果国家过于强调主权从而无限放大本国的开发使用权，就很可能会损害其他沿岸国对于境内水资源的合理使用权，从而损害对方的主权。尤其是随着人们对河流开发认识的逐步深入以及环保意识的增强，国际社会更加强调维护河流生态的完整性，因此，即便是传统意义上的主权也受到了挑战，呈现出日益流散的特点。为了对这一趋势进行理论总结，学界先后发展出绝对领土主权论、绝对领土完整论、限制领土主权论和沿岸国利益共同体论四种理论。通过考察这四种理论的内涵可以看出，作为一条具有代表性且正在经历快速开发的国际河流，上述四种理论能够较为准确地概括澜沧江—湄公河上下游国家间在开发与治理问题上的权力流散趋势。

绝对领土主权论旨在维护上游国的权力，主张国际河流沿岸国对其境内河段享有完全和彻底的权力，可以自由利用其境内河段而不受任何限制。主权管辖的界限就是利用河水的合理合法的界限，而不必考虑对任何其他国家所造成的影响。可以看出，这一理论极大损害了下游国家的权益。

与之相反，绝对领土完整论是一种维护下游国家权力而损害上游国家合理开发权益的主张。其理论基础虽然也是国家主权原则，但走向了另一种极端，认为水流是国家领土的组成部分，强调必须保持水流的自然状态，对水流的任何改变都意味着侵犯领土的完整性，因此，又被称为“自然水流论”。该理论主张，沿岸国对其境内的自然资源享有排他性的绝对主权，必须保持水流的自然流淌状态。从这一逻辑出发，上游国在其领土内分流或利用河水的行为就必须事先经过下游国的同意，而下游国则对上游国的开发利用行为具有否决权。此外，该理论还要求上游国家有义务在国际河流中留出下游国家需要的水量。

毫无疑问，在上述两种理论的指导下，流域国家不可能达成任何有关河流使用的共识，其结果只能是走向对抗和冲突，这两种理论也因经不起实践检验而被抛弃。目前，在跨界水资源利用方面的主流观点有两种：一是限制领土主权论，强调在尊重国家主权的基础上进行合作，着眼点仍在于“主权”；二是沿岸国共同体利益论，它在一定程度上超越了主权，要求上下游国家出于满足流域人民基本需求、合理分配水量、保护水质和水生态系统的目的，对水电资源开发进行一体化管理。这两种理论都是对传统国家水权理论的突破，是对国家主权的限制或超越，标志着上下游国家间权力的流散，但流散的程度有所不同。

限制领土主权论在承认沿岸国具有主权的基础上，主张限制自身的使用权，认为不管是上游还是下游，都要在顾及其他国家权益的前提下进行开发和使用，即每个沿岸国都有权开发利用其境内的国际河流部分，但也有义务确保不对其他沿岸国造成重大损害。这一方面体现出国际河流水资源开发中的主权平等原则，另一方面代表了主权的有限流散。这一理念符合国际关系的整体发展趋势，得到了国际社会的普遍认可。

随着可持续发展理念和水资源综合管理理念的深入发展，沿岸国利益共同体论应运而生。与前述理论都不同程度地强调维护国家水权不同，沿岸国利益共同体论认为，国际流域各国对该国际流域享有共同利益，要求流域各国树立利益共同体意识，强调国际合作，采用共同管理方式，成立流域联合管理机构，对流域水资源进行整合利用、保护和管理，使整个流域实现最佳和可持续的发展。[①] 在实践中，利益共同体论主张，没有全体流域国明确和肯定的运作，任何流域国都不能单独开发水资源。[②] 可以看出，与前面三种理论相比，利益共同体论的最大特点在于其超越了国家行政界限和主权要求，将国际流域水资源作为流域各国共享的资源，其权力流散的程度达到了最高。有学者认为，这种主张淡化主权、构建沿岸国利益共同体的观点是目前最先进、最理想的国家水权理论，不仅使得跨界水资源水权理论进入到一个新的发展阶段，而且正在逐渐得到国际社会的关注，受到越来越多权威条约和文件的承

① 何艳梅：《中国跨界水资源利用和保护法律问题研究》，上海：复旦大学出版社 2013 年版，第 10 页、第 34 页。

② 白明华：《国际水法理论的演进与国际合作》，《外交评论》2013 年第 5 期，第 109 页。

认，或者指导着这些条约和文件的制定。[①]

由上，我们可以将国际河流水权理论的发展脉络总结为：从绝对主权到相对主权，再到强调流域各国的共同利益。其总的发展方向是淡化主权，[②] 国家在水资源开发问题上的权力成流散状态。这一趋势同样适用于澜湄流域。当前，澜湄流域各国虽然已摈弃了绝对领土主权论和绝对领土完整论，但上下游国家对于开发权的流散程度与方向存在差异。以中国为代表的上游国家一方面强调自身的开发权，另一方面坚持开发与保护相平衡，将自身利益与下游各国利益统一起来，并充分考虑下游国家的合理关切。这显然是基于限制领土主权论的主张。而下游国家，尤其是对上游的水资源开发持反对态度的国家则更推崇沿岸国利益共同体论，认为上游国家并不具备自主开发权，是否开发以及如何开发应是流域各国共同决定的结果。上下游国家围绕该问题所进行的博弈因而成为权力流散的主要内容。然而，有学者认为，从本质上讲，利益共同体论要求突破政治疆界，倡导跨界水资源的一体化管理。虽然一体化管理是未来发展方向，但目前各流域国很难就这一共同体式的管理方式达成一致，河流的统一管理模式若和流域国本身的利益冲突，流域国便难以协调国家利益与共同体利益。因国家间经济发展水平不同，一体化的管理方法也没有令所有沿岸国满意的模式，所以，该方法超越了当前国家间关系的发展阶段，在全球范围内实现还缺乏现实基础。[③] 比较而言，

---

① 何艳梅：《中国跨界水资源利用和保护法律问题研究》，上海：复旦大学出版社 2013 年版，第 10 页、第 34 页。

② 胡文俊、张捷斌：《国际河流利用权益的几种学说及其影响述评》，《水利经济》2007 年第 6 期，第 2 页；白明华：《国际水法理论的演进与国际合作》，《外交评论》2013 年第 5 期，第 102—112 页。

③ 白明华：《国际水法理论的演进与国际合作》，《外交评论》2013 年第 5 期，第 109 页。

限制领土主权论才应是现阶段指导国际河流开发的主流思想。对此，本文认为，一方面，在国际社会无政府状态下，国家仍将是国际河流水电开发的主导者，限制领土主权论也仍将得到大部分国家的支持。尤其是澜湄流域国家都曾长期经历过主权旁落的历史，因此格外珍视本国的主权，要求它们完全让渡河流的开发权在现阶段很难实现。另一方面，随着时间的推移，水资源开发与治理的权力由流域国家共享已是无法回避的客观现实，各种跨流域治理机制的建立就是很好的例证。多数情况下，上游国家更加强调自身的开发权，尤其是担心对下游国家会以"利益共同体"的名义干涉上游合理开发权，因而对于构建跨流域合作机制并不热心。这也正是澜沧江—湄公河上下游国家间的权力流散所面临的一个现实问题。

其次，权力向国际组织[①]流散。国际组织在湄公河次区域的活动十分活跃，根据其职能的不同可划分为两类：一类是开发型国际组织，主要致力于水电项目投资，另一类是管理型国际组织，主要从事流域水资源的管理工作。

开发型国际组织包括世界银行、亚洲开发银行和大湄公河次区域经济合作机制等，它们均在湄公河次区域有大量项目和投资，其中也包括水电开发。由于湄公河沿岸国都是发展中或欠发达国家，它们十分欢迎甚至高度依赖国际组织的开发援助，尤其是在水电项目上，如老挝等欠发达国家的建设资金几乎全部来自国际组织或发展伙伴。尽管如此，政府与国际组织之间的合作也时常面临一些困难。以世界银行为例。由于其在泰国水电项目投资中曾经有过不愉快的经历，2010 年，世界银行

① 本文主要指政府间国际组织。

宣布不会对湄公河干流水电项目进行投资或提供资金支持。2013 年，世界银行宣布重启对东南亚大型水电项目的支持，但没有提及湄公河水电项目。[1] 这从一个侧面反映了世界银行与流域国家，尤其是和老挝等国在湄公河水电项目上的合作存在分歧。在老挝看来，世界银行所执行的水电建设标准过高，对于老挝来说很难达到其要求，客观上会阻碍其水电开发进程。因此，老挝更乐于接受来自中国或泰国的投资。这就使得世界银行在水电开发中陷于一种尴尬局面：一方面表示支持东南亚的水电开发项目，另一方面却在湄公河水电项目投资方面表现得犹豫不决。

管理型国际组织的典型代表是湄公河委员会。湄公河委员会是一个专门性的国际组织，主要关注湄公河流域的水资源管理和可持续发展。关于湄公河委员会所发挥的作用，下文将另设章节予以专门讨论。

在实践中，由于下游国家对于资金的需求以及自身国家治理能力的低下，需要国际组织为其水电站建设提供大量投资并对相关问题进行管理，因此，不论是哪种类型的国际组织，都被赋予了更多的流域治理权。

再次，权力向社会流散。随着东南亚各国政治民主化进程的快速发展，各种市民社会组织和非政府组织迅速壮大。有人提出，湄公河地区已经形成了一个“湄公市民社会”。[2] 其中，环境非政府组织的影响力尤为显著。它们关注的焦点是澜沧江—湄公河次区域的生态环境和当地居民的利益，在实践中相互配合，开展调研，制造舆论，给各国政府实

---

① Save the Mekong, http://www.savethemekong.org/news_detail.php?nid=727.

② Philip Hirsch, “Globalisation, Regionalisation, and Local Voices: The Asian Development Bank and Rescaled Politics of Environment in the Mekong Region,” *Singapore Journal of Tropical Geography*, Vol. 22, No. 3, 2001, p. 249.

施开发计划施加了强大的压力。针对比较敏感、政府不便出面的问题以及政府触角难以延伸之处，非政府组织往往充当政府的执行伙伴。在其影响下，流域民众的政治参与意识明显提高，民意对政府决策的影响也越来越大，有时甚至能够给民选政府制造足够大的压力并迫使其改变原有政策或决策。由于流域国家治理能力普遍较低，在水电站建设过程中，政府往往不能很好地处理移民安置与就业问题，较少关注环境的跨境影响等。而这些问题正是众多非政府组织和社会组织所关心的。因此，尽管政府经常面对来自非政府组织强大的压力，但也越来越认可它们所发挥的积极作用。①

最后，权力由流域国家向域外国家流散。需要指出的是，在中国地区影响力不断提升、与东南亚国家间关系日益紧密的背景下，出于制衡中国影响力、加强自身存在的考虑，美国、日本、印度和澳大利亚等国纷纷提升与该地区的合作水平。考虑到中国与湄公河下游国家在水资源问题上存在的矛盾与分歧，域外国家将水问题作为介入该区域的重要切入点，试图将这一流域内问题演变成一个国际性问题。域外国家的大力投入所带来的一个直接后果是，一些下游国家为了应对中国快速增长的影响力从而实行“两面下注”政策，因此有意愿接受域外国家的援助，以减少对中国的过度依赖。可见，域外势力的介入固然可以促进流域内国家经济和民生等领域的发展，但也使水资源在开发与治理进程中的权力呈现更为分散化的态势。

综上所述，作为一种不可逆转的趋势，权力流散已经成为澜湄水资源开发和治理进程中的最重要特点，深刻影响着各行为体之间的成本和

---

① 笔者曾于2014年9月在湄公河流域开展有关水电开发的调研，以上观点来自笔者对老挝外交研究院院长杨·杉兰西（Yong Chanthalangsy）大使的访谈。

收益分配。据预测，到2030年，湄公河干流12座计划中的水电站全部建成时，电力产能将超过14697兆瓦，但这也只能够满足下游国家总电力需求的6%—8%，而且绝大多数电力输往泰国电网。[①] 而根据国际环境管理中心（ICEM）向湄委会提交的“对湄公河干流水电的战略环境评价（SEA，简称‘战略环评’）”的计算，水坝可以为其所在国的经济发展做出巨大贡献，但也会对柬埔寨和越南带来消极影响。考虑到渔业和农业是下游多数国家的主要产业部门，战略环评判断12座拟建中的干流大坝造成的损失将是“比实际收益更大的一个数量级”。[②]

二、多元参与进程中的利益分享

利益分析有助于理解国际河流开发合作中矛盾的本源，解释合作的动机以及各方的利益诉求。无论是何种利益，均是各国在合作开发过程中诉求的体现。[③] 如前所述，澜湄水资源开发中的权力流散带来的一个直接后果就是利益诉求的多元化，各方要求进行利益分享的呼声日渐强烈。尽管利益分享已经成为社会科学一个普遍使用的概念，但其最初、也最常用在资源使用领域，而鉴于国际河流明显的“公共性”特征，利益分享尤其适用于解释和解决国际河流水资源治理中的

① Save the Mekong, http://www.savethemekong.org/news_detail.php?nid=727.

② International Centre for Environmental Management(ICEM), “Strategic Environmental Assessment of Hydropower on the Mekong Mainstream: Summary of the Final Report,” Final Report, Prepared for the Mekong River Commission, October 2010, p. 18.

③ 周海炜、郑爱翔、胡兴球：《多学科视角下的国际河流合作开发国外研究及比较》，《资源科学》2013年第7期，第1366页。

相关问题，[①] 学者们在该领域的研究也更为深入。

随着国际河流治理中权力流散的趋势日益凸显，相关各方围绕开发与保护的矛盾不断显露与激化，其根本原因在于现有治理机制不足以容纳多样化的利益诉求，因而要求建立国际河流水资源开发的利益分享机制。具体来说，在水资源开发与利用过程中，上下游国家、当地政府、开发企业以及当地居民本应共享开发收益。但是，在当前通行的利益分配机制中，利益分配却明显地忽视了下游国家、地方政府及当地居民的利益。一方面，上游国家因有利的地理位置获取更大的开发收益，而下游国家，尤其是当地政府在水资源开发与经营中得到的收益较少；另一方面，与国家相比，当地居民得到的利益更少，可能会处于一种“丰裕中的贫困”的境地。治理机制的不公导致了水资源开发过程中利益分配的失衡，这一客观现实强烈呼唤利益分享机制的出台，要求既能克服原有水资源开发与利益分配机制的弊病，又能通过让各利益主体在资源开发中共同获益的分配模式，从而实现各国的共生共赢，协调发展区域经济，构建和谐稳定的地区环境。[②] 可以看出，利益分享理念的出现不仅是国际河流水资源开发中权力流散趋势的必然结果，同时也与国际水权理论的发展相一致。尤其是对于澜湄流域而言，由于下游国家的政府治理水平整体不高，因此，沿岸居民的利益诉求可能更加得不到保证，从而导致国内矛盾的恶化。

在上述情势的作用下，国际社会开始加强对国际河流水资源开发利

---

① Oliver Hensengerth, Ines Dombrowsky and Waltina Scheumann, “Benefit-Sharing in Dam Projects on Shared Rivers,” Bonn: German Development Institute, 2012, p. 1.

② 相关论述参见白永秀、岳利萍：《资源共享机制初探》，人民网，2005年3月15日，http://theory.people.com.cn/GB/40540/3244049.html。

益分享问题的研究。2000年，世界水坝委员会发布了一份报告，在其“战略重点五：承认权利与分享利益”中写道：“承认受不利影响的居民应首先得到项目的好处。磋商相互同意且受法律保护的利益分享机制，以确保实施。”[①] 这是“利益分享”概念首次出现在水电领域。此后，水电专家围绕着水资源开发的利益分享展开了理论层面的研究。[②] 有学者指出，在流域各国以合作而非对抗方式解决国际河流争端的大背景下，各国的合作方式主要有两种：一是就上下游国家在旱季和雨季所拥有的水量分配达成协议，二是就水资源开发所带来的收益达成利益分享的共识。二者相比，前一种方式的国家“安全化”色彩浓厚，因而在实际操作中会极为复杂；而后一种方式更加注重水资源开发的经济效益，将河流视为一种生产性资源，各方可以分享因开发所带来的收益，而不是维持不开发的现状。[③] 而国际河流开发中的利益分享，就是旨在通过合作改变成本与收益分配的所有行动，这不仅能够有效缓解水资源争端中的安全化色彩，而且能够为国家间的协调提供平台，是一种双赢的选择。[④] 随后，学者们围绕着利益分享的类型、分享的动因以及具体

---

① 世界水坝委员会编：《水坝与发展：决策的新框架》（刘毅、张伟译），北京：中国环境科学出版社2005年版，第184、186页。

② 相关研究参见Anders Jägerskog and David Phillips, “Managing Trans-boundary Waters for Human Development,” Human Development Report 2006, Human Development Report Office Occasional Paper, September 2006; Marwa Daoudy, “Benefit-sharing as a Tool of Conflict Transformation: Applying the Inter-SEDE Model to the Euphrates and Tigris River Basins,” *The Economics of Peace and Security Journal*, Vol. 2, No. 2, 2007, pp. 26-32; Tesfaye Tafesse, “Benefit-Sharing Framework in Transboundary River Basins: The Case of the Eastern Nile Subbasin,” Conference Papers, No. 1, 2009, International Water Management Institute, pp. 232-245; Oliver Hensengerth, Ines Dombrowsky and Waltina Scheumann, “Benefit-Sharing in Dam Projects on Shared Rivers,” Bonn: German Development Institute, 2012, p. 1。

③ Oliver Hensengerth, Ines Dombrowsky and Waltina Scheumann, “Benefit-Sharing in Dam Projects on Shared Rivers,” Bonn: German Development Institute, 2012, p. 3.

④ Anders Jägerskog and David Phillips, “Managing Trans-boundary Waters for Human Development,” pp. 8-10.

方式等问题展开了讨论。[①] 利益分享不仅是一种理念，而且具有强烈的实践意义。

2008 年，利益分享的研究进入实践层面。2009 年 3 月，世界银行公布了新的水电政策，利益分享成为此轮水电开发投资浪潮中的核心概念。[②] 湄公河委员会在其 2011 年发布的关于利益分享的指导文件中指出，在流域管理和发展可持续的河流基础设施方面，利益分享已被广泛视为一个能够促进合作的有力和实用的工具。[③] 同年年底，总部位于瑞典的欧洲最大的工程咨询公司 SWECO 集团向世界银行提交了的一份名为《利益分享与水电：通过运行框架提高水电投资的开发效益》的报告，提出了一项水电开发中利益分享的基本框架。报告提出，利益分享是一个框架，用于政府和项目支持者在可持续发展原则的指导下通过不同机制，在相应的空间和时间内实现利益攸关方社会、经济和环境利益分配的最大化。利益分享有别于利益补偿机制（compensation），它不仅关注减缓影响的承诺，而且关注由具体项目所创造的促进社区发展的各

---

① 相关研究参见 Claudia W. Sadoff and David Grey, "Beyond the River: The Benefits of Cooperation on International Rivers," *Water Policy*, Vol. 4, No. 5, 2002, pp. 389 - 403; Claudia W. Sadoff and David Grey, "Cooperation on International Rivers: A Continuum for Securing and Sharing Benefits," *Water International*, No. 30, 2005, pp. 420-427; David Phillips, et al., "Transboundary Water Cooperation as A Tool for Conflict Prevention and Broader Benefit-sharing," *Global Development Studies*, No. 4, 2006, Stockholm: Swedish Ministry of Foreign Affairs; Ines Dombrowsky, "Revisiting the Potential for Benefit Sharing in the Management of Trans-boundary Rivers," *Water Policy*, No. 11, 2009, pp. 125-140。

② The World Bank Group, *Directions in Hydropower*, The World Bank working paper No. 54727, March 1, 2009, http://siteresources.worldbank.org/EXTENERGY2/Resources/Directions_in_Hydropower_FINAL.pdf.

③ MRC, "Knowledge Base on Benefit Sharing," *MRC Initiative on Sustainable Hydropower*, Vol. 1, 2011, p. 7.

种机会。[①]

综合来看，学界已就国际河流水资源开发中的利益分享的主要内容及参与利益分享的主体达成了基本共识，利益分享也已从过去单纯的分水问题发展为分享水资源利用中的综合权益，这些权益涉及农业生产、生态维持、渔业发展、电力分配等社会经济和民生的众多方面。在内容上，与单纯的经济补偿不同，利益分享在时间跨度和空间范围上都有所扩展。不仅包括有形的经济补偿，还包括改善教育和健康水平、提高生产生活技能等“软件”方面。在参与利益分享的行为体上，不仅包括直接受影响的群体，还包括其他相关跨国和跨流域组织、特殊利益群体以及私人部门等。[②] 可以看出，利益分享的出发点是开发，目标在于协调不同主体在开发过程中的利益诉求。这一概念的提出与普遍使用说明，国际社会总体上对国际河流水资源开发是持支持态度的，因而其适用于正处于快速开发阶段的澜湄流域。根据上文所述澜湄水资源治理中权力流散的方向和特点，可将各方的利益诉求归纳为以下三个方面。

首先是环境利益，即各方围绕水资源开发对生态环境的影响问题具有不同的利益诉求，主要的利益攸关方一是上下游国家，二是开发国与环境非政府组织。次区域各国，尤其是中上游国家大都制定了各自的水电开发计划，但包括柬埔寨和越南在内的湄公河下游国家以及环境非政府组织则担心上游修建大坝会影响下游的水流量。主流观点认为，澜沧

① Leif Lillehammer, Orlando San Martin and Shivcharn Dhillion, “Benefit Sharing and Hydropower: Enhancing Development Benefit of Hydropower Investments Through an Operational Framework,” SWECO Final Synthesis Report for the World Bank, September 2011, pp. 11-12.

② 参见郭延军、任娜：《湄公河下游水资源开发与环境保护——各国政策取向与流域治理》，《世界经济与政治》2013 年第 7 期，第 136—145 页。

江—湄公河的总水量只有16%[①]（还有13.5%等说法）来自中国的云南省，泰国占17%，柬埔寨19%，越南11%，老挝35%，缅甸2%。除老挝之外，其他下游国家不会受到影响。但是，也有观点认为，虽然从数字上看，中国只占总流量的很小部分，但总流量是在下游湄公河三角洲计算出来的，而老挝万象的流量大约有60%来自中国。因此，中国所占的比例应该远高于16%，中国在上游修建大坝必然对湄公河下游流量造成明显影响，而流量的减少会直接影响到下游的生态环境以及生物多样性，并将导致湄公河包括农业用地在内的54%的河岸植被消失。[②] 对此，中国强调，干流水电站在正常状态下对下游径流的年际变化影响不明显，且在修建大坝时已经充分考虑到了对环境的影响并采取了相关措施，如在大坝下方修建鱼类产卵洄游洞等。另外，大坝不但不会对下游人民造成威胁，还会对河道水量起到调控的作用，避免大涝大旱。但是，在下游国家和环保组织看来，"正常的洪水"对其生态系统和农业用地的维持具有重要的作用，人为改变水文特征，很有可能对生态和农耕系统带来不可逆转的影响。[③]

其次是经济利益，即各方在开发的实际经济收益和成本分配上具有不同的利益诉求，主要利益攸关方是上下游国家及其国内居民。下游国家及沿岸居民担心水量的减少会威胁其福利和生计，他们因此会遭受经

---

① 湄公河委员会网站，http://www.mrcmekong.org/aboutmrc.htm#MRC。

② Evelyn Goh, "The Hydro-Politics of the Mekong River Basin: Regional Cooperation and Environmental Security," in Kenneth J. D. Boutin and Andrew T. H. Tan, eds., *Non-traditional Security Issues in Southeast Asia* (Singapore: Institute of Defense and Strategic Studies, Nanyang Technological University, 2001), pp. 468-506.

③ International Centre for Environmental Management, "Strategic Environmental Assessment of Hydropower on the Mekong Mainstream," Final Report, Prepared for the Mekong River Commission, October 2010, p. 13.

济损失，而开发的收益则主要归上游所有。该流域有6000万人口，他们大多从事农业和渔业，其中1/3的人口每天收入只有几美元。[①] 对他们而言，湄公河为其提供了发展灌溉农业、渔业、交通运输和旅游业的机会，是他们维持生计、发展经济的主要手段，甚至是唯一手段。下游国家担心，上游筑坝和洪水控制会减少或改变下游湄公河的径流水量，从而影响到下游地区居民的生计。以渔业为例，鱼类的洄游在湄公河生态系统的正常运转和持续产出方面发挥着重要作用，湄公河中87%的已知鱼类为洄游物种。湄公河委员会认为，干流修建大坝对湄公河渔业带来的威胁主要包括改变河流的自然水流特征，毁坏鱼类的栖息地以及妨碍鱼类的洄游等。[②] 越南的农民和柬埔寨的渔民担心由于湄公河季节性流量的变化而被迫改变生产方式，并有可能导致生产率下降，将给湄公河的农业和渔业可持续发展带来严重威胁。环境管理国际中心（ICEM）在其2010年的报告中指出，干流修建大坝每年对渔业生产造成的直接经济损失达47.6亿美元。[③]

最后是政治利益，即各方对于澜湄水资源开发具有不同的政治利益诉求，主要的利益攸关方是流域国家以及以美国为代表的域外国家。流域各国在水资源开发中的矛盾和争议不可避免地影响到国家间的政治互信和安全关系。很多国际河流如尼罗河、约旦河和底格里斯—幼发拉底河在水资源开发和利用中的经验表明，一些发展项目会对澜湄流域国家

① 张锡镇：《中国参与大湄公河次区域合作的进展、障碍与出路》，《南洋问题研究》2007年第3期，第1—10页。

② Chheang Vannatith, "An Introduction to Greater Mekong Subregional Cooperation," CICP Working Paper, No. 34, March 2010, p. 14.

③ International Centre for Environmental Management (ICEM), "Strategic Environmental Assessment of Hydropower on the Mekong Mainstream," Final Report, Prepared for the Mekong River Commission, October 2010, p. 13.

的环境安全以及国家间关系产生重要影响。[①] 例如，虽然中国一再强调上游的开发完全出于经济目的，并保证会充分考虑到对下游的生态影响，但这种承诺并不能完全打消下游国家的疑虑。由于没有正式的协议，下游国家担心中国会利用大坝控制上游水量。此外，域外国家的介入也使得流域各国间的政治关系日益复杂。作为“亚太再平衡战略”的重要内容，澜湄水资源开发成为美国巩固和扩大在该地区政治影响力的重要议题，为此，以美国为首的西方国家刻意夸大中国大坝建设的政治内涵，鼓吹下游国家的水资源将来会被中国的大坝经营者所控制，[②] 从而促使部分下游部分国家倒向自己。2010 年年初湄公河下游发生严重干旱时，下游国家和域外国家一道质疑中国在上游水资源开发的不透明做法，指责中国在上游拦水导致了下游大旱。甚至有人提出，湄公河下游国家应加强内部及与外部力量的合作，通过建立均势而不是要求中国奉行利他主义，迫使中国改变其政策和行为方式。[③]

通过上述三个方面的概括，我们可以大致了解澜沧江—湄公河主要行为体的利益诉求及其互动。需要说明的是，作为一个日益复杂的国际性问题，上述三方面无法呈现澜湄水资源开发与治理的全貌，而且在多数情况下，这种互动是相互交叉的。如，环境非政府组织的活动会同时在国家内部和全球层面展开，从而同时与流域国家和域外国家产生

① Evelyn Goh, “China in the Mekong River Basin: The Regional Security Implications of Resource Development on the Lancang Jiang,” in Mely Caballero-Anthony, et al., eds., *Non-Traditional Security in Asia: Dilemmas of Securitization*(Burlington UK: Ashgate, 2006), pp. 225–245.

② Timo Menniken, “China's Performance in International Resource Politics: Lessons from the Mekong,” *Contemporary Southeast Asia*, Vol. 29, No. 1, 2007, pp. 97–120.

③ Timo Menniken, “China's Performance in International Resource Politics: Lessons from the Mekong,” *Contemporary Southeast Asia*, Vol. 29, No. 1, 2007, pp. 97–120.

互动。

总之，随着水电开发的不断推进和人们环保意识的增强，水电大坝建设已不单纯是一个国家内部的问题，而成为一个多行为体参与、多利益诉求交织的国际性问题。在这种情况下，建立符合流域自身特点、兼顾各种利益诉求的利益分享机制，成为有效缓解各方矛盾的必然选择。作为推动国际河流合作的一种方式，尽管利益分享概念已逐渐得到学界和政界的普遍认可，但大多数文献研究的是利益分享可以给合作带来的机会，而对适用于国际河流水坝建设中利益分享的具体机制却鲜有探讨。这也是本研究试图取得突破的一个重要方面。

一般认为，在国际河流的水资源管理中，霸权国家可能发挥领导作用，为整个流域提供公共产品；相反，霸权国家也可以为了自身利益夺取水资源，从而损害流域内其他国家的利益。[①] 因此，下游地区存在一个霸权国家（或主导国）是建立有效合作机制的一个必要条件。[②] 但是，在澜湄水资源治理中，下游并不存在一个霸权国或主导国。依靠霸权国推动国际合作，提供公共物品显然是不切实际的。同时，如前所述，目前澜湄流域水资源合作中现存的各种合作机制也无法满足该地区的公共产品需求。在这种情况下，要求建立一种新的治理模式，有效协调各机制、各行为体之间的关系，避免各种机制功能上的重叠，并对国家的行为进行监督，使国家的决策和行动更加科学，从而真正实现各方的利益分享，推动澜湄水资源合作进程。

---

① Mark Zeitoun and Jeroen Warner, "Hydro-Hegemony: A Framework for Analysis of Transboundary Water Conflicts," *Water Policy*, Vol. 8, No. 5, 2006, pp. 435-460.

② See Miriam R. Lowi, *Water and Power: The Politics of a Scarce Resource in the Jordan River Basin* (Cambridge: Cambridge University Press, 1993).

第三章　国家维度：流域国家与澜湄水资源合作

由权力流散带来的治理主体的多元化，尽管对主权国家在应对全球和地区事务中的作用构成了一定挑战，但并不意味着主权国家会逐渐淡出，与其他行为体相比，它们仍在全球和地区治理进程中发挥着主导和引领作用。这一方面体现为国家主动转变政府职能，在加强与其他行为体合作的基础上谋求治理能力的提升；另一方面则体现为国家之间的协调与合作仍是解决共同威胁的重要途径。后者已经在国际实践中得到了广泛的证实。对于澜湄水资源治理来讲，国家的角色和作用同样不可或缺，主要表现为上下游国家在水资源开发与环境保护的关系问题上具有不同的侧重，并由此做出了不同的政策选择。鉴于澜沧江—湄公河在水资源储量和生态环境方面所具有的重要地位，上下游国家间的利益分歧不仅使得水资源开发与生态环境保护这一话题再次成为学界和政界讨论的焦点，各国在水资源问题上的互动还成为澜湄水资源治理问题的关键，进而影响次区域国家间整体关系的发展。

国际关系学者对于上下游国家在国际河流水资源合作问题上的互动已多有探讨，本章将在已有研究的基础上，重点分析流域国家在澜湄水资源合作中不同的政策立场及其原因，并就未来在该问题上国家间关系的走向加以评估与展望。根据利益诉求和政策立场的不同，以下将首先分析中国在澜湄水资源合作问题上的政策，评估其效果，随后分析下游四国的利益诉求及各自政策。通过分析可以看出，尽管澜湄流域国家围绕水电开发与环境保护的利益分歧不会导致国家间的水资源战争或冲突，但会深刻影响澜湄水资源合作的进展及成效。

第一节　水电开发与环境保护：上下游国家间的主要利益分歧

要准确把握澜湄流域国家在水资源合作问题上的利益诉求和政策特征，首先需要从宏观层面上分析国际河流对于国家间关系的影响，本节将首先从国际关系层面分析国际河流的一般理论，并在此基础上明确澜湄水资源合作问题的实质。

淡水资源是一种关键性资源，对于所有的生态环境和社会活动来讲必不可少，如食物和能源生产、交通运输、废品回收、工业发展和人类健康等。鉴于水资源所具有的战略价值及其在管理、分配和使用过程中所表现出来的“零和”性质，尤其是水、粮食和能源安全之间的紧密关系，使得国际河流水资源开发问题日益呈现政治化和安全化的趋势，不论是从对水源的供应上来说，还是从发展战略、国家领土控制和管理上来说，在很多情况下国际河流的流域问题涉及很多战略因素，[1]“水

---

① 肯·康克：《水，冲突以及国际合作》（董晓同译，薄燕校），《复旦大学国际关系评论》2007年第1期，第75—99页。

政治”（Water Politics/Hydropolitics）、“水安全”等概念应运而生。① 国际河流水资源治理因而不仅是个技术和经济问题，更是个政治和战略问题，从而引起了国际关系学者的关注与讨论。理论上讲，国际河流水资源治理可谓公共资源困境的典型代表，即一方的使用意味着他方潜在利益的减少，并突出表现为上游的污染、取水及水坝拦水会直接或间接影响下游的水质、水量以及生态系统。

一、有关国际河流水资源冲突与合作的一般理论

在国际河流水资源暴力冲突与国际合作之间的关系问题上，国际关系学者主要形成了冲突论与合作论两种观点。

（一）国际河流容易引发国家间冲突

太平洋研究所（Pacific Institute）进行的研究是这一观点的典型代表。该所成立于1987年，总部在美国加利福尼亚，曾最早提出对水资源冲突进行学术分析，并长期致力于收集相关数据和进行实际的冲突解决。其研究认为，来自人口增长、经济发展和环境等方面的压力使得爆发与水有关的暴力和冲突的风险正在逐渐增大而不是减少，这些风险有些体现在地方层面，有些则体现为国家层面。非洲和亚洲将是最有可能

① John Waterbury, *Hydropolitics of the Nile Valley* (Syracuse, N. Y.: Syracuse University Press, 1979); Arun P. Elhance, *Hydropolitics in the 3rd World: Conflict and Cooperation in International River Basins* (Washington, D. C.: US Institute of Peace Press, 1999)；流域国际组织网、全球水伙伴等编：《跨界河流、湖泊与含水层流域水资源综合管理手册》（水利部国际经济技术合作交流中心译），北京：中国水利水电出版社2013年版，第11页。

爆发水资源争端的地区。这两个地区都存在若干共享的国际河流，出于历史和现实政治等方面的原因，这两个地区的国家既没有签订相关的国际协定，又缺乏管理国际河流的经验，加之前者的整体局势持续紧张，而后者正在经历经济的高速发展所带来的对能源的极大需求，因而都是冲突多发和易发地区。

太平洋研究所的主要贡献是编纂了一个有关用水冲突的历史数据库，即通过追踪国家间在水资源领域互动的历史，将其作为分析战争和冲突的工具，探讨这些冲突的性质，制作有关水冲突的地图和数据库，该数据库每年更新。该数据库运用彼德·格里克（Peter Gleick）的用水冲突象征学分类方法，将历史上的水冲突分为以下类别：（1）水资源控制：供水及水权是导致国家间紧张关系的根本要素；（2）军事目标：水资源或者说供水系统对于政府而言是军事行动的目标；（3）军事手段：在军事行动中水资源或供水系统被用作武器；（4）政治手段：水资源或供水系统服务于政治目标；（5）恐怖主义：水资源或供水系统是目标，或者暴力或威胁的主体是非国家行为体；（6）开发纠纷：水资源或供水系统是经济发展背景下争论或纠纷的主要来源。[①] 值得注意的是，这种分类并非绝对，同一事件往往同时呈现两种乃至三种特征，如 1997 年吉尔吉斯斯坦和乌兹别克斯坦之间的水资源冲突，就同时体现出军事手段和政治手段两种特征。由于两国间持续严重的水资源冲突的紧张局势，导致乌兹别克斯坦在两国边境处部署了 13 万军队以保护横跨两国的水库的安全。乌方指责吉方从托克托古尔（Toktogul）水库的放水量过多，而吉方通过媒体暗示，若水库被炸毁，由此产生的

① 参见世界水网：http://worldwater.org/water-conflict/；肯·康克：《水，冲突以及国际合作》（董晓同译，薄燕校），《复旦大学国际关系评论》2007 年第 1 期。

洪水将淹没乌境内的费尔干纳和泽拉夫尚（Ferghana and Zeravshan）河谷。

太平洋研究所的数据库对于我们深入理解水资源冲突提供了大量案例，有助于我们鉴别历史上发生的水资源冲突的性质，但该数据库也存在明显的不足，且基于以下两个原因，使其在当前国际关系领域的适用性大大降低。第一，该数据库所收录的案例有些并非发生在两个国家之间，它们当中有相当一部分发生于一国内部，还有一部分是来自非国家行为体的恐怖袭击事件。第二，与此相关，大多数案例的烈度并未达到国家间战争（war）或暴力冲突（violent conflict）的程度。因此，无法用此数据库中案例的数量多来证明国家间水资源冲突的普遍性。

根据国际河流自身的地理特征及国际社会的无政府特征，我们可将导致国家间水冲突的因素归纳为以下两个方面。

第一是地缘因素，即共享同一条河流的上下游国家间容易发生水资源冲突。早在古代，位于印度南部 Allantharaja 大坝的一块 1369 年的碑铭列出了建造大坝的几个条件，其中就有一条警告说大坝不得建在两个王国的边界附近。[①] 可谓是对国际河流争端地缘因素的最朴素解释。由于目前国际社会仍处于无政府状态，各国主要通过自助的方式获得安全和权力等利益，因此，沿岸国一旦发生利益争端，国际河流的生态边界与政治边界这种不一致性可能导致国家在主权原则、水资源所有权与分

① 转引自肯·康克：《水，冲突以及国际合作》（董晓同译，薄燕校），《复旦大学国际关系评论》2007 年第 1 期，第 75—99 页。

配、安全及环境等方面发生冲突。[①]

第二是水资源的有限性及其分配问题容易引发上下游国家间的冲突。持水资源有限性观点的学者指出，由于水资源并不是平均和有规律的分配的，世界上的一些地区（如中东、中亚）处于严重水短缺状态，对有限水供应的争夺可以诱发国家将对水的获取视为国家安全，从而造成水资源和供水系统日益成为军事行动的目标和手段。即便是在水资源相对充足的地区，随着人口的增加、生活水平的提高带来的对清洁水的需求上升，以及气候变化等因素，也会使得水资源变得越来越宝贵、越来越稀有，也越来越多地成为有关争论的主题，一些人甚至认为我们正面临着一个充斥着“水战”的前景，因为邻国将会因为共享河床的水资源利用问题发生冲突。[②] 尽管有关爆发“水战”的观点并不是所有专家的观点，甚至还不是大多数专家的观点，但这一观点在近年的许多媒体和政策圈内已经成为一个非常有力的主题。[③] 2001 年初，亚洲开发银行在其水资源报告中指出，未来水问题中最难解决的是水资源的合理分配。2009 年联合国《世界水资源发展报告》也指出，水问题将严重制约 21 世纪全球经济与社会发展，并可能导致国家间冲突。[④]

① 学界对于国际河流与冲突之间的关系多有探讨，参见 Pacific Institute, “Water Conflict,” http://worldwater.org/water-conflict/; Aaron T. Wolf, “Water and Human Security,” *AVISO: An Information Bulletin on Global Environmental Change and Human Security*, No. 3, 1999, pp. 29-37; Alex Stark, “Conflict and Cooperation over International Rivers: A Global Governance Proposal,” December 31, 2010, http://www.e-ir.info/2010/12/31/conflict-and-cooperation-over-international-rivers-a-global-governance-proposal/；肯·康克：《水，冲突以及国际合作》（董晓同译，薄燕校），《复旦大学国际关系评论》2007 年第 1 期。

② 肯·康克：《水，冲突以及国际合作》（董晓同译，薄燕校），《复旦大学国际关系评论》2007 年第 1 期。

③ 肯·康克：《水，冲突以及国际合作》（董晓同译，薄燕校），《复旦大学国际关系评论》2007 年第 1 期。

④ See UN World Water Development Report 3, “Water in a Changing World,” UNESCO, 2009.

（二）国际河流能够促成合作

一些学者并不认同国际河流容易引发冲突的观点，而是认为当邻近的国家拥有共同的河流并形成边界时，这样的联系经常能够创造出相互依赖的关系，这种相互依赖更容易转化为国家间的合作。尽管上下游国家之间的相互依赖可能是不对称的，如下游国家对于上游国家的选择往往存在着非常重要的和潜在的脆弱性，但即便如此，在国际河流流域仍然存在着互相依赖的特征。尤其是在水资源综合管理（IWRM）日益盛行的背景下，上下游国家的利益会更多地交织在一起，表现为更多的融合而非对抗，远端上游国家对于下游国家的水资源发展项目的影响有了越来越多的认识和了解，而更为深远的经济或社会领域的互动也会把下游国家受到的影响反过来影响到上游国家。①

国际河流促进国家间合作最明显的表现有两个。

一是在地区层面，流域国家间建立了关于水资源综合管理机构。有学者就其实现路径总结为数据和信息交流——签订局部流域水条约——建立和运作局部流域管理机构——单纯的水量分配——进行联合开发——签订全流域水条约——建立和运作全流域管理机构——进行流域综合管理。② 其中，信息共享往往是走向正式合作的第一步，通常可以在技术层面实现。在进行信息交流的基础上，通过谈判和协商，沿岸国可以达成流域水条约，为开展进一步合作提供法律依据，最终各国间建

① 肯·康克：《水，冲突以及国际合作》（董晓同译，薄燕校），《复旦大学国际关系评论》2007 年第 1 期。

② 何艳梅：《中国跨界水资源利用和保护法律问题研究》，上海：复旦大学出版社 2013 年版，第 38 页。

立覆盖全流域的、职能多元的联合管理机构，这不仅是实现各国间共同利益的理想途径，也是最高程度的合作形式。当前许多重要的国际河流，如在澜沧江—湄公河、莱茵河和尼罗河等流域，沿岸国都建立起了部分或者覆盖全流域的治理机构，就是最直接的例证。

二是在全球层面，有关国际河流水资源综合管理的原则得到了越来越多国家的认可和遵守。尽管截至目前，尚没有一部国际河流的法规得到国际社会的广泛支持，[①] 但其中所设立相关规则，如公平利用、不造成重大损害等在相关国家签订国际河流双边、多边条约时均有不同程度的体现。这说明，通过合作和协商的方式解决上下游国家间的利益分歧，共同维护河流的整体生态平衡，已经成为国际社会的共识。

通过对比两种观点可以看出，不论是在学术界还是在现实世界中，有关爆发“水战”的观点都因缺乏历史和现实依据而并未成为主流，尤其在当前合作成为国际潮流的背景下，针对上下游国家间的不同利益诉求，各国更多采取的是合作而非对抗的方式。这一点已经在国际实践中得到了充分反映——我们几乎看不到单纯因水资源或者水利设施而爆发的国家间冲突，相反，越来越多的国家选择通过合作的方式解决它们在国际河流水资源问题上的争端。此外，值得注意的是，由于国际河流水资源开发的敏感性，合作并不会自动展开，各国间的合作方式和程度受制于沿岸各国的政治意愿、信任程度、经济发展方式等综合因素的制约，尤其是对于水资源较为匮乏，以及国家间关系较为复杂的地区，需要处理好上下游国家间的利益协调和互信问题。另外，现有的国际河流合作规则大多过于强调保护下游国家的利益和上游国家所应承担的责

① 2014 年 8 月 17 日，《国际水道非航行使用法公约》正式生效，越南是签署该公约的第 35 个国家。但由于签署国数量少，因而该公约并不具有普遍性，对于未签署的国家也不具有约束力。

任，尤其是要求一国将开发规划和方案提前通知他国并进行协商和谈判，在存在争议时要求调查委员会介入调查等内容，无疑损害了国家，尤其是上游国家对于国际河流的利用权和发展权。从这个角度讲，国际社会围绕国际河流所展开的合作仍需要各国间的共同努力。

二、澜湄水资源合作：开发利用与环境保护

在上述分析的基础上，我们可以对当前澜湄水资源合作问题的实质做出如下判断：首先，澜湄水资源丰富，其治理的关键是处理好水资源开发利用与环境保护之间的关系；其次，上下游国家在该问题上具有不同的利益诉求，上游国家更加重视开发水电资源，促进经济发展，而下游国家则更加强调生态环境保护问题；最后，虽然这种差异不会导致武力冲突或者战争，而是将以各国间合作和协调的方式解决，但由于澜湄流域政治和战略的重要性日益提升，使得该问题日益成为一个多行为体参与、多利益诉求交织的政治性和战略性议题。

（一）澜沧江—湄公河水量丰富，并不存在水资源的稀缺性问题

澜沧江—湄公河发源于中国的青海省玉树藏族自治州，干流全长4880公里，流域面积81万平方公里，[①] 依次流经中国、缅甸、老挝、泰国、柬埔寨和越南六个国家。习惯上，人们将中国境内水域称为澜沧江，澜沧江流出中国境内后的河段称湄公河，后者分别流经老挝、缅

① 《世界江河数据库——澜沧江—湄公河》，中国水利国际合作与科技网，http://www.chinawater.net.cn/riverdata/search.asp?cwsnewsid=17970。

甸、泰国、柬埔寨和越南五个国家，占流域总面积的 77.8%。

澜沧江—湄公河水能资源丰富，其水能蕴藏多达 9.006×10^7 千瓦，可开发利用量 6.437×10^7 千瓦，水电开发潜力大，但分布极不均衡。从区域上看，水能资源主要集中在老挝（51%）、中国（云南）和柬埔寨（33%）。① 这三个国家的水电大坝建设也最为积极。

澜沧江在中国境内长约 2130 公里，落差约 5000 米，流域面积 17.4 万平方公里，三者分别整个流域的 44.4%、90.9%和 23.4%，澜沧江流域水能资源蕴藏量约 3689 万千瓦，其中云南省境内干流水电资源蕴藏量 2545 万千瓦。澜沧江干流不仅水能资源十分丰富，而且具有地形地质条件优越、水量丰沛稳定、水库淹没损失小、综合利用效益好等特点，特别是中、下游河段条件最为优越，具有良好的开发条件和广阔的开发前景，因而被列为重点开发河段。② 湄公河下游的水能资源同样极为丰富，但受到多种因素的制约，长期以来未能得到有效开发，目前已开发的水能资源仅占其水能资源总量的 1%。随着经济的不断发展，下游国家对水电的需求会更高。下游国家制定了湄公河干流水电开发的宏大计划，并已经进入实施阶段。

由此可见，澜沧江—湄公河并不存在水资源短缺的问题，上下游国家所规划的大坝建设，也大多位于本国领土内，基本不存在水资源冲突论所主张的水资源稀缺性或地缘因素所带来的国家间冲突问题。

---

① 转引自陈丽晖、何大明：《澜沧江—湄公河水电梯级开发的生态影响》，《地理学报》2000 年第 5 期，第 578 页。

② 中国产业研究院：《2006—2010 年中国水电行业发展分析及投资预测报告》，2007 年，第 30 页。

（二）上下游国家间的利益分歧

除了丰富的水能，澜沧江—湄公河还是世界上生态资源和生物种类最为丰富的地区之一。就鱼类的种类而言，据估计，湄公河拥有内陆鱼类785—1500种左右，且本地种类有很高的比列，[①] 其鱼类物种的多样性和丰富程度仅次于亚马孙河、位居世界第二。它们对环境的改变极其敏感与脆弱，而水电开发和大坝建设无疑将使其生存环境面临威胁。就鱼类产量而言，澜沧江—湄公河还是世界上最主要的内陆渔业产区，年渔业产量超过300吨，其中有80%以上来自于自然捕捞渔业，是世界上最主要的内陆渔业产区，约占世界海洋和淡水总捕获量的2%。[②] 湄公河下游国家数百万居民依赖湄公河提供的水产品为主要食物和营养来源，主要受湄公河水位调节的洞里萨湖（柬埔寨境内）和湄公河三角洲（主要在越南境内）是东南亚地区乃至世界上重要的“鱼仓”和“粮仓”，水电开发所导致的生态改变还将直接或间接影响沿岸居民的生计。如，柬埔寨国民消费的80%的动物性蛋白来自湄公河；再如，因大坝建设造成的水流的改变还将直接威胁湄公河三角洲，而该地区贡献了越南农业总产值的将近一半。因此，水电开发所引发的生态改变还将直接引发沿岸居民的生活及粮食安全问题。

作为世界上水资源最为丰富的河流之一，一方面，澜沧江—湄公河水电开发符合流域国家的共同利益，通过水电大坝建设促进经济发展的

---

① 中国产业研究院：《2006—2010年中国水电行业发展分析及投资预测报告》，2007年，第30页。

② 澳大利亚湄公河研究中心：《湄公河委员会研究的启示——湄公河干流筑坝对渔业的影响》，《湄公河简报》第9期，2008年11月。

趋势不可避免；另一方面，下游国家也会长期面临环境保护的压力，如何妥善处理水资源开发与环境保护之间的关系、在上下游国家之间合理分配成本与收益，将成为影响流域国家间关系的重要议题。伴随着澜沧江—湄公河干流水电大坝建设的不断推进，[①] 摆在当前流域各国面前的主要问题，已经不是是否应该开发的问题，而是如何协调开发利用与环境保护之间的关系，处理好因水资源的开发利用所引发的国家间关系的变动。这也是所有国际河流[②]流域国在水资源开发进程中所面临的共同问题。正是由于水电开发可能引发种种不利影响，作为一条重要的国际河流，湄公河干流的水电开发已不仅是一个国家的内部事务，而是一个牵涉到上下游国家关系的国际问题，上下游国家如何分担开发成本、共享水资源开发所带来的收益，如何通过协商进行水资源治理，成为国际关系学者的主要关注。

（三）关于水电开发与环境保护关系的三种观点

在可持续发展和绿色发展已成为全球共识的时代背景下，水电资源的开发与利用对于河流沿岸国家来讲可谓是一把“双刃剑”：一方面，相比煤炭、石油等传统化石能源，水电是优质的绿色能源；另一方面，

---

① 目前，对于澜沧江—湄公河水电开发的讨论主要集中于干流。

② 国际河流（international rivers）与跨界水资源（transboundary water resources）是两个既有区别又有联系的概念，但从一般意义而言，两者可以混用。参见“The Helsinki Rules on the Uses of the Waters of International Rivers,” London, International Law Association, 1967, http://webworld.unesco.org/water/wwap/pccp/cd/pdf/educational_tools/course_modules/reference_documents/internationalregionconventions/helsinkirules.pdf；《国际水道非航行使用法公约》，联合国大会第51届会议第A/51/229号决议，1997年，联合国网站，http://www.un.org/chinese/aboutun/prinorgs/ga/51/a51r229.htm；何大明、汤奇成等：《中国国际河流》，北京：科学出版社2000年版，第2页；王志坚、邢鸿飞：《国际河流法刍议》，《河海大学学报（哲学社会科学版）》2008年第3期，第92—100页。

水坝建设尤其是大型水坝建设不可避免地会改变当地的生态环境。正是由于水电资源所具有的这一双重属性，使得流域国家在进行水电开发时往往面临两难境地。对于澜沧江—湄公河国家来讲尤其如此，其不可避免地受到国际舆论环境的影响。在水电资源开发与生态环境保护关系问题上，国际社会和业界专家基于不同的立场，并没有达成一致意见。① 综合来看，对于水电开发与环境保护的关系，国际社会大致有三种观点。

第一种观点强调水电开发对生态环境和当地居民生活所产生的破坏性影响，进而反对水坝建设。持这种观点的主要包括部分西方发达国家、环保机构、国际环境非政府组织以及可能受到影响的当地社会团体。它们指出，在上游修建大坝必然对下游流量造成明显影响，而流量的减少会直接影响到下游的生态环境以及生物多样性，② 并将导致湄公河包括农业用地在内的河岸植被消失。③ 人为改变水文特征，很有可能对生态和农耕系统带来不可逆转的影响。④ 虽然水电开发会给国家带来宏观经济效应，但受负面影响的主要是水坝建设地的边远地区的居民，他们或者会丧失传统的食物来源，或者要进行移民搬迁。这部分人群本

---

① 一般来讲，职能部门因工作性质的不同，对大坝建设和水电开发的看法几乎完全对立。这种情况既出现在国家层面，如环境保护部门和能源部门之间的对立；也会出现在全球层面，如国际环境非政府组织和国际大坝委员会（ICOLD）之间的对立。因文章主题限制，本书仅从国际关系而非职能部门的视角考虑这一问题。

② Evelyn Goh, "The Hydro-Politics of the Mekong River Basin: Regional Cooperation and Environmental Security," in Kenneth J. D. Boutin and Andrew T. H. Tan, eds., *Non-Traditional Security Issues in Southeast Asia* (Singapore: Institute of Defence and Strategic Studies, Nanyang Technological University, 2001), pp. 468-506.

③ International Center for Environmental Management (ICEM), "Strategic Environmental Assessment of Hydropower on the Mekong Mainstream," Final Report, Prepared for the Mekong River Commission, October 2010, p. 13.

④ Chheang Vannatith, "An Introduction to Greater Mekong Subregional Cooperation," CICP Working Paper, No. 34, March 2010, p. 14.

是社会中的弱势群体，对生态环境改变具有极强的敏感性与脆弱性。因此，无论出现上述哪种情况，他们的生产、生活条件可能将长期得不到改善，并极有可能会因为缺乏其他生存手段而陷入困顿。如果水电开发国的国内治理能力低下，则水电开发所带来的整体收益更是难以兑现在他们身上。因此，相比于政府部门和大坝开发商而言，资源丰富的偏远地区的社区和地区团体所受影响最大，同时也是受益最少的。[①]

第二种观点对水电开发持赞成态度，尤其是那些蕴含着丰富的水电资源、具有较大开发潜力的发展中国家。它们更希望通过水电资源开发推动经济的发展，以改善民生。这种观点提出，尽管水坝建设可能会给当地生态环境带来负面影响，但这并不能成为阻碍水电开发的理由。随着技术的进步和环保意识的增强，当前的水坝建设从规划论证到施工建设都会充分考虑环境因素，水坝的环境友好程度大大增强。例如，通过在大坝下方修建鱼类产卵洄游洞等能够保证鱼类正常繁殖。而且，大坝还会对河道水量起到调控的作用，避免大涝大旱。[②] 至于受到影响的当地居民，则可以通过经济补偿、推动生活方式转变、提供其他生活技能等方式予以补偿。[③]

客观来讲，以上两种观点均具有合理性，在一定程度上反映了西方发达国家与发展中国家因经济发展阶段的差异所导致的对水电开发认识的不同。西方发达国家凭借先进的技术和雄厚的经济实力，大多在 19

---

① International Center for Environmental Management (ICEM), "Strategic Environmental Assessment of Hydropower on the Mekong Mainstream," Final Report, Prepared for the Mekong River Commission, October 2010, p. 13.

② 张锡镇：《中国参与大湄公河次区域合作的进展、障碍与出路》，《南洋问题研究》2007年第3期，第1—10页。

③ 贾金生：《国际水电发展情况及对有关问题的思考》，《自主创新与持续增长第十一届中国科协年会论文集》(1)，重庆，2009年9月，第873页。

世纪末就开始开发水电，经过长期发展，其水电开发已经较为充分。例如，美国的水电资源已开发约82%，日本约84%，加拿大约65%，瑞士约86.6%，德国约73%，法国、挪威则均在80%以上。总的来看，西方发达国家水电开发的高峰时期已经过去，其国内最经济的水电开发坝址也已基本开发完毕，进一步大规模开发水电的潜力有限，目前面临的主要问题是修复河流生态。[①] 然而，反对大坝建设的观点并不能反映当前世界水电开发不均衡的现实。事实上，直到21世纪初，全球仍有20亿人生活在没有电的世界里，100多个国家存在不同程度的缺水，有2/3的经济可行的水电资源仍待开发，其中90%在发展中国家，在非洲，水电开发率还不足8%。[②] 对于发展中国家和正处于经济转型期的国家而言，水电是非常有效的、清洁的可再生能源，通过水坝建设可以带动国内基础设施建设和工业发展，或通过水电贸易增加外汇收入，这将有助于改善国家经济面貌、减轻贫困。然而，发展中国家面临的实际情况是：一方面，国家经济亟须发展；另一方面，全球化石能源日渐短缺、能源使用过程中的环保要求更高。因此，当前发展中国家面临着比当年发达国家更为严峻的任务与挑战。

---

① 2000年，世界水坝委员会（WCD）推出了一份题为《水坝与发展：决策的新框架》（Dams and Development：A New Framework for Decision-Making）的报告，该报告对水坝的作用在总体上进行了肯定，但是在具体问题上提出了很多的否定意见，特别着重强调了水坝的负面作用。报告主张维持河流的可持续性和自然特性，认为为了获得水坝带来的利益，人类付出了不可接受和不必要的代价。该报告问世之后，世界上的一些组织、团体或个人把报告中对个案的评论当作国际社会的普遍认同，因此，在世界上制造反对水坝的舆论。然而，这份报告难以全面地反映处于不同发展阶段的国家的实际状况，而是主要反映了发达国家基于其发展状况对于水电开发的认识。参见世界水坝委员会编：《水坝与发展：决策的新框架》（刘毅、张伟、刘洋译），北京：中国环境科学出版社2005年版；禹雪中、杨静、夏建新：《IHA水电可持续发展指南和规范简介与探讨》，《水利水电快报》2009年第2期，第1—5页。

② 《水电与可持续发展北京宣言》，联合国水电与可持续发展国际会议，中国北京，2004年10月29日。

为了更好地反映本国（地区）发展水电的需求，非洲和亚洲的发展中国家和地区联合起来，利用多种国际场合推动国际社会重新认识水电开发的积极作用。如，2002 年在南非约翰内斯堡举行的世界可持续发展高峰会上，由非洲国家提议，到会的 192 个国家一致认为，在世界各国都在鼓励发展各种可再生能源来减缓全球变暖的情况下，呼吁全球能源供应多样化和增加包括大型水电在内的可再生能源的份额。大型水电也有必要被确认为可再生的清洁能源。此次峰会还承诺要加大政府间推动包括水电在内的可再生能源领域的国际合作活动。[①] 2004 年 10 月，联合国水电与可持续发展研讨会在北京召开，会议通过了《水电与可持续发展北京宣言》，肯定了水电在可持续发展中的战略重要性，强调水电开发在经济、社会、环境等方面必须具有可持续性，这是世界水电发展史上第一次对各国 20 多年来水电发展中的热点问题进行讨论和总结，对世界水电发展具有重要指导意义。[②] 2008 年 11 月，国际大坝委员会（ICOLD）、国际水电协会（IHA）、国际灌排委员会（ICID）和非洲联盟等六家国际组织在法国巴黎发布了世界水电宣言（非洲），强调了大坝和水电对于非洲可持续发展的重要作用，呼吁抓住水电发展机遇，签署宣言的各项组织机构也要兑现诺言，协同非洲大陆共同促进水电开发。[③] 在发展中国家和相关国际组织的共同努力下，世界关于水电开发的态度终于从偏激的立场上回转，并最终推动了第三种观点的

① "World Summit on Sustainable Development (WSSD), Johannesburg Summit," UN, http://sustainabledevelopment.un.org/index.php?page=view&type=12&nr=379&menu=1361; WSSD Conference Website, http://www.johannesburgsummit.org/index.html.

② 《联合国水电与可持续发展国际研讨会》，中国北京，2004 年 10 月 27—29 日，http://www.chinawater.net.cn/zt/lianheguo/index.asp。

③ 中国水力发电工程学会、中国大坝协会、中国水利水电科学研究院：《国外水电研究结论及对我国水电政策建议》，《中国三峡》2011 年第 5 期，第 44—47 页。

出现。

第三种观点强调对水资源进行综合治理，以可靠的、负担得起的、经济可行的、社会可接受的和环境友好的各种方式为国家和社会提供电力，[①] 同时强调水坝建设过程中的利益分享。

2009 年 3 月，世界银行公布了新的水电政策。在《水电发展方向》（Directions in Hydropower）的报告中，世界银行提出，水电是一种重要的可再生资源，对于能源安全发挥着关键作用，尤其是对于发展中国家而言，水电有助于促进区域发展和消除贫困，有助于应对气候变化的挑战。与此同时，在水电开发和运行中也需要解决好以下问题，主要表现为环境保护、移民、社会参与及相关行为体的利益分享等。这是世界银行在对水电开发进行了持续多年的全面评估后正式重新投资水电，[②] 利益分享成为此轮水电开发投资浪潮中的核心概念。

利益分享是人类在获取和利用自然资源的过程中逐渐发展起来的一个概念，主要是指如何在资源的使用者（使用国）与提供者（提供国）之间分享由资源利用所带来的收益。要分享的利益可以是金钱，如使用资源生产商业产品时分享许可费；也可以是非金钱利益，如获得研究技能和知识。[③] 在水电资源领域，利益分享的概念首次出现是在 2000 年世界水坝委员会的报告中。其在“战略重点 5：承认权利与共享利益”中

---

① 《水电与可持续发展北京宣言》，联合国水电与可持续发展国际会议，中国，北京，2004 年 10 月 29 日。

② The World Bank Group, *Directions in Hydropower*, The World Bank working paper No. 54727, March 1, 2009；贾金生：《中国和世界水电建设进展情况》，《国际商报》，2009 年 9 月 16 日第 3 版。

③ Convention on Biological Diversity Secretariat, “Nagoya Protocaol on Access to Genetic Resources and the Fair and Equitable Sharing of Benefits Arising from Their Utilization to the Convention on Biological Diversity,” WIPO, October 29, 2010, http://www.wipo.int/wipolex/en/other_treaties/text.jsp?file_id=202956; Convention on Biological Diversity Secretariat, “Annex: Monetary and Non-Monetary Benefits,” 2011, https://www.cbd.int/abs/text/articles/?sec=abs-37.

写道："承认受不利影响的居民应首先得到项目的好处。磋商相互同意且受法律保护的利益共享机制，以确保实施。"[①] 此后，水电领域专家围绕着水资源开发的利益分享展开了理论层面的研究。2008 年，由世界银行牵头组织水电部门开展利益分享的实践层面的研究，并于 2009 年推出了相关报告，使得水电开发的利益分享更具可操作性。[②] 与单纯的经济补偿相比，利益分享在时（时间跨度）空（空间范围）上都有所扩展。在内容上，不仅包括有形的经济补偿，还包括改善教育和健康水平、提高生产生活技能等"软件"方面；在参与利益分享的行为体上，不仅包括直接受影响的群体，还包括其他相关跨国和跨流域组织、特殊利益群体以及私人部门等。

这种观点一方面强调水电开发对经济发展的重要作用，另一方面注重对水电开发所带来的收益进行分配，这也代表了当前水电开发的主流。可以肯定的是，在大坝规划和建设中更加注重保护生态环境，更多地体现受影响群体在利益分享中的诉求已是大势所趋，同时也为大坝建设国和相关行为体的水资源管理能力提出了更高的要求。对于澜沧江—湄公河国家而言，与具体的利益分享内容相比，上下游国家间建立起利益相关方的沟通机制更为重要，这也成为考验该地区能否处理好水电开发与生态环境保护问题的关键。

---

① 世界水坝委员会编：《水坝与发展：决策的新框架》（刘毅、张伟、刘洋译），北京：中国环境科学出版社 2005 年版，第 184、186 页。

② Leif Lillehammer, Orlando San Martin and Shivcharn Dhillion, "Benefit Sharing and Hydropower: Enhancing Development Benefits of Hydropower Investments through an Operational Framework," SWECO Final Synthesis Report for the World Bank, September 2011.

第二节　中国参与澜湄水资源合作的目标、政策及评价（1996—2016）

水资源的开发与治理是一个不可分割的整体，这一点已经成为国际社会的广泛共识。然而，出于地理位置的差异，上下游国家在处理水资源开发与环境保护的关系时必然有所侧重。一般而言，上游国家在对流域水资源进行开发时基本不受流域下游国家的影响，下游国家水电开发所产生的负面环境影响也不会对上游构成直接危害。因此，从理论上讲，处于上游的国家，尤其是大国，可能缺乏与沿岸下游国家合作的意愿和动力。其结果是，上游国家可以从水电开发中获益，而下游国家将会更多承担环境变化所带来的负面效应。这也是上下游国家发生矛盾的重要原因。

作为澜沧江—湄公河的发源国，中国同时面临着经济发展与环境保护的双重重任，水电开发被确立为推动国内经济可持续发展的重要手段。[①] 为此，中国在水能资源丰富的澜沧江中下游干流地区规划了 8 座梯级电站，目前已进入全面建成投产阶段。[②] 与此相伴，有关中国在澜湄水资源治理中的角色和作用的争论日益升温，成为中国开展周边外交

① 中国国务院2013 年制定的《能源发展“十二五”规划》中，将“积极有序发展水电，高效清洁发展煤电”作为“十二五”发展的主要任务。参见中国政府网：《国务院关于印发能源发展“十二五”规划的通知》，http://www.gov.cn，2013 年 1 月 23 日。

② 2010 年，原定 8 座电站中位于最下游的勐松大坝停建。参见王永祥：《统筹规划，加快推进，以科学发展观指导澜沧江流域水电开发全面可持续发展》，载《水电 2013 大会——中国大坝协会 2013 学术年会暨第三届堆石坝国际研讨会论文集》，昆明，2013 年 10 月 25 日，第 38—43 页。

过程中无法回避的问题。

澜湄合作机制建立之前，流域唯一一个专门针对水资源的治理机制是1995年成立的湄公河委员会，包括下游四国老挝、泰国、柬埔寨和越南，上游的中国和缅甸于1996年成为其对话伙伴国，但并没有加入该组织。有观点认为，中国没有加入湄公河委员会，其水电开发在规划和实施的过程中就可以不与下游国家进行沟通或协商，这直接导致了流域水资源治理成效的低下。[①] 近年来，每当下游国家出现旱情时，中国往往就成为媒体指责的对象。

这一现象也提醒我们，需要加强有关中国参与澜湄水资源治理问题的研究，在考察其目标、总结已有政策的经验和教训的基础上，根据流域水资源开发出现的新进展，及时调整应对策略。遗憾的是，目前国内学界对该问题缺乏足够的关注。

一、中国在澜沧江的开发进程

中国对于澜沧江水电资源的开发始于20世纪50年代。早在1956年，中国水电工作者就开始在澜沧江进行勘察，随后在支流上建设了一批小水电站，此举被视为澜沧江水电开发的开端。1957—1958年，中国在澜沧江确定了21处潜在水电站开发点，并对小湾水电站选址进行了初步规划，但受制于当时国内的政治、经济和社会状况，并没有将其付诸实施。随着中国转向以经济建设为中心、推行改革开放政策，澜沧

① International Centre for Environmental Management, "Strategic Environmental Assessment of Hydropower on the Mekong Mainstream, "prepared for the Mekong River Commission, Final Report, October 2010; Richard P. Cronin and Timothy Hamlin: "Mekong Tipping Point: Hydropower Dams, Human Security and Regional Stability," The Henry L. Stimson Center, 2010.

江的水电开发正式进入实施阶段。进入20世纪80年代以后，中国国内政策转向以经济建设为中心、实行改革开放，澜沧江干流的水电开发正式进入实施阶段。其中，云南省在本省澜沧江干流河段规划了14座水电站，并于1988年开始建设首座澜沧江—湄公河干流水电站——漫湾水电站。[①] 此后，澜沧江上的水电开发步伐不断加快。在“中国十三大水电基地规划”中，澜沧江干流水电基地位列第七，国家计委在《全国国土规划纲要》中已将澜沧江水电和有色金属基地列为综合开发的重点地区之一。[②] 根据规划，澜沧江干流在云南省境内按15个梯级进行开发，总装机容量约26000兆瓦，其中澜沧江中下游8座梯级电站总装机容量15900兆瓦，自上而下分别为功果桥电站、小湾电站、漫湾电站、大朝山电站、糯扎渡电站、景洪电站、橄榄坝电站和勐松电站，后因勐松电站停建，实际运营7座电站。参见表2。

表2　澜沧江中下游干流水电站一览表

名称	主要功能	总装机容量（兆瓦）	投产发电时间
功果桥电站	发电	900	2012
小湾电站	第三座巨型水电枢纽工程，是澜沧江中下游梯级电站群中的“龙头水电站”，主要功能以发电为主，兼有防洪、灌溉、拦沙和航运等综合效益	4200	2010
漫湾电站	以发电为主，兼有防洪、灌溉、拦沙等综合效益	1670	2007

① Nathaniel Matthews and Stew Motta, “China’s Influence on Hydropower Development in the Lancang River and Lower Mekong River Basin,” July 2013, http://mekong.waterandfood.org/wp-content/uploads/China-influence-_Eng.pdf.

② 国家水电可持续发展研究中心、中国水利水电科学研究院水电可持续发展研究中心：《中国水电发展历程（三）》，http://www.hydro.iwhr.com/gjsdkcxfzyjzx/rdgz/webinfo/2011/01/1292564340169982.htm。

续表

名称	主要功能	总装机容量（兆瓦）	投产发电时间
大朝山电站	发电、航运	1350	2003
糯扎渡电站	澜沧江流域工程规模最大和调节库容最大的电站，是澜沧江电力外送的主力电源。除发电功能外，糯扎渡水电站还具有拦沙、提高下游景洪市防洪标准、供水和改善下游通航条件等综合效益	5850	2014
景洪电站	以发电为主，兼有航运、防洪、旅游及库区水产养殖等综合利用效益	1750	2009
橄榄坝电站	为调节景洪水电站下泄水流，即为景洪水电站反调节水库，兼有发电，航运等综合效益	1550	2018
勐松电站	停建		

资料来源：作者根据华能澜沧江水电股份有限公司网站和国投云南大朝山水电有限公司网站资料整理。

二、中国参与澜湄水资源合作的政策演进及评估

水资源所具有的战略价值及其在管理、分配和使用过程中所表现出来的“零和”性质，使得国际河流水资源开发问题日益呈现政治化和安全化的趋势，从当前的态势来看，澜湄水资源合作显然已经超越了传统的单纯针对水体的水利管理范畴，成为一个涉及政治、经济、社会、环境、国际法与国家间关系的综合性议题。中国在制定澜湄水资源开发的目标与政策时，必须对上述因素予以综合考虑。

（一）中国参与澜湄水资源治理的目标

与实际的开发进展相比，迄今为止，中国政府并未明确提出其在国际河流水资源开发问题上所要追求的目标。通过观察官方在相关问题上的公开表态和具体实践，可以将其归纳为维权与维稳两个方面。所谓维权，即维护中国在其境内水域的开发与使用权，这也是符合国际惯例的，[①] 对于澜湄流域而言，主要是指在澜沧江上建设水电大坝进行水力发电；所谓维稳，即要注重维护与下游国家及其他相关各方在水资源问题上关系的稳定，避免使水资源开发成为恶化中国与外界关系的导火索。在澜湄水资源开发过程中，中国始终坚持“维权与维稳相统一”的原则，注意把握好“度”，在自身权益和下游及河流整体生态保护之间保持总体平衡。[②]

然而，在实践中，要同时实现这两个目标存在很大的困难。这是因为，水电开发中的维权与维稳这两个目标之间存在着内在矛盾。众所周知，大型水电项目本身是一个复杂的系统工程，从河流的整体生态角度出发，应该承认，不论上游如何进行大坝规划和建设，下游乃至整个流域的生态环境难免会受到影响，只不过存在程度大小的问题。要想保持原有的生态系统完全不受影响，只能选择不开发，而这又是不现实的，

---

① 依据国际惯例，每个流域国均有权在其境内公平合理地分享国际流域内的水域及水益。参见“The Helsinki Rules on the Uses of the Waters of International Rivers,” London, International Law Association, 1967, http://webworld.unesco.org/water/wwap/pccp/cd/pdf/educational_tools/course_modules/reference_documents/internationalregionconventions/helsinkirules.pdf。

② 《“中国与周边国家水资源合作开发机制研究”简报》，全国哲学社会科学规划办公室，2013年4月25日，http://www.npopss-cn.gov.cn/n/2013/0425/c360085-21274538.html。

更不符合当前的发展趋势。[①] 因此，上游国家要同时实现维权与维稳的目标，最大限度地降低两者之间的矛盾，需要在维护本国开发权的同时充分理解与尊重下游国家及其民众在水资源利用方面的权利与利益诉求，照顾他们的合理关切。对于中国来讲，尤其要注意到湄公河对下游生态环境、粮食安全、人民生计乃至文化传承方面的重要意义，把握水资源开发“政治化”和“安全化”的趋势，综合运用多种政策手段加以实施。

（二）中国参与澜湄水资源治理的原则与政策

针对“维权”和“维稳”这两个目标，中国确立了“边开发边保护”和“积极但有限参与地区合作”的原则，并依此原则采取了若干具体的政策措施，主要包括以下几个方面。

第一，坚持本国开发自主权。首先，中国政府多次利用国际场合申明对域内国际河流水资源的开发权。如，中国外交部曾表示，关于跨境河流的开发利用，中国政府一贯秉持开发和保护并举的政策，充分考虑开发对下游国家的影响。[②] 在2010年召开的首届湄公河委员会峰会上，中国外交部副部长宋涛在发言中称，中国政府对澜沧江水资源进行科学、合理的开发利用，既是该地区人民脱贫致富、实现社会经济发展的

① 水电是全球公认的可再生清洁能源，更是促进发展中国家发展的重要手段，水电资源开发现已成为全球性趋势。参见 The World Bank Group, *Directions in Hydropower*, The World Bank Working Paper No. 54727, March 1, 2009, http://documents.worldbank.org/curated/en/2009/03/12331040/directions-hydropower。

② 中国水力发电工程学会：《中国回应印越反对建澜沧江大坝：不影响下游》，2011年4月13日，http://www.hydropower.org.cn/showNewsDetail.asp?nsId=4726。

现实需要，符合该地区人民的整体利益，也是中国政府积极发展可再生清洁能源、参与应对气候变化国际合作的重要举措。中国政府在开发利用澜沧江水资源的过程中坚持奉行可持续发展战略，坚持开发与保护相平衡，坚持自身利益与下游各国利益相统一。[①] 在2014年召开的第二届峰会上，中国水利部部长陈雷重申了这一立场。[②] 从上述表述中可以看出，中国政府并不回避自己保护跨境河流的责任，但同时也强调开发利用的权利。[③]

其次，通过一系列政策文件积极推动国内水电开发。在中国目前的电力结构中，火电所占比例最大（约为70%），水电居其次（约为20%），所占比重较火电相去甚远。[④] 受到环保压力的不断增强以及化石能源国际竞争加剧等方面的影响，中共中央国务院于2010年年底颁布《关于加快水利改革发展的决定》（即2011年1号文件），从战略高度肯定了水利建设对治国安邦的重要性，此后，《可再生能源发展“十二五”规划》《节能减排“十二五”规划》《中国的能源政策（2012）》白皮书及《能源发展“十二五”规划》等一系列文件相继出台，明确提出中国能源必须走科技含量高、资源消耗低、环境污染少、经济效益好、安全有保障的发展道路，在对火电和水电的发展战略定位上，确定

① 《建设繁荣公正环境良好的湄公河流域》，《人民日报》2010年4月6日，第3版。

② 《陈雷率中国代表团出席第二届湄公河委员会峰会》，来源：水利部网站，中央政府门户网站，2014年4月8日，http://www.gov.cn/xinwen/2014-04/08/content_2654721.htm。

③ 张博庭：《澜沧江建坝威胁湄公河?》，《中国能源报》2009年6月8日，第6版。

④ 《中电联发布2013年全国电力供需形势分析预测报告》，信息来源：中电联规划与统计信息部，2013年2月28日，http://www.cec.org.cn/guihuayutongji/gongxufenxi/dianligongxufenxi/2013-02-28/97849.html。

了“积极有序发展水电，高效清洁发展煤电”的战略。[①] 党的十八大召开以来，中央对水电开发高度重视。2014 年 4 月 20 日，李克强总理主持召开新一届国家能源委员会首次会议，提出要在做好生态保护和移民安置的基础上，有序开工合理的水电项目。在已确定的“中国十三大水电基地规划”中，澜沧江流域因水电资源集中，优良坝段多，建库条件好，水库淹没损失较小，装机规模适中，具有“云电外送”和“西电东送”的区位优势，被国家列为实施“西电东送”战略重点开发的水电基地之一。

第二，在开发进程中始终保持高度自制，采取多种措施保护生态环境，甚至主动牺牲可观的开发收益，以降低开发对下游国家的不利影响，照顾他们的合理关切。

首先，在法律方面，中国注重加强国内法制建设，为澜湄水资源治理提供相对健全的法律保障。中国已制定出台大量规范水电开发的法律法规，包括《环境保护法》《环境影响评价法》《中华人民共和国水法》《中华人民共和国水土资源保持法》《建设项目环境保护管理条例》和《规划环境影响评价条例》等。这些法律、法规及相关条例均要求所有大坝项目在开发前必须进行严格的环境影响评价，在项目评估中实行环保一票否决；对项目实施过程中不符合环保要求、不利于生态保护的行为，采取严厉的措施予以处罚。澜沧江水电站的最后一级勐松电站就因未通过环评而被停建。

其次，在技术层面，主动更改和创新大坝设计，有效保证了澜沧江

---

① 《国务院印发〈能源发展“十二五”规划〉》，信息来源：中电联规划与统计信息部，2013 年 4 月 24 日，http://www.cec.org.cn/guihuayutongji/guihuazhengce/guojiazhengce/2013-04-24/101002.html。

的出境水位、水温及水质。如，中方更改了第七座梯级电站橄榄坝水电站的建设方案，发电装机容量已由最初的60万千瓦缩减至15.5万千瓦，并投资60多亿元，建设橄榄坝航电枢纽，使其主要功能由原先的发电调整为“反调节水库”，即反调节上游电站产生的不稳定水流，以稳定下泄水量，防止澜沧江出境处水位发生异常变动。在上游的景洪水电站来水量较大时，橄榄坝水电站可以蓄积一定水量；在来水量较少时，可以释放蓄积的水量，使下游的水流不致大起大落，以确保通航安全，并减少对下游环保生态的影响。① 尽管橄榄坝水电站的发电规模比最初规划减少很多，且因承担了更多的生态环保的功能需要投入更多资金，但这恰好证明中方在开发时不仅注重经济效益，也十分关注社会效益，为保护下游生态环境和民众的生活主动牺牲自身经济利益。此外，中方还在规模最大的糯扎渡水电站投资2.4亿元人民币，建设进水口“分层取水”叠梁门。与传统的电站单一进水口设施相比，叠梁门能够保证糯扎渡电站发电取水时引取水温较高的表层水，从而有效提高水库在春夏季节泄流时的水温，使其接近天然水温，有利于下游生态环境的保护、改善鱼类的生存环境。② 针对中国“西电东送”的标志性工程、有澜沧江中下游“龙头水库”之称的小湾电站，曾有研究认为，由于其“蓄水能力相当于东南亚所有水库的总和”，因此，建坝的影响包括

① 黄光明：《澜沧江流域水电开发环境保护实践》，载《水电2013大会——中国大坝协会2013学术年会暨第三届堆石坝国际研讨会论文集》，昆明，2013年10月25日，第127页；穆秀英、吴新：《澜沧江流域水电开发及其特点》，《电网与清洁能源》2010年第5期，第76页。

② 高志芹、赵洪明、董绍尧：《糯扎渡水电站进水口叠梁门分层取水研究》，《水力发电》2012年第9期，第35—37页。

“河水流量和发生变化，水质恶化，生物多样性降低”等。[①] 对此，国内学者指出，小湾电站为减少对下游的影响，枯水期不蓄水，在丰水期分期蓄水，以尽量维持河道的天然流量过程。因小湾水库具有多年调节性能，在枯水期可保障下游电站出库水流量增加，遇到洪峰可削峰20%以上，从而有利于下游国家航运和防洪。[②]

最后，在资金层面，投入大量资金以保护澜沧江—湄公河鱼类资源。澜湄流域的鱼类种类与数量极为可观。随着澜沧江流域水电开发的逐步深入，下游国家普遍担心水电站建设会使得上游的鱼类不能顺畅地来到下游，水温的变化影响鱼类的生存，建大坝会阻隔鱼类自由迁回的通道等。实际上，湄公河流域的大多数鱼类主要在柬埔寨境内的湄公河干、支流产卵，澜沧江发现的湄公河长距离洄游鱼类仅有四种。为保护这些鱼类洄游澜沧江的通道不受影响，华能澜沧江公司除了主动放弃对勐松水电站的开发外，还投资900多万元建立了一个珍稀植物保护园、珍稀动物拯救站和珍稀鱼类增殖流放站。后者定期对主要珍稀鱼类实施坝上坝下亲鱼交换，以保持种群遗传多样性的稳定，同时，对种群衰退的珍稀鱼类通过驯养繁殖、育苗、放流的方法予以恢复。这些措施对于保护下游洄游鱼类的生存和繁衍作用明显。[③]

第三，不加入湄公河委员会，但利用自身对话伙伴国的身份积极参

---

① United Nations Environment Programme (UNEP), *Freshwater Under Threat: Vulnerability Assessment of Freshwater Resources to Environmental Change: A Joint Africa-Asia Report Summary*, 2008, p. 44.

② 《澜沧江水电开发开创生态环保设计先河》，北极星电力网，2011年5月12日，http://news.bjx.com.cn/html/20110512/282471.shtml。

③ 王永刚、张雪飞：《奏响开发与环保和谐曲——云南华能澜沧江水电开发公司环保工作纪实》，《云南日报》2007年4月14日；华能澜沧江水电有限公司网站，http://www.hnlcj.cn/index.asp。

与湄公河委员会的相关活动，并以此为平台，主动与下游国家开展技术交流与合作。湄公河委员会的成立表明，下游四国希望以协同管理的方式实现澜湄水资源的可持续开发与管理。[①] 长期以来，外界始终存在着中国应尽快加入湄公河委员会的呼声，但中国并未对此表现出足够的兴趣。之所以如此，除了湄公河委员会本身固有的缺陷外，还与其近年来针对大坝建设所采取的一系列约束措施有关。其中，最具代表性的是根据《1995 年湄公河协议》的精神，湄公河委员会于 2003 年通过了《通知、事前协商与签署协议的程序》（Procedure for Notification，Prior Consultation and Agreement，PNPCA），规定所有湄公河干流大坝在进行规划与建设时均应通过该程序与其他成员国进行沟通或协商。[②] 不论其实际效力如何，[③] 中国若加入湄公河委员会，势必会在很大程度上削弱本国的开发自主性。出于此种考虑，中国选择了“有限参与”的政策。

然而，中国虽不是湄公河委员会正式成员，但始终与其保持着良好的对话协商关系。双方每年举行对话会，1996—2017 年，已经举行了 21 次。中国还先后于 2010 年、2014 年和 2018 年出席三届湄公河委员会峰会。在环保领域，中国参与了湄公河委员会干流大坝战略环境评估的出台过程，与缅甸一道参加了湄公河委员会所有主要的地区会议，讨

---

① MRC, http://www.mrcmekong.org/about-the-mrc/history/.

② 关于《通知、事前协商与签署协议的程序》（PNPCA）的详细内容参见 Mekong River Commission, “Guidelines on Implementation of the Procedures for Notification, Prior Consultation and Agreement, ”; International Center for Environmental Management（ICEM）, “Strategic Environmental Assessment of Hydropower on the Mekong Mainstream”, Final Report, October 2010。

③ 2012 年老挝沙耶武里大坝的开工建设，实际上证明了该程序在实际运行中的无效。但也有学者表示，尽管《通知、事前协商与签署协议的程序》并未阻止沙耶武里大坝的建设，但也导致了老挝政府对该项目进行了大幅调整，从而使得下游国家的意愿得到了一定程度的体现。

论议题涉及洪水、通航和区域发展规划等。[①] 此外，中国还利用湄公河委员会作为合作平台，与下游成员国加强技术交流与合作。例如，中国主动邀请湄公河委员会专家代表团相继于2008年和2009年参观了长江流域和洞庭湖区的防洪减灾工程，并就洪水治理等内容开展技术交流。[②] 在下游遭遇旱涝灾害时，向其提供水文资料，为下游抗旱抗涝提供了有效帮助。2002年4月，中国水利部与湄公河委员会签署了《中华人民共和国水利部与湄公河委员会关于中国水利部向湄公河委员会秘书处提供澜沧江—湄公河汛期水文资料的协议》，该协议分别于2008年、2013年和2019年续签。2003—2019年，中国已连续17年在每年汛期（6月15日至10月15日）向湄公河委员会提供包括雨量和水位在内的水文数据。[③] 2010年上半年，中国西南地区和湄公河下游发生严重的旱灾，自3月起，中方每周向湄公河委员会提供允景洪和曼安水文站特枯情况下的旱季水文资料；2016年湄公河下游三角洲发生百年一遇旱情，中方应下游请求，在自身也面临干旱的情况下，对下游实施应急补水，有效缓解了当地的旱情。湄公河委员会和下游国家对此均予以高度评价。

（三）评价

从实施效果看，上述政策与措施在维权目标上效果显著，但在维稳

---

① The Sixteenth Meeting of the MRC Council, Session 1: Meeting of the MRC Delegations, Statement by the Chairperson of the MRC Council for 2008/2009, November 26, 2009, Hua Hin, Thailand.

② The Sixteenth Meeting of the MRC Council, Session 1: Meeting of the MRC Delegations, Statement by the Chairperson of the MRC Council for 2008/2009, November 26, 2009, Hua Hin, Thailand.

③ 《澜湄水资源合作部长级会议在北京召开》，中国水利部网站，2019年12月19日，http://www.mwr.gov.cn/xw/slyw/201912/t20191219_1375529.html。

目标上则喜忧参半，存在若干可供改进之处，且随着次区域形势不断发展，维稳政策的弊端日益显现，亟须调整与改进。

首先，也是最明显的效果是保证了本国的开发权益。截至目前，澜沧江规划的干流大坝已基本建成，其电力将主要输送给云南、广西、广东乃至东南亚国家，有助于中国经济的快速发展和能源结构的优化，有确保了国民经济的健康、稳步发展。

其次，中国坚持“边开发边保护”的原则以及与下游国家开展技术交流，大大提高了大坝对环境的友好程度，并在很大程度上消除了下游对澜沧江开发的疑虑。科学数据表明，澜沧江水电梯级开发不仅不消耗水量，还可以实现“调丰补枯”，帮助下游提高防洪抗旱、灌溉供水和航运能力。2012 年 11 月至 2013 年 5 月旱季，澜沧江流域降雨较往年平均减少 50%，但通过科学调度，澜沧江梯级水库向下游净补水 70 亿立方米，较天然情况增加 65%。2013 年 1—3 月，经过澜沧江梯级水库调蓄，下泄流量较天然情况增加了 215%，使下游国家在降雨减少 50% 的特枯年份里免受干旱的困扰。① 类似的科学数据还有很多，它们不仅为中国坚持国内水域的开发权提供了有力支持，而且向下游国家传达了中国是澜湄水资源治理的建设者而非破坏者、在开发过程中并未只顾及本国经济利益而忽视了对整个流域的环境保护的信号，有效维护了与下游国家间关系的稳定。

作为一种战略性资源，水资源对于国家安全兼具传统安全与非传统安全两种意义，前者表现为国家在开发和使用方面的主权；后者表现为经济安全、粮食安全以及生态安全等。曾有学者从历史和现实的角度出

① 《陈雷率中国代表团出席第二届湄公河委员会峰会》，来源：水利部网站，中央政府门户网站，2014 年 4 月 8 日，http://www.gov.cn/xinwen/2014-04/08/content_2654721.htm。

发，预言亚洲爆发水战争的可能性。[①] 然而现实情况是，围绕澜湄水资源开发与治理问题所产生的矛盾与冲突始终处于相对可控的范围，并未成为一项导致中国与周边国家间关系恶化的议题。这说明，中国目前所采取的政策在维稳方面取得了一定成果，当然，这也与湄公河流域国家睦邻友好、互利合作的对华关系主流和大局有关。

最后，从目标设定与政策实施的实际效果来看，中国在澜湄水资源开发治理问题上的最终落脚点是在维权上。尽管维权与维稳都是中国追求的目标，但维权显然是更为根本的目标，维稳也是为了保证维权在一个相对宽松的环境中展开。即便是在维稳目标上，中国也仅仅满足于不与下游国家发生有关水资源开发方面的明显争端，对水资源外交的作用重视不够，更没有将澜湄水资源外交与整体周边外交的战略布局有机结合起来。从中国亟须通过澜湄水电资源开发带动经济快速发展来看，这一策略是必要的，也是成功的；从中国长期以来并未制定明确的周边水资源战略的现实来讲，这一策略也是合理的。

如前所述，国际河流水资源开发已不局限于流域国家之间，而成为一个多行为体参与、多利益诉求交织的综合性议题，在这种背景下，水电资源开发是否应该进行开发以及如何开发实际上是相关行为体在三个层面同时进行博弈的结果。一是科学（技术）层面，即以科学数据和相关知识为论据，分析大坝建设是否会对生态环境产生重大影响，以此论证大坝建设的可行性；二是价值层面，即以“公平”“正义”“平等”等价值论断，评判大坝建设对上下游国家及民众之间，以及世代

---

① 参见 Chietigj Bajpaee, “Asia’s Coming Water Wars,” *The Asia-Pacific Journal: Japan Focus*, August 29, 2006。

之间对水资源使用权的影响；三是政治层面，即将水资源开发问题“政治化”，使其成为国家推行某种政治战略、达到某种政治目的的重要平台，此时，水资源开发更多表现为一种政治计算。很显然，中国政策的主要着力点是在科学（技术）层面，即在国内进行技术创新，通过科学数据论证本国的开发行为不会对下游造成重大影响；同时对外采取“有限参与”的政策，即不加入湄公河委员会，只与其保持技术层面的交流与合作。但现实情况是，近年来，有关澜湄流域水资源开发治理的争论在价值及政治层面体现得日益激烈，尤其是“政治化”和“安全化”的趋势明显，主要表现为以美日为代表的域外国家的介入力度加大，并积极利用该问题为重要抓手推进自己的战略目标，而这正是中国现有政策的薄弱之处。由此造成了以下局面：中国在面对有关澜湄水资源治理的争议与质疑的时候，多数情况下是“被动应对”，即外界出现了质疑，中方就拿出相关科学数据进行驳斥。在现实中，中国所采取的这种“有限参与”和“被动应对”的政策，已不足以应对快速变化的澜湄水资源治理形势，加之下游国家对中国未来在东亚地区的作用和角色的认知与态度不一，导致虽然中国在环保方面投入巨大，但并未消解来自外界的批评与质疑，中国国际河流水资源开发的外部压力非但没有消解，反而有日益恶化的趋势。实际上，无论是澜湄水资源开发利用所呈现的新趋势，还是中国周边外交战略的调整，都呼唤着中国参与澜湄水资源治理需要改变“有限参与”的政策。

第三节　湄公河国家的政策取向及利益差异

湄公河下游干流[①]的水电资源长期处于“休眠”状态。与此同时，下游四国中有两个（老挝和柬埔寨）是世界上最不发达的国家，[②]它们当前均面临着如何快速发展经济、早日摆脱贫困落后局面的迫切任务。一方面，从发展的角度看，水电资源的开发与利用符合其国家利益；另一方面，湄公河流域又是世界上生态资源和生物种类最为丰富的地区之一，仅就鱼类物种的多样性而言，其丰富程度仅次于亚马孙河、位居世界第二，[③]它们对环境的改变极其敏感与脆弱，而水电开发和大坝建设无疑将使其生存环境面临威胁。此外，柬埔寨境内的洞里萨湖和越南境内的湄公河三角洲还是东南亚地区乃至世界上重要的“鱼仓”和“粮仓”，水电开发所导致的生态改变还将直接或间接地影响沿岸居民的生计。正是由于水电开发可能带来的种种不利影响，使得湄公河干流的水电开发已不仅是一个国家的内部事务，而是一个牵涉到上下游国家关系的国际问题。

长期以来，受地区安全形势不稳定及资金匮乏的制约，湄公河下游

---

① 在干流和支流建设水电大坝所产生的生态影响不尽相同。干流流量大，对生态环境可能产生更显著的影响，因此容易引起各方关注。尽管湄公河的支流开发较干流更充分、开发时间也较早，但支流对生态的影响相对较小，所以开发进程所引发的争议也少。本文的论述重点是湄公河下游干流的水电开发，支流开发不在讨论范围内。

② 截至2011年，全世界经联合国批准的最不发达国家已增至49个，其中亚洲9个，湄公河下游国家老挝、柬埔寨均在此列。参见 UN-OHRLLS, “List of Least Developed Countries,” 2012, http://www.unohrlls.org/en/ldc/25。

③ Mekong River Commission: “The Mekong Basin, Natural Resources,” 2010, http://www.mrcmekong.org/the-mekong-basin/natural-resources/.

干流的水电资源基本没有得到开发。随着经济全球化进程的推进和地区形势的缓和，下游国家普遍将注意力集中在发展经济上，下游干流水电开发遂成为推动经济发展的重要手段。然而，湄公河下游干流的水电开发，因可能对环境造成的不利影响而遭到来自各方的反对，从而始终处于规划论证阶段。这一情况在 2012 年发生了转变。2012 年，主要由泰国出资兴建的老挝沙耶武里（Xayaburi）大型水坝正式开工建设，这是湄公河下游的首座干流大坝。但是，在是否应在湄公河下游干流建设水坝这一问题上，支持者与反对者各执一词，争执不下，下游国家在水电开发与生态环境保护方面的政策选择受到广泛关注，也使得水电开发与生态环境保护这一话题再次成为学界和政界讨论的焦点。下游国家在该问题上的立场有何差异？它们将如何协调这两者之间的关系？这是本节将要重点讨论的问题。

一、湄公河干流水电开发：战略规划及进展

显然，在当前的舆论环境下，下游国家在开发湄公河干流水电的进程中无疑将面临更多的压力与阻碍。通过以下分析可以看出，湄公河水电开发不仅是下游四国推动经济发展的重要内容和手段，同时也符合下游国家的共同利益，已成为一种客观发展趋势，来自外部的压力无法阻挡次区域国家通过水电开发带动经济发展的热情。

首先，湄公河丰富的水能资源为下游水电开发提供了有利条件。

尽管拥有丰富的水电资源，但由于受多种因素的制约，湄公河长期以来未能得到有效开发，截至 2017 年，已开发的水能资源仅占其水能资源总量的 1%。此外，作为欠发达地区，湄公河下游国家面临着较为

严重的缺电现象，对水电开发的需求旺盛，且随着经济的不断发展，对水电的需求会更高。

其次，下游国家制订了湄公河干流水电开发的宏大计划，并已经进入实施阶段。尽管下游四国经济发展水平和国内经济结构并不完全一致，但在水电开发利用方面具有一致性。为了充分利用湄公河水资源，适应其国内经济发展的需要，各国加紧在湄公河进行水电开发。根据湄公河委员会秘书处完成的“湄公河干流水电站规划”，下游四国在干流共规划了11座水电站，分别是老挝境内的本北（Pak Beng）、琅勃拉邦（Luang Prabang）、沙耶武里（Xayaburi）、巴莱（Pak Lay）四个水电站；老挝、泰国交界河段的萨拉康（Chiang Khan）、巴蒙（Pamong）、班库（Ban Koum）三个水电站；老挝、柬埔寨交界的栋沙宏（Don Sahong）水电站；柬埔寨境内的上丁（Stung Treng）、松博（Sambor）、洞里萨（Tonle Sap）三个水电站。这些干流大坝规划展现了各国集中精力发展经济、推动国内社会发展的决心。

2012年11月7日，位于老挝境内的沙耶武里水电站举行开工奠基仪式，该水电站位于老挝境内的湄公河干流上，由泰国公司投资，总投资35亿美元，总装机容量1285兆瓦，已于2019年投入商业运营。作为主要投资方，泰国将购买95%的发电量。起初反对大坝建设的越南和柬埔寨两国的驻老挝大使均出席了奠基仪式，反映了该地区在开发水电方面的一致性。外界普遍认为，这将引发下游国家在湄公河干流建大坝的浪潮。届时，湄公河下游干流的水电资源将得到进一步开发和利用。

再次，水电开发已成为下游国家刺激经济发展的重要内容和主要手段，其中尤以老挝和泰国最为明显。老挝经济以农业为主，工业基础薄弱，是联合国确定的最不发达的国家之一。从地理上看，老挝地处内陆，多是山地高原，自然禀赋不强，其最大的资源就是境内丰富的水能。老挝全境有20余条流程200公里以上的河流，全国有60多个水源较好的地方可以兴建水电站。其中，湄公河干流在老挝境内长度为777.4公里，其50%以上的水力资源蕴藏在老挝。经电力勘察设计部门勘察，老挝境内水电资源理论蕴藏总量约为30000兆瓦，技术可开发总量为23470兆瓦，其中湄公河干流12250兆瓦（国际界河按1/2分摊水资源），约占全国技术可开发量的52.2%，湄公河支流及其他支流11220兆瓦，约占全国技术可开发量的47.3%。[①] 如此巨大的水力资源一旦被开发出来，无疑将使老挝成为世界电力出口大国。

为了摆脱落后的经济状况，老挝将开发水电资源作为发展国民经济的重点之一。2011年3月21日，老挝人民革命党第九次全国代表大会审议通过了第七个五年（2011—2015年）社会经济发展计划草案，明确了未来五年老挝社会经济发展的目标，主要包括年经济增长率达到8%以上、人均国内生产总值（GDP）达到1700美元，家庭贫困面降到10%以下，力争到2015年实现联合国千年发展目标，并使国家初步实现工业化和现代化。[②] 2011年，老挝国内生产总值约为77.4亿美元，人均国内生产总值仅为1203美元。毫无疑问，为了实现上述目标，老挝必将大力开发水电资源。在电力方面，第七个五年社会经济发展计划草案确定，截至2015年，要完成八个水电站建设，共装机2865.2兆瓦；推动十个水电站建设，共装机5015兆瓦，计划投资112.95亿美

① 中国驻老挝大使馆经济商务处：《老挝水电资源及其开发情况调研报告》，2010年11月26日，http://www.mofcom.gov.cn/article/weihurenyuan/a/201011/20101107268250.shtml。

② 中国驻老挝大使馆：《老挝描绘发展新蓝图》，2011年3月23日，http://la.china-embassy.org/chn/xwdt/t808848.htm。

元。[1] 一方面，水电开发有助于老挝加强国内的基础设施建设、改善外商投资环境，更有助于其通过电力出口增加外汇。通过向周边国家（主要是泰国、越南等）输送（出售）电力，水电业已成为老挝继纺织业和林业之后的第三大出口创汇产业。老挝电力出口的主要市场是泰国，其70%的电力出口到泰国，目前，老挝向泰国出售的电力收入已占其全部外汇收入的1/4，创汇额在老挝对外贸易中居首位。另一方面，随着今后次区域大规模建设的开展和经济的进一步好转，电力市场还将进一步扩大，因此，老挝的水能开发，无论现在还是将来，无论在其国内还是在邻国的经济发展中都占有极其重要的地位。[2] 由此看来，在今后一个时期内，水电开发将成为老挝的主要产业之一，有着相当广阔的发展前景。老挝政府也高度重视本国水电资源的开发和利用，提出要将老挝建成“中南半岛蓄电池”的目标，为摆脱国家贫困和逐步实现工业化和现代化提供战略依托。[3]

相比周边的缅甸、越南、老挝、柬埔寨等国，泰国的经济发展程度最高，其能源问题也更为突出。泰国经济的快速发展，导致了对电力能源需求的急速增加，并长期面临缺电困境。目前，泰国总用电量的60%来自邻国水电进口，未来其对进口水电的依赖还将进一步增强。泰国曾一度致力于开发本国的水电资源，但随着能源当局意识到单靠自身的资源禀赋并不能满足未来的电力需求，加之其国内非政府组织对水电开发

---

① 中国驻老挝大使馆经济商务处：《老挝政府“七五”规划主要经济指标》，2012年2月9日，http://la.mofcom.gov.cn/aarticle/zwjingji/201202/20120207958749.html。

② 《老挝的水电市场分析》，南博网，2008年5月6日，http://www.caexpo.com/special/economy/Hydropower_Lao/Static.html#3。

③ 中国驻老挝大使馆经济商务处：《老挝水电资源及其开发情况调研报告》，2010年11月25日，http://la.mofcom.gov.cn/aarticle/ztdy/201011/20101107267580.html。

的反对，泰国政府遂转而积极利用东盟内部的自由贸易协定扩大与周边国家的电力贸易，并在开发能源问题时加强协调，促进双边或多边的共同开发。泰国主要从老挝购买电力，电力贸易已成为双边贸易的重要内容之一。根据政府规划，泰国在2030年之前需要从老挝购买7000兆瓦电力，双方已签署三份购电协议，购电总量为2310兆瓦。此外，双方还签署了三份购电谅解备忘录，其中包括沙耶武里水电站。[①] 此外，泰国还采取合作建厂的方式来分享电力资源，比如，向水电资源丰富但经济欠发达的老挝、缅甸进行境外投资，实施联合开发，多管齐下，以保证未来电力能源供应不会成为经济发展的瓶颈。[②]

除上述两国，越南和柬埔寨同样面临着经济发展的重任，对湄公河干流水电开发也抱有极大的热情。

越南目前在东南亚国家中电力消耗量属较低水平，但近年其经济的持续增长使得电力供应日趋紧张。作为一个新兴市场国家，越南经历了经济快速增长、人口大规模向城市移动以及人民生活水平的提高，这些因素都大大地促进了电力消费需求。[③] 根据2011年越共十一大通过的《2011—2020年经济社会发展战略》，2011—2015年，越南经济年均增速将达到7%—7.5%，到2015年，人均GDP增至约2000美元，力争到2020年GDP总量达到2010年的约2.2倍，人均GDP达到约3000美

---

① 《泰国欲进口老挝电力》，南博网，2011年4月22日，http://www.caexpo.org/gb/cafta/t20110422_93650.html。

② 张俊勇：《泰国的能源战略及对中国的启示》，中国新能源网，2008年8月18日，http://www.in-en.com/finance/html/energy_1131113190226239.html。

③ 中国驻越南大使馆经济商务处：《越南电力行业发展情况》，2003年6月3日，http://vn.mofcom.gov.cn/aarticle/ztdy/200306/20030600096137.html。

元。[1] 在电力方面，2011 年 7 月通过的《2011—2020 年越南国家电力发展规划》确定，将优先发展再生能源，不断提高再生能源电量比例，其中，将优先发展水电项目，特别是集防洪、供水和发电于一体的水电项目，将水电功率由当前的 920 万千瓦提高到 2020 年的 1740 万千瓦。[2] 这反映出越南能源供应的紧迫性以及利用水资源发电的决心。

柬埔寨是传统农业国，工业基础薄弱，依赖外援外资，贫困人口约占总人口的 14%。[3] 目前，一方面，柬埔寨电力供应无法满足其国内基本电力需求，需依赖从邻国进口。在柬埔寨的大部分城市和农村，电力供应质量仍不稳定，无法保证 24 小时供电，且其国内的供电价格远高于国际标准。另一方面，柬埔寨江河众多，水资源丰富。水能资源储藏量约 10000 兆瓦，技术可开发总量为 6695 兆瓦，其中，50% 水能资源储藏在主要河流，40% 储藏在支流，10% 储藏在沿海地区。[4] 通过湄公河水资源的开发，不仅可以满足柬埔寨国内的电力需求，还可以通过水坝建设带动其国内基础设施建设，而且还是出口创汇的重要手段，因此，柬埔寨也对湄公河干流水电开发持积极态度。

---

① 越南共产党电子报：《2011 年至 2020 年经济社会发展战略主要内容以及 2011 年核心任务》，2011 年 1 月 4 日，http://www.cpv.org.vn/cpv/Modules/News_China/News_Detail_C.aspx?co_id=25754194&cn_id=441410。

② 中国驻越南大使馆经济商务处：《越南将优先发展再生能源和水电》，2011 年 7 月 26 日，http://vn.mofcom.gov.cn/aarticle/ddgk/zwjingji/201107/20110707663948.html。

③ 《柬埔寨国家概况》，中国外交部网站，2019 年 11 月，https://www.fmprc.gov.cn/web/gjhdq_676201/gj_676203/yz_676205/1206_676572/1206x0_676574/。

④ 中国驻柬埔寨大使馆经济商务处：《柬埔寨水资源开发现状、存在的问题及我对策建议》，2005 年 12 月 15 日，http://cb.mofcom.gov.cn/article/zwrenkou/200512/20051200984714.shtml。

二、湄公河国家间的利益分歧

由于水资源开发的跨国影响，水电大坝建设已不仅是一个国家内部的问题，而是一个多行为体参与的、多利益诉求交织的国际问题。通过以下分析可以看出，尽管流域内四国对水电开发的态度具有一致性，但受到地理位置和国内经济结构等因素的影响，水电开发给下游四国带来的成本与收益并不完全一致，上游大坝建设的环境成本主要由下游国家所承担。因此，各国在具体的开发项目、成本与收益分配等问题上分歧明显。其中，老挝和泰国对湄公河干流大坝建设持积极态度，而越南和柬埔寨则更关心上游大坝建设对其国内生态环境的影响。以下以沙耶武里大坝为例分析各国的利益及政策取向。

作为湄公河干流的首座大型水坝，沙耶武里水电站从规划到开工建设可谓是一波三折，从中我们可以清楚地看到下游四国的不同关注点。2009 年，湄公河国家以湄公河委员会为平台，对湄公河干流规划的梯级大坝对环境的影响展开了为期一年的“战略环境环评”，并于 2010 年发布调研报告，建议由于影响范围的不确定性和河流系统复杂的不可逆转的风险，在干流修建大坝的决定应该推迟十年，这其中就包括了沙耶武里大坝。2010 年，老挝政府将建设项目正式提交给湄公河委员会的《通知、事前协商与签署协议》程序，不仅成为第一个进入该程序的湄公河干流大坝项目，同时也是该程序自 2003 年设立以来的首次应用。[①] 2011 年 12 月 9 日，在柬埔寨召开的湄公河四国委员会上，针对

① 参见 MRC, *1995 Mekong Agreement and Procedural Rules*, 1995, pp. 35-41, http://ns1.mrcmekong.org/download/agreement95/mrc-1995-Agreement-n-procedural-rules. pdf。

沙耶武里项目，各国分歧明显。比如，柬埔寨代表提出，应加强项目对跨国环境的影响和负面累积效应的全面评估，制定可行性应对措施以减少影响，与相关国家分享收益及履行社会责任等。泰国代表认为，应考虑到区域人民的利益和环境问题，制定有效的、减少环境影响的措施。越南代表担心该项目开发会对湄公河下游三角洲区域产生严重的环境影响，建议包括该项目在内的湄公河水电站项目应推迟十年再开发。老挝政府则表示，该项目的环评工作已经完成，将争取获得有关国家的理解和支持，并愿意向各国提供相关数据。在此次会议上，沙耶武里项目再次被否决，会议声明中称，各方需要对湄公河综合管理及可持续发展做进一步研究。老挝政府随即叫停了该项目。此后，老挝政府对大坝的设计进行了重新评估与修改，并于 2012 年年底正式开工建设。按照老挝能源与矿产部部长苏里冯·达拉冯（Soulivong Dalavong）的说法，“目前，项目按正确完整的步骤推进，设计调整到位，通过了模拟验证，不会对湄公河生态系统产生负面影响。因此，各友好国家对该项目不再提出异议”。[①] 然而，这一说法并未得到柬埔寨和越南的一致认可。对于这两个地处下游的国家来讲，湄公河的意义不仅在于其丰富的水电资源，它还是其居民赖以生存的“母亲河”。因此，相比老挝和泰国，越南和柬埔寨对于上游大坝建设所承担的环境成本更大，因而更关心水电开发对生态的影响问题。

柬埔寨国土的大部分是湄公河及其支流形成的冲积平原，境内的洞里萨湖大约 60% 的供水源自湄公河，湖泊水位受湄公河干流水位控

---

① 《沙耶武里水电站开工建设将促进老挝经济发展》，新民网，2012 年 11 月 13 日，http://biz.xinmin.cn/2012/11/13/17163970.html。

制。[①] 洞里萨地区（包括洞里萨河、洞里萨湖及其泛滥平原等）是世界上淡水渔业资源最丰富的渔区之一，据联合国粮农组织的统计，洞里萨湖淡水渔业资源居世界首位，其渔业已成为柬埔寨出口创汇的重要支柱。[②] 随着邻国泰国和越南对高价淡水鱼需求的增加，洞里萨湖渔业已成为柬埔寨出口创汇的支柱。此外，渔业还关系到柬埔寨人民的生存大计，柬埔寨是鱼肉消费最多的国家之一，约有 140 万柬埔寨人直接或间接地以渔业为生，渔产占了柬埔寨农业生产总值的 25%。[③]，可见渔业对柬埔寨居民的就业和粮食安全的贡献非常大。可见，洞里萨湖及其泛滥平原对柬埔寨的收入、就业和粮食安全的作用无可替代，保护洞里萨湖区的生态系统和渔业产业是事关柬埔寨国家利益的关键问题。从这方面讲，柬埔寨可以说是受到大坝工程负面影响最大的国家。

湄公河及其支流对越南的经济发展、社会稳定和环境保护来讲至关重要。越南 230 万平方公里的土地被湄公河及其支流所滋润，其境内的湄公河三角洲（又称九龙江平原）面积达 3. 9 万平方公里，是越南南方最大的平原。洪水每年有规律的涨退确保了该地区土地的肥沃，成为东南亚地区最大的平原和鱼米之乡，也是越南最富庶的地方。湄公河三角洲地区贡献了超过 50%的越南大米产量以及 90%的大米出口量，养育了越南南方 60%—70%的农业人口。[④] 湄公河三角洲地区为越南经济发展做出了重要贡献。上游的水电开发也会在一定程度上影响湄公河三

① Matti Kummu and Juha Sarkkula：《湄公河流量变化对洞里萨地区洪水脉动的影响》（寒江译），《AMBIO—人类环境杂志》2008 年第 3 期，第 174 页。

② 孙广勇、于景浩：《柬埔寨：渔业投资潜力巨大》，《中国改革报》，2013 年 7 月 19 日。

③ 《柬埔寨渔业》，资料由广东省海洋与渔业局提供，《海洋与渔业》2010 年第 4 期，第 52 页。

④ Milton Osborn, “The Mekong under Threat, ”January 15, 2010, http://www.thethirdpole.net/the-mekong-under-threat/.

角洲的生态环境。越南总理阮晋勇在2011年12月14日召开的第27次越南外交工作会议上强调，“对外工作的最高目标是置国家和民族的利益于首位，如相关国家在湄公河上游修建11座水坝电站，则下游的九龙江平原将会消失，当地民众将无法生存，这是正当利益，我们必须保卫”。[①] 正是因为柬埔寨和越南对湄公河生态环境的高度依赖，导致即便是在沙耶武里大坝开工建设后，两国也不断地表达自己的担心，如在2013年1月召开的第19次湄公河委员会会议上，老挝沙耶武里大坝问题仍是会议讨论的焦点，来自柬埔寨和越南的代表继续对大坝建设提出质疑。

下游四国在具体开发利益方面的不一致，是导致无法对湄公河水资源进行综合治理和统筹安排的重要因素。一方面，四国意识到有必要就湄公河水资源综合治理展开合作；另一方面，由于未能建立各方都认可的利益分享机制，直接造成了下游四国在积极推动本国国内的大坝建设的同时，又对他国的开发行为保持警惕，担心利益由他国获得，而环境成本由本国承担。例如，对于越南和柬埔寨而言，它们一方面担心老挝的沙耶武里大坝对本国生态环境造成影响，另一方面又在积极筹备本国的大坝建设。因此，尽管各方都有保护湄公河生态环境的要求和愿望，但都希望由他国来承担环保义务，同时，由于四国都在本国规划了干流大坝，因此在指责他国时显得“底气不足”，在一定程度上造成了湄公河委员会的治理效能低下。

综合本章内容可以看出，21世纪以来，随着人们环保意识的提高和对水电开发认识的深入，“边开发边保护”“在开发中保护”等可持

① 中国驻越南大使馆经济商务参赞处：《越南总理称如上游修建11座电站九龙江平原将消失》，2011年12月16日，http://vn.mofcom.gov.cn/aarticle/jmxw/201112/20111207883557.html。

续发展理念逐渐成为国际社会的共识，然而，受地理位置、经济结构等因素的影响，国际河流上下游之间在开发与环境保护问题上的目标必然各有侧重。就澜湄流域而言，水资源丰富的上游国家（如中国、老挝）更注重河流的经济效益，将水电开发作为促进经济发展的重要手段；而下游国家则更强调维护河流的生态环境，对于以农业和渔业为主要生计的越南和柬埔寨而言尤其如此。上下游国家之间的这种利益分歧是客观存在且无法避免的，但这并不代表国家间不能进行沟通和协调。不管是在上游与下游国家之间，还是湄公河委员会成员国之间，都存在着不同形式的沟通与协调机制，共同维护着流域的生态环境。只不过在流域国家当前亟须经济发展的背景下，后者的政策效果远不及前者明显。另外，鉴于澜湄水资源治理问题的重要性，域外大国、环境非政府组织及当地社会团体都在此过程中发挥了重要作用，它们与流域国家一道，影响着该问题的最终走向。

第四章 国际组织维度：湄公河委员会与澜湄水资源合作

一个治理体系是不同集团的成员就共同关心的问题制定集体选择的特别机制。[①] 治理体系的组成要素主要有两个：治理的基本机制与组织，二者相辅相成。治理的基本机制确定组织的身份和行动的法律范围，治理组织则落实并将机制转化为实际的行动。[②] 关于治理组织与治理活动的关系，可以从两个方面来理解。一是作为治理理念和治理机制的外在表现，我们能够通过观察治理组织的活动来判断治理活动的成效，国际组织也因此成为国际关系研究的重要对象。二是对于治理组织自身而言，其一旦被建立起来，就面临着如何生存和发展的问题（即合法性问题），这也需要其尽快发挥在被创建时所设立的职能。总之，不论是从治理实践的角度出发，还是从自身存在的角度出发，治理组织及其有效性问题都已成为判断治理活动成效不可缺少的环节。上述逻辑同样适用于澜湄水资源开发与治理问题。

澜湄流域至今尚未建立起覆盖全流域的、专门的水资源治理组织，

---

① 吴志成：《治理创新——欧洲治理的历史、理论与实践》，天津：天津人民出版社 2003 年版，第 33 页。

② ［美］詹姆斯·罗西瑙：《没有政府的治理》（张胜军、刘小林等译），南昌：江西人民出版社 2001 年版，第 6—7 页。

从机制建设的角度看，当前的流域治理显然是不充分的。然而，通过回顾湄公河水资源开发与治理的历史可以看出，治理组织的活动始终存在。在1957年成立的湄公河下游调查协调委员会（老湄公河委员会）的基础上，1995年，柬埔寨、老挝、泰国和越南四国签署了《湄公河流域可持续发展合作协议》，成立了新的湄公河委员会。自此，湄公河下游的水资源治理步入了一个新阶段，对内它是下游四国开展水资源治理活动的平台，对外则代表成员国与其他国家（地区）开展水资源交流与合作。可以说，湄公河委员会已成为探究澜湄水资源治理活动的重要组织向度，要想全面深入地认识其作用和影响，离不开对湄公河委员会的历史、职能及其活动的分析与评估。

目前，国内学界针对澜湄水资源治理组织方面的研究尚不多见，专门研究湄公河委员会的成果更是凤毛麟角。[①] 究其原因，笔者认为，一是由于中国并不是湄公河委员会的正式成员国，而且有意与其保持一定的距离，因而造成学界对其研究兴趣不高；二是由于湄公河委员会自身在独立性和有效性方面所具有的局限性，极大限制了其职能的发挥，从而使其合法性受到外界质疑，尤其是在水电开发问题上，湄公河委员会在解决成员国争端时所发挥的作用更是遭受了广泛的批评。尽管存在上述缺陷，但笔者认为，我们在讨论澜湄水资源治理问题时，无法也不能绕开湄公河委员会这一专门针对水资源治理事务的次区域组织。尤其是在流域各国围绕水电开发所产生的矛盾日益明显、流域社会对于环境保护的呼声日益高涨的前提下，湄公河委员会所扮演的角色更加值得关

① 参见吕星：《湄公之水回望》系列报告，2018年，云南大学周边外交研究威信公众号；郭延军、任娜：《湄公河下游水资源开发与环境保护——各国政策取向与流域治理》，《世界经济与政治》2013年第7期，第136—154页。

注。此外，在西方国家的援助和支持下，湄公河委员会也开始尝试在独立性和治理成效方面加以改革，以提升自身在流域治理方面的发言权，尤其是注重发挥其“知识基地”（knowledge base）和“外交平台”的功能。可以想见，未来，湄公河委员会仍将是澜湄水资源治理活动中不可忽视的力量。为了弥补国内对于该组织研究方面的不足，本章将在简要梳理湄公河委员会成立历史及基本架构的基础上，重点分析湄公河委员会的主要职能及其效力问题，并就该组织的未来发展以及中国与湄公河委员会的关系加以分析。

第一节　湄公河委员会的建立与职能演变

尽管共同开发湄公河水资源的活动可以追溯到19世纪20年代初期，[①] 但从对于当前治理组织建立的影响意义而言，则是在1957年（老）湄公河委员会建立之后。根据此后治理组织的演变历史，湄公河下游的合作开发可以被分为三个阶段：（老）湄公河委员会时期（1957—1978年）和临时湄公河委员会时期（1978—1995年）和（新）湄公河委员会时期（1995年以后）。在这期间，下游国家不断尝试就湄公河水资源的开发与利用问题建立组织、开展合作，以合作和相互协调为特征的“湄公河精神”（Mekong Spirit）就此显现雏形，并影响着之后沿岸国家间的水资源治理进程。伴随着流域国家在开发与环保问题上的不同侧重，它们所成立的区域组织的治理目标也有所差异。在1957

① 关于这一时期的合作开发活动，参见何大明、刘大清编译：《湄公河研究》，湄公河研究编辑委员会1992年版，第11页。

年，泰、老、柬和当时的南越政权就建立了（老）“湄公河委员会”。在其推动下，湄公河开发经历了1957—1969年的“兴旺时期”。然而，随着20世纪70年代越南战争的爆发和中南半岛安全形势的恶化，湄公河开发陷入僵局。1978—1989年，由“临时湄公河委员会”（不含柬埔寨）主导的湄公河开发只局限于小型和支流工程，湄公河干流开发处于几乎瘫痪的“悲哀时期”。[①] 随着地区形势逐步稳定及流域国家间的关系趋向正常化，如何协调开发与环境保护之间的关系成为沿岸国的共同关注。1995年，下游四国签署《湄公河流域可持续发展合作协定》，成立了（新）湄公河委员会，标志着湄公河下游的水资源治理进入了新的时期。以下将简要回顾湄公河委员会的历史演变。

一、（老）湄公河委员会以水电开发为主要职能

湄公河下游地区经历过多次开发，但基本上都是虎头蛇尾。对湄公河的水资源进行合作开发的构想早在二战时期就已经出现。1947年3月28日，根据联合国经社理事会第37号（Ⅳ）决议，为促进亚洲经济的重建与发展，在中国上海成立了亚洲及远东经济委员会（Economic Commission for Asia and Far East，ECAFE），简称“亚远经委会”，[②] 位于湄公河下游的老挝、柬埔寨、泰国和“南越”均是其成员。此后，在以美国为首的西方国家的资金支持下，亚远经委会在湄公河上开展了

① 参见《“幸福之母”备受关注经济合作非常红火——一条大河等待开发》，《环球时报》2002年2月28日，第3版。

② 该机构后改名为亚洲及太平洋经济社会委员会（亚太经社会），是联合国经社理事会下属负责亚洲及太平洋地区经济社会事务的一个区域性职能部门。参见联合国网站，《亚洲及太平洋经济社会委员会》，http://www.un.org/zh/aboutun/structure/escap/index.shtml。

一系列勘探活动，水利专家们对湄公河干、支流的天然资源进行了测量、取样和编目，并呼吁四国能够联合起来继续进行湄公河研究。亚远经委会在1957年3月召开的第13次会议上采纳了创建湄公河委员会的报告，美国出于与苏联争夺势力范围的考虑，态度也从起初的反对转变为同意对该计划进行援助。同年9月，“湄公河流域调查协调委员会”，即（老）湄公河委员会（Mekong Committee）正式成立。自此，沿岸国家开始正视湄公河水资源的开发和管理问题，试图通过促进地区的电力生产、灌溉和洪水控制，以推动社会经济发展、减轻贫困。[①] 湄公河流域水资源治理的组织化进程正式启动。

（老）湄公河委员会的总部设在泰国曼谷，由委员会大会、国家湄公河委员会、顾问团、执行代理人和湄公河秘书处（实际上就是执行代理人办公室）等机构组成。其主要职责是：（1）收集湄公河水文的基本数据，就水资源开发进行前期技术研究；（2）在此基础上制定流域的水资源开发规划，并协调各成员国的开发活动；（3）管理相关财务。[②] 为支持成员国的水电开发计划，（老）湄公河委员会推出了一系列规划以促进流域的水电大坝建设。如1970年，该组织制定了“指导性流域规划”，提出短期内（1971—1980年）灌溉70万公顷土地，发电327.3万千瓦的目标；而长期（1981—2000年）规划中提出了一个

---

① Mikiyasu Nakayama, “Transition from Mekong Committee to Mekong River Commission,” p. 2, https://www.researchgate.net/publication/237534731; http://rwes.dpri.kyoto-u.ac.jp/~tanaka/APHW/APHW2004/proceedings/APHW-Others/56-OTH-A695/56-OTH-A695.pdf.

② 关于（老）湄公河委员会的机构设置及主要职能的研究，参见何大明、刘大清编译：《湄公河研究》，湄公河研究编辑委员会1992年版，第24—29页；Mikiyasu Nakayama, “Transition from Mekong Committee to Mekong River Commission,” p. 2, https://www.researchgate.net/publication/237534731; http://rwes.dpri.kyoto-u.ac.jp/~tanaka/APHW/APHW2004/proceedings/APHW-Others/56-OTH-A695/56-OTH-A695.pdf。

“阶段性”开发湄公河干流的方案，三个主要的大坝巴蒙、上丁和松博在20年内需投资100多亿美元。此外，该规划还包括其他短期目标的支流工程项目，每项工程需投资20亿美元。这些工程很多都在国家内部施工，大部分在老挝和泰国。①

可以看出，（老）湄公河委员会的职能重点是进行水资源的开发，认为可以通过开发湄公河支流和干流的水资源满足沿岸国家的经济发展需要，包括农业灌溉、防洪和水力发电。这些项目的开展需要大量的资金支持，而这大多来自国际社会，尤其是西方国家的援助。在近20年的时间里，（老）湄公河委员会的治理可谓初见成效，如，泰国与老挝境内相继建成了水库、水电站与输电线路；增加了流域灌溉面积；而1966年老挝与泰国签订的南俄开发基金协议及供电协议可谓是这段时期流域合作的最好例子。②

二、临时湄公河委员会在水资源治理中发挥过渡性作用

尽管（老）湄公河委员会推出的水电开发计划雄心勃勃，但随着20世纪70年代中后期地区政治形势发生巨变，导致其职能的发挥受到极大限制，不但既定的水电开发长远发展规划无从实施，（老）湄公河委员会本身的存在基础也岌岌可危，新的组织——“临时湄公河委员会”（Interim Mekong Committee）应运而生。

1975年，湄公河委员会的三个成员国——柬埔寨、老挝和越南（南越）——国内的政治体制相继发生重大变化。1975年，美国从越南

① 何大明、刘大清编译：《湄公河研究》，湄公河研究编辑委员会1992年版，第41页。
② 何大明、刘大清编译：《湄公河研究》，湄公河研究编辑委员会1992年版，第43页。

撤军，越南战争结束，越共统一了越南全境，统一后的越南实行社会主义制度。1975—1979年间，红色高棉获得柬埔寨执政权。1975年12月2日，老挝人民革命党获得历时22年的老挝内战的最后胜利，推翻了亲美的老挝王国，建立了老挝人民民主共和国。然而，内战的结束并未给地区带来长久和平，反而使得此后中南半岛的政治局势更为复杂，且三国之间的关系因以美国为首的西方势力的介入而日益紧张。受此影响，（老）湄公河委员会的工作陷入停滞，但沿岸国家并未放弃建立区域组织的意愿。1977年4月，老挝、泰国和越南就设立湄公河水资源临时管理机构问题达成一致。1978年1月，过渡性质的"临时湄公河委员会"成立。柬埔寨由于国内政治因素而未加入，也在一定程度上限制了临时湄公河委员会职能的发挥。

受到地区形势与成员局限等综合性因素的影响，与（老）湄公河委员会相比，临时湄公河委员会的职能范围明显缩小，所制定的河流开发规模也随之缩小，主要包括：一是继续对规划的干流大型大坝建设进行可行性研究；二是实施一些小规模的、局限于一国内部的项目（主要是在泰国境内），而之前制订的一些大型开发项目，如建设干流大坝则不得不被搁置。值得注意的是，与（老）湄公河委员会相比，临时湄公河委员会更加重视对生态环境的保护。如在1975—1991年，临时湄公河委员会针对以往兴建以及规划中的水利设施陆续展开生态影响分析，并基于水坝建设会对生态环境产生冲击的认知，在1987年推出的流域规划指导中，首次将被迫迁徙的居民数量作为干流水坝的选址标准之一。[①]

---

① 王镇宇：《湄公河管理典则的建立与变迁1957—2002》，台湾新北市：淡江大学国际政治专业硕士学位论文，2007年，第97页。

总的来说，相比之前的（老）湄公河委员会，临时湄公河委员会对于干流大坝项目的规划和建设更为谨慎，且更为关注水资源开发的生态影响。实际上，平衡开发与环保这两个目标成为此后湄公河委员会在水资源开发合作过程中所要解决的难题，而其最终的立场则受到三个方面的共同影响：一是国际河流开发的大环境以及国际社会对环境保护问题的整体认知水平，这是湄公河委员会确立职能范围的国际背景；二是流域国家之间利益诉求的博弈，即上游国家更注重河流的经济利益，而下游国家更为关注水资源开发对生态环境的影响；三是湄公河委员会本身的政策倾向，这与湄公河委员会工作人员（尤其是秘书处领导层）的个人特质具有密切联系。在这三个方面，流域国家关于水电开发的利益博弈所产生的影响最为持久、也最为根本。在临时湄公河委员会期间，主要体现为泰国与越南之间的矛盾，并且借由重新接纳柬埔寨问题而明显化。

三、成员国间的利益博弈与（新）湄公河委员会的成立

红色高棉获得柬埔寨执政权之后，作为国家走向正常化的标志之一，柬埔寨全国最高委员会于 1991 年 6 月向临时湄公河委员会提出了重新讨论其成员资格的请求，以此为契机，临时湄公河委员会于同年 8 月就重新接纳柬埔寨以及重启湄公河委员会工作等问题进行了讨论，并于 1991 年 11 月组织了一次特别会议，讨论重启湄公河委员会的宣言草案。然而，由于泰国和越南之间在湄公河水量分配方面的分歧，导致流域国家未能就宣言的文本达成一致。

事实上，早在 1975 年 1 月，（老）湄公河委员会就通过了一项有关

湄公河流域水资源利用原则的联合声明，即“1975年联合宣言”。[1] 该宣言包括35条，其中第10条规定，干流的水资源作为“一种沿岸国具有共同利益的资源，在没有得到其他沿岸国家的认可前，任何国家都无权对其进行重大的单方面占有”，第20条再次强调，“干流水域的重大跨流域引水应得到所有沿岸国家的同意”。[2] 由此，在干流水域的使用上，每个沿岸国事实上都被赋予了否决权。

然而，在临时湄公河委员会1991年3月召开的一次研讨会上，来自泰国的代表提出，“1975年联合宣言”中所体现的原则已经无法适应当前的情况，应该在对其进行重新评估的基础上建立一个新的框架，作为重新接纳柬埔寨和重启湄公河下游国家合作的新方案。[3] 泰国之所以持这一立场，是因为当时其正在计划从湄公河干流中引水进入其东北部地区，因而不希望受到其他成员国一票否决权的制约。与泰国的立场不同，越南代表在会议上表达了对上游国家从湄公河干流引水的关切。参加研讨会的越南代表指出，“在湄公河上游干流和主要支流的任何一项引水工程都应确保维持下游的水量和质量”。[4] 此外，越南坚持将“1975年联合声明”作为指导性文件，在此框架下重新接纳柬埔寨加入临时湄公河委员会。很显然，越南对泰国的取水计划持反对

---

① Mekong Committee, “Report of the Second Meeting of the Ad-Hoc Working Group on the Declaration of Principles for Utilization of the Waters of the Lower Mekong Basin-MKG/R. 126,” Mekong Committee, 1975.

② Mekong Committee, “Joint Declaration of Principles for Utilization of the Waters of the Mekong Basin,” Mekong Committee, 1975; Mikiyasu Nakayama, “Aspects behind Differences in Two Agreements Adopted by Riparian Countries of the Lower Mekong River Basin,” *Journal of Comparative Policy Analysis: Research and Practice*, Vol. 1, No. 3, 1999, pp. 293-308.

③ Porncha Danvivathana, “Statement at Workshop on Lower Mekong Basin International Legal Framework,” Interim Mekong Committee, Bangkok, March 20-25, 1991, LEG/W1/91009, 1991.

④ Thinh, N. D., “Country Paper at Workshop on Lower Mekong Basin International Legal Framework,” Interim Mekong Committee, Bangkok, March 20-25, 1991, LEG/W1/91001, 1991.

立场，认为这可能会减少下游枯水期的流量，并可能导致海水入侵其境内的湄公河三角洲。对于越南的态度，泰国显示出强硬的立场，声称其有权使用干流总流量的12%—16%，即相当于其境内支流的贡献量。①

实际上，由于所处地理位置的不同，泰越两国在湄公河水资源开发问题上的矛盾始终存在，且随着流域开发态势的变化，泰越两国间的矛盾时而激烈、时而缓和，却始终无法得到彻底解决。尤其是到了20世纪80年代，随着经济、政治和社会形势的发展，湄公河水资源合作对于流域四国的意义已大不相同。如，泰国经济在80年代经历了快速增长，但其他三国却因70年代政局不稳而导致经济增长陷入停滞，其结果是，在80年代末期，柬埔寨、老挝、泰国和越南四国在整体经济形势和人均国内生产总值（GDP）方面均存在明显差距。此时，对于经济实力较强的泰国而言，再次成立一个类似于湄公河委员会这样的机构以获得国外资助的吸引力下降了，其转而寻求其他的合作方式，如由亚洲开发银行于1992年倡导建立的大湄公河次区域经济合作机制以及1993年泰国倡导的“黄金四角经济合作区”（QEC）。这也是泰国在重启湄公河合作的谈判进程中态度强硬的深层原因。而对于经济实力相对较弱的越南而言，加入东盟以获得更为广阔的市场成为其主要目标，因此，对于建立一个湄公河区域性组织的兴趣也大为降低。

面对这一情况，区域外势力再次在湄公河治理组织建立问题上发挥了主导作用。为了打破合作僵局，联合国开发计划署（UNDP）采取了如下措施：1992年10月在中国香港地区召开了柬埔寨、老挝、泰国和

① Donald E. Weatherbee, “Cooperation and Conflict in the Mekong River Basin, ” *Studies in Conflicts & Terrorism*, Vol. 20, 1997, pp. 167-184.

越南四国间的非正式会议，由来自四国的代表和国外捐助方代表参加。会议最终决定成立一个工作组，由联合国开发计划署任主席，探讨湄公河未来的合作框架。在1993—1994年间，工作组总共召开了5次会议，最后推出了《湄公河流域可持续发展合作协议》（Agreement on the Cooperation for the Sustainable Development of the Mekong River Basin）草案并交由四国政府进行讨论。1995年4月，四国代表于泰国清莱签署了该协议（以下简称“95协议”），标志着新的“湄公河委员会”（Mekong River Commission，MRC）正式成立。①

通过简要回顾湄公河委员会的发展历程，我们可以获得如下认识：首先，建立区域合作组织始终是湄公河流域国家在水资源开发中的重要利益诉求。除了下游国家主动适应国际河流合作开发的大趋势外，还因为下游国家的经济实力有限，无法承担独自开发的成本；此外，也是因为美国等域外国家曾希望通过促进该地区合作开发，以抵御共产主义的影响。尽管其政治目的并未实现，但下游四国以合作方式解决水资源问题的传统却被保留下来。其次，受多种因素的影响，下游治理组织的成立过程并非一帆风顺。除了因国际和地区政治形势动荡而导致合作受阻外，沿岸国在水资源利用方面的利益差异始终是左右湄公河合作的根本因素，如果矛盾难以调和或者处理不当，有可能使湄公河委员会陷入停滞、甚至有走向解体的危险。在这种情况下，域外势力如联合国和作为捐助方的西方发达国家就会发挥关键作用，从外部推动着四国的合作进程。最后，域外国家在其中起到了重要作用，即使在湄公河委员会成立

① 关于在此期间四国的立场及互动，参见 Mikiyasu Nakayama, “Transition from Mekong Committee to Mekong River Commission,” https://www.researchgate.net/publication/237534731, http://rwes.dpri.kyoto-u.ac.jp/~tanaka/APHW/APHW2004/proceedings/APHW-Others/56-OTH-A695/56-OTH-A695.pdf。

之后这种影响仍然存在，且屡屡在水资源开发问题上发表意见，尽管其能够为湄公河委员会提供资金及技术等方面的支持，但也成为外界质疑湄公河委员会独立性与合法性的重要原因。以下将在分析湄公河委员会职能时对其进行详细阐述。

第二节　湄公河委员会的组织原则与基本架构

要分析湄公河委员会的作用，首先需要了解湄公河委员会在成立时被赋予的职能。在这方面，“95 协议”对于新形势下湄公河下游水资源合作的重新启动具有奠基意义，其不仅规定了四国合作的基本原则，而且指导着湄公河委员会具体工作的开展。湄公河委员会此后所推出的一系列规划和文件，均是该协议精神的具体体现和延伸，而外界对于湄公河委员会工作的评判，也大多基于其是否执行或有违于“95 协议”所确立的原则。以下将首先考察该协议的主要内容，并在此基础上分析湄公河委员会的机构设置。

一、《湄公河流域可持续发展合作协议》的主要内容

协议共分六章 42 条，[①] 分别阐述了该协议的重要意义，确立了湄公河委员会的目标、原则与机制框架，以及如何解决成员国间的分歧与

① *Agreement on the Cooperation for the Sustainable Development of the Mekong River Basin*, April 5, 1995, Chiang Rai, Thailand, http://www.mrcmekong.org/assets/Publications/policies/agreement-Apr95.pdf.

冲突。具体内容如下。

首先，“95 协议”阐述了湄公河委员会成立的意义。四国政府认识到，湄公河流域及其自然资源和生态环境对于沿岸国家的经济、社会稳定以及人民的生活质量而言是具有重大价值的自然资产，四国政府重申继续合作的决心，并将以建设性和互利的方式对于湄公河流域的水资源及其他相关资源进行可持续的开发、利用、保护和管理，以满足通航和其他非通航需要，提高沿岸国的社会和经济发展水平及人民的生活质量，并与保护、提高和管理生态环境和水生环境、维护流域生态平衡的目标保持一致。四国认识到，有必要建立一种充分、有效和机制化的联合性组织结构，以实施此协议以及成员国和国际社会合作进行的其他相关工程、项目和活动，和平、及时处理与解决在湄公河水资源及其他相关资源利用和发展过程中可能出现的问题。

其次，湄公河委员会成立的目的是确保有关水资源及其他相关资源的可持续发展、利用、治理和保护，包含但不限于灌溉、水力发电、通航、洪水控制、渔业、木材运输、娱乐及旅游业等领域。在组织的活动方式上，成员国将通过制定流域发展规划的方式进行联合和/或流域范围的工程和流域开发项目，流域开发规划将对工程和项目进行鉴别、分类和优先性排序。其中，保护湄公河流域的生态平衡不因发展规划而遭到破坏是重要考虑。

协议中确立的原则包括：(1) 确保成员国的主权平等和领土完整。(2) 合理与公平利用原则。在湄公河支流以及洞里萨湖，跨流域利用和引水应该提前通知联合委员会；在湄公河干流，雨季跨流域利用和引水应该提前通知联合委员会；跨流域引水应该进行事先咨询，并由联合委员会达成一致；旱季跨流域引水应该进行事先咨询，并由联合委员会达成一致；任何跨流域引水工程在开始前均应该得到联合委员会的特别同意。（3）预防与停止有害影响。应尽一切努力避免、减小及减轻水资源开发和利用对生态环境所产生的负面影响，尤其是要确保水量和水质、水生（生态）环境以及河流系统的生态平衡。如果有证据表明国家造成了上述损害，该国应该立即停止相关开发行为。（4）国家对损害的责任。当任一成员国因利用或/和排放水量给其他沿岸国造成实际损害时，有关各方应该根据相关国际法确定其原因、损害程度及所应承担的责任，并以和平方式及时化解分歧。（5）通航自由。基于权利平等原则，湄公河干流的运输和交通实行航行自由，不受领土边界的限制。

最后，协议还规定了发生紧急事态以及成员国之间产生矛盾与冲突时的解决方案。当任一方意识到出现了水量和水质方面的紧急事态需要及时处理时，其可立即向有关方通告并且咨询，联合委员会应对此立即采取适当的行动。而对于成员国间的冲突，协议规定首先要在湄公河委员会框架内进行解决。当两个或者更多国家就协议产生不同意见或者冲突时，尤其是有关协议的解释和各方的法律义务问题时，湄公河委员会应在第一时间采取行动解决。如果湄公河委员会无法解决上述差异或冲突，该问题应该被提交给成员国政府，他们将通过外交谈判方式加以解决，并且将与理事会沟通，以进行下一步的程序。如果政府认为有必要，可以在取得共识的情况下获得调停人的协助。

二、湄公河委员会的组织架构

根据“95 协议”，湄公河委员会由理事会（Council）、联合委员会

(Joint Committee)、秘书处（Secretariat）和其他组织构成。

第一，理事会。理事会为最高机构，负责监督湄公河委员会的活动并直接指导其政策的制定。理事会由成员国各派一人组成，级别是部级（内阁级）但不低于副部级，由他们代表各自的国家进行决策。理事会设主席，每年进行轮换。理事会每年至少召开一次例会，在必要或者在成员国要求的情况下召开特别会议，并在适当的情况下邀请观察员出席。理事会的职能包括：（1）对湄公河流域水资源及其他相关资源的可持续利用制定政策，并提供其他必要的指导；（2）进行其他决策，如制定联合委员会的程序原则，并就联合委员会提出的水资源利用及跨流域引水规则、流域开发规划和其他重大项目等进行决策；（3）解决成员国之间的分歧。理事会实行一致通过原则。

第二，联合委员会。联合委员会成员由成员国指派，级别不低于各部门主管或更高级主管。联合委员会设立主席，主席人选每年进行轮换。联合委员会应每年召开至少两次例会，并根据情况召开特别会议。在适当的情况下可以邀请观察员出席。联合委员会的职能包括：（1）执行理事会的政策与决定，以及其他由委员会指派的职能；（2）制定流域发展规划，该规划将被进行定期审查并在必要时进行修订；（3）向理事会提交流域开发规划以及与之相关的联合开发工程/项目的实施方案；（4）直接与捐助方接触或通过其协商小组为项目、计划的实施获得必要的财政和技术支持；（5）定期获取、更新和交换信息和数据；（6）为保护环境和维护湄公河流域的生态平衡进行适当的研究和评估；（7）分配任务并监督秘书处的活动，包括为理事会和联合委员会维护数据库和提供必要的信息，并批准秘书处拟定的年度工作计划；（8）处理并努力解决在理事会例会期间有关该协议所可能出现的问题和分歧，需要时及时向理事会报告；（9）评估并促进成员国的研究和人才培养，以增进协议执行能力；（10）就组织结构、秘书处的调整等议题向理事会提出建议。此外，联合委员会还应准备并向理事会提交有关水资源利用与跨流域引水的规则，内容包括但不限于：（1）确立旱季和雨季的时间范围；（2）确立水文观测站的地址，并在每个监测站确立水流水平；（3）在枯水期制定干流水量标准；（4）提升监测跨流域水量的机制水平；（5）建立一个新的机制用于监测干流的跨流域引水。与理事会一样，联合委员会的决策实行全体一致的原则。

第三，秘书处。秘书处是一个业务部门，负责向理事会和联合委员会提供技术和行政服务，并且接受联合委员会的监督。秘书处的职能包括：（1）执行理事会和联合委员会的决定和指派的工作，并直接对联合委员会负责；（2）向理事会和联合委员会提供技术服务和财政管理服务；（3）制订年度工作计划，并准备其他指派的计划、工程、方案、文件、研究及评估等；（4）协助联合委员会监督工程和项目的执行与管理情况；（5）维护信息和相关数据；（6）为理事会和联合委员会的会议做准备；（7）其他相关事务。秘书处设首席执行官领导秘书处的工作，首席执行官由联合委员会提出人选、理事会任命。首席执行官还配备助理，由首席执行官提名、联合委员会主席任命，首席执行官助理的国籍应与联合委员会主席一致，任期一年。湄公河委员会秘书处总部设在柬埔寨金边，在柬埔寨金边和老挝万象设有两个秘书处办公室，共计150名工作人员。

第四，其他组织。除上述三个机构，还有以下组织作为湄公河委员会的辅助或联系机构，间接地参与湄公河水资源治理活动。具体包括：（1）国家湄公河委员会（National Mekong Commission，NMC）：负责协调各成员国的工作，为成员国提供关于湄公河委员会工作的全国性联络网点。（2）捐助方协商小组：湄公河委员会主要捐助方与合作者负责与湄公河委员会进行联系或沟通的机构。鉴于成员国自身的经济能力有限，湄公河委员会与若干西方发达国家确立了发展合作伙伴关系，包括：澳大利、芬兰、日本、新西兰、美国、法国、比利时、卢森堡、瑞典、丹麦、德国、荷兰和瑞士等，这些国家为其提供技术和财政支持。此外，湄公河委员会还授予亚洲开发银行（ADB）、东南亚国家联盟（东盟）、欧洲联盟、国际自然保护联盟（IUCN）、联合国发展计划署、联合国经济及社会理事会附属机构亚洲及太平洋经济社会委员会、世界银行和世界自然基金会（WWF）等国际组织观察员地位。这些区域、国际组织作为湄公河委员会的合作组织，在适当情况下可受邀参加湄公河委员会的相关会议。（3）上游伙伴：湄公河上游的中国和缅甸并未加入湄公河委员会，1996 年，湄公河委员会与中缅两国举行了第一次对话会议，中国和缅甸成为湄公河委员会上游对话伙伴国。综上，湄公河委员会的治理结构可总结为下图 1 所示。[①]

① 参见 MRC, "Organisational Structure," http://www.mrcmekong.org/about-mrc/organisational-structure/。

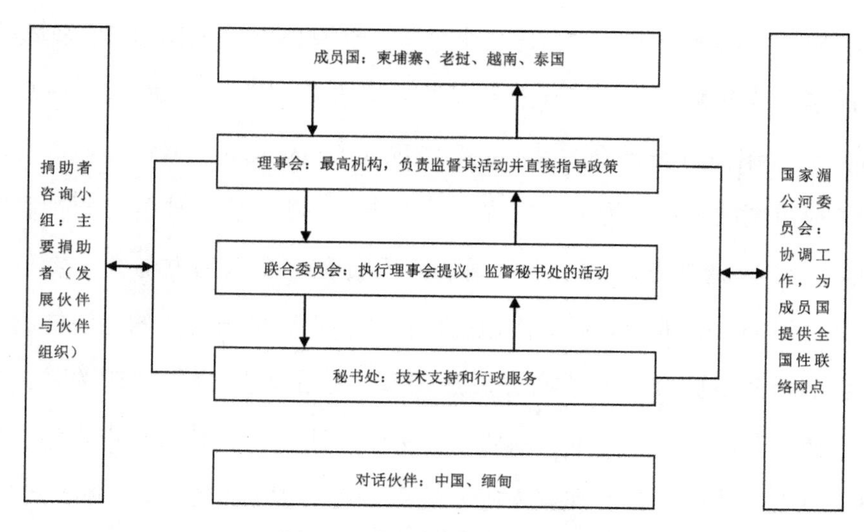

图 1　湄公河委员会治理结构

资料来源：作者根据湄公河委员会网站资料自制。

从“95 协议”的具体内容和湄公河委员会的机构设置中可以看出，一方面，下游四国决心以合作的方式推进湄公河水资源的治理，另一方面也表明它们对于合作的深度仍有很大程度的保留。作为一份纲领性文件，“95 协议”对于沿岸国在水资源利用方面的规定过于宽泛，对于冲突的解决也没有制定有效的应对措施，因此，从本质上来说，“95 协议”并非具有“强规定性”，据此建立的湄公河委员会作为一个政府间组织，并不具备超越国家主权的权威，其发展方向、政策决策均由成员国政府所选派人员组成的理事会与联合委员会负责制定，秘书处则负责提供咨询。毫无疑问，理事会与联合委员会的成员必定会首先从本国利益、而非流域整体利益出发，其基本职责之一就是确保湄公河委员会的相关决定不会对本国在湄公河的权益造成实质性损害，有学者将其称为成员国在湄公河事务上的“守门员或看门人”。[①] 因此，其最终的决定只是各成员国进行博弈或者妥协的结果。此外，湄公河委员会决策的最终实施还要依靠成员国政府，尤其受到国家湄公河委员会的限制。有研究将湄公河委员会的职能特点归纳如下：湄公河委员会是一个由四个成员国拥有并根据其意愿进行治理的政府间组织，能够用其产出的知识来对流域范围内的单个项目进行评估；但它不是一个具有规制权威的超国家组织，无法独立进行决策，也不直接对公众负责；此外，湄公河委员会允许一定的公众参与和问责，扮演着一个积极主动的知识型的角色，响应公众对知识的需求，能够告知或影响流域内的发展决策。这可视为其职能发挥的“灰色地带”。[②] 上述描述不仅准确地概括了湄公河委员会的性质，而且指出了湄公河委员会在两个最重要领域——水电开发和“知识基地”——的职能。总的来看，作为流域唯一一个专门管理水资源事务的区域性组织，湄公河委员会所能发挥的职能空间有限，但随着时间的推移和形势的变化，其也在努力扩展自身的职能边界，并加强治理能力，突出表现为强化对自身“知识基地”作用的发挥、在关键问题上试图增强对成员国国家政策的影响力以及更加强调社会参与。以下将以水电开发和“知识基地”为例，分析湄公河委员会的主要职能及其治理成效。

---

① 在笔者 2017 年参加的一次有关澜湄水资源治理内部研讨会上，有与会学者提出了这一说法。

② 澳大利亚湄公河资源中心：《湄公河委员会在湄公河干流大坝治理中的角色》，《湄公河简报》2008 年第 10 期，第 5 页。

第三节　湄公河委员会的主要职能与成效：以水电开发和“知识基地”为例

在国际河流水资源治理新趋势下，湄公河委员会的职能范围不再仅限于水电开发，而是以保护和管理水和其他相关资源的可持续开发和利用为目标。很显然，与之前相比，其职能范围有了大幅提高，更加强调区域的可持续发展和各种资源的综合管理。在各种议题中，水电开发治理与“知识基地”是湄公河委员会的工作重点，前者是湄公河委员会的核心职能，后者则是湄公河委员会极为重视且将在未来着重发展的职能。以下将首先对湄公河委员会的职能领域进行宏观考察，随后从上述两个方面入手，分析湄公河委员会的治理有效性问题。

一、湄公河委员会的主要工作职能

湄公河委员会主要以项目驱动的方式开展工作，确定了农业灌溉、流域规划、气候变化、环境保护、渔业、旱涝灾害、人口、河流运输、电力可持续发展九个议题作为主要领域，在其 2010 年的年度报告中，梳理了 13 个发展项目的执行情况，分别为环境保护项目（EP）、环境适应倡议（CCAI）、洪水灾害管理项目（FMMP）、湄公河水资源综合管理计划（M-IWRMP）、航运项目（NAP）、干旱管理项目（DMP）、流域管理项目（WSMP）、农业和灌溉项目（AIP）、流域发展规划项目（BDP）、渔业项目（FP）、信息和知识管理项目（IKMP）、水电可持续开发倡议（ISH）以及综合能力建设项目（ICBP）。[①] 这其中既包括涉及关键产业发展的项目（如农业、渔业、航运和水电开发），也包括环保项目；既包括从区域视角出发，将成员国的发展目标与流域的整体发展有效结合的综合发展项目（如流域发展计划、湄公河水资源综合管理计划），也包括旨在提升次区域能力建设、具有辅助性功能的项目（如信息及知识管理项目、综合能力建设项目）。各项目之间形成了相互依赖、相互促进的关系，充分表明湄公河委员会试图对湄公河水资源及其他自然资源形成系统、网络化的管理。

然而，这些项目能否在实践中实现既定的目标？通过对湄公河委员会在两个领域——水电开发和“知识基地”——的治理职能加以考察，我们可以得出如下结论：在水电开发这一涉及成员国敏感利益的问题上，湄公河委员会的职能发挥有限，但这并不意味着湄公河委员会的无效，而是其自身的性质使然，对此我们应有清醒的认识，不应对其期望过高；相对前者，湄公河委员会在不具备高度敏感性的领域，如在信息和知识产生方面的作用更为突出，其发布的科研数据和预测信息已在流域内获得了普遍认可，从这一角度讲，我们应该对该组织所发挥的知识生产和信息交流平台的作用予以充分肯定。中国政府在未来发展与湄公河委员会关系的时候，亦应同时考虑这两个方面。

① 参见湄公河委员会网站，http://www.mrcmekong.org。2010年，湄公河委员会在年度报告中，就上述项目的执行进展进行了总结，并评估了湄公河委员会在其中的作用。参见MRC, *Annual Report 2010*, http://www.mrcmekong.org/assets/Publications/governance/Annual-Report-2010.pdf。

二、湄公河委员会的水电开发治理职能
——以沙耶武里大坝为例

从湄公河委员会的发展历史可以看出，下游四国在湄公河水电开发问题上的立场几经变化，期间多次制定水电开发规划、又多次对其进行修改乃至取消。出于论述主题的限制，本部分将集中关注新湄公河委员会成立后对于水电开发的态度。

（一）湄公河委员会对于水电开发的立场与相关规定

国际河流水电开发主要是以在干流修建水电大坝的形式进行。湄公河委员会成立后不久，秘书处便开展了一项名为“湄公河流域径流式水坝”的调查研究，该项研究表明，干流水坝的修建对环境和社会的影响有限，并重新考虑了湄公河下游干流段大型水坝的规划。根据湄公河委员会秘书处 2001 年完成的“湄公河干流水电站规划”，成员国在干流共规划了 11 座水电站，分别是老挝境内的本北、琅勃拉邦、沙耶武里、巴莱四个水电站；老挝、泰国交界河段的萨拉康、巴蒙、班库三个水电站；老挝、柬埔寨交界的栋沙宏水电站；柬埔寨境内的上丁、松博、洞里萨三个水电站。可见，在湄公河委员会成立初期，其对于干流大坝建设是持肯定和积极支持的立场的。

在对干流大坝建设的管理方面，尽管“95 协议”中规定，成员国在开发湄公河干流水资源时应遵循“合理与公平”的原则，但并未对其进行具体解释和界定。为了进一步规范成员国的水电开发行为，湄公

河委员会又相继出台了一系列规定。如2003年，湄公河委员会联合委员会通过了《通知、事先协商与签署协议的程序》（PNPCA）程序。[①] 其中，“通知（notification）”是指沿岸国向湄公河委员会联合委员会及时提供与水资源利用的相关信息；“事前协商”（prior consultation）是指在及时通知和其他数据及信息的基础上，其他成员国可以就水资源利用与环境影响进行讨论与评估，并以此为基础达成协议；事前协商既不是一种否决权，也不代表任何国家可以在不考虑其他国家权利的情况下采取单边行动进行水资源开发。签署“协议（agreement）”是指所有成员国就特定的工程达成协议后，才能正式动工。该程序目前已成为湄公河干流大坝修建之前的必要条件。同年，湄公河委员会通过了关于监测水资源利用情况的规定，为监测流域内和跨流域水资源的利用制定了管理框架。2006年，根据“95协议”第6条和第26条所提出的要求，湄公河委员会又通过了关于保持干流流量的规定，为湄公河委员会维持和管理湄公河干流流量提供了一个关于技术准则、体制安排、发展方向和相关信息的框架。上述三项规定，为湄公河委员会管理水资源开发划设了机制框架。

随着国际社会对环境保护的重视，湄公河委员会也在重新衡量环保与开发之间的关系。2009年，湄公河下游国家以湄公河委员会为平台，委托澳大利亚环境管理国际中心（International Centre for Environmental Management，ICEM）就湄公河干流水电开发进行了为期一年的战略环

① 参见 MRC, *1995 Mekong Agreement and Procedural Rules*, 1995, pp. 35-41, http://ns1.mrcmekong.org/download/agreement95/MRC-1995-Agreement-n-procedural-rules.pdf。

评，并于2010年发布调研报告。[①] 该报告认为，湄公河干流的梯级开发既可以为湄公河下游国家的经济发展带来巨大机遇，同时也会带来相当大的风险，前者包括明显的电力效益，即因大量投资所带动的国民经济增长；伴随着水位的提高，流域通航能力和当地的灌溉能力也将提升；水电替代热电从而能够减少温室气体的排放。后者则主要是指生态多样性方面不可逆转的损失，如对民生和营养平衡的影响，泥沙—营养物平衡性的受损以及生态多样性的降低等。通过衡量成本与收益，战略环评提出了四种政策选择：不开发，延期决策，循序渐进的开发以及由市场驱动开发，而最终的建议则是，出于影响范围的不确定性和河流系统可能出现不可逆转的风险，在湄公河干流修建大坝的决定应该推迟十年，并应每三年进行一次评估，以加强对流域自然系统的监测，保证管理和监管程序的有效进行。另外，该报告还着重指出，应以系统而非单一的视角看待湄公河干流的水电开发，即全面、综合地考察干流大坝建设的累积和跨界影响，而非单独评估某一项目可能带来的影响。按照这一逻辑，随着2015年之后支流的41个大型水坝和澜沧江7个梯级电站的相继建成，水电开发对湄公河环境的影响也将逐渐显现。

毫无疑问，在湄公河干流进行水电开发是一项复杂的工程，在水资源开发和环境保护这两项目标之间维持平衡需要成员国协商以取得共识，单纯关注一方面而否定另一方面都不是明智的选择。尽管湄公河委员会宣称这份报告并非其正式批准的文件，不代表自己的意见，因而不具有强制力，但湄公河委员会亦未在此问题上明确表明自己的观点，正

① International Center for Environmental Management (ICEM), "Strategic Environmental Assessment of Hydropower on the Mekong Mainstream," Final Report, Prepared for the Mekong River Commission, October 2010.

是这种态度，使得湄公河委员会在老挝沙耶武里项目问题上的治理成效大打折扣。而实际情况是，战略环评的结论成为对沙耶武里项目持反对态度的成员国和其他行为体的一个重要论据。

（二）湄公河委员会对于解决沙耶武里项目争端的成效不足

尽管沙耶武里水电站已于2019年完工并投入商业运营。作为主要投资方，泰国将购买其95%的发电量。然而，自从沙耶武里项目提出以来，成员国便在湄公河委员会内部展开了激烈的争论，其中还伴随着美国等西方势力的干预。湄公河委员会在此过程中所发挥的作用，成为外界质疑其治理有效性的关键。

沙耶武里项目是湄公河干流水坝中的第一座。[①] 早在2008年6月，老挝就向湄公河委员会提交了关于在其境内和老泰边界的干流上拟建8座大坝的非正式通知。2010年10月22日，老挝政府将建设沙耶武里项目正式提交给湄公河委员会的《通知、事前协商与签署协议的程序》，不仅成为第一个进入该程序的湄公河干流大坝项目，同时也是该程序自2003年设立以来的首次应用。然而，这一举动正值前文所述的战略环评发布之时，因此招致了下游国家柬埔寨和越南以及其他相关行为体，如美国和环保组织的一致反对。他们并不认可之前由大坝建筑商泰国初干创工程公司（CK）出具的环境影响评估，担心大坝会对鱼类和农田造成不可逆转的损害，从而影响下游人民生计乃至国家粮食安全，越南

① 湄公河干流上的四个事先咨询（PC）水电项目均位于老挝境内：沙耶武里（Xayaburi）（2010年）、栋沙宏（Don Sahong）（2013年）、本北（Pak Beng）（2016年）和巴莱（Pak Lay）（2018年，正在进行中）。参见MRC, *Annual Report 2018*, p. 25, http://www.mrcmekong.org/assets/Publications/Annual-Report-2018-Part-1-final.pdf。

甚至提出应遵循战略环评的结论将水坝建设搁置十年。2011 年 4 月 19 日，湄公河委员会联合委员会就沙耶武里项目召开会议进行讨论，因各方分歧明显，湄公河委员会在此次会议上并未就是否进行该项工程达成一致，并同意暂不做决定，留待日后召开的理事会会议决定。湄公河委员会的这一表态虽然并未完全否定沙耶武里项目，但也没有对其表示赞同，而是要求暂缓项目进程，以便各方的进一步协商。

对于湄公河委员会的这一决议，各方反应不一。如，据 5 月 2 日《曼谷邮报》报道，泰国初干创工程公司（CK）称，泰国银行及老挝政府仍然支持该公司的承建，此前所做的环境影响评估报告符合所有程序，老挝政府迄今未要求其重做，即使再做评估，也不会有大的变动。该企业负责人还表示，提供融资的银行对该项目所做出的贷款承诺也无变化。[①] 老挝政府则宣称，沙耶武里大坝堪称发展清洁、绿色能源的典范，将刺激老挝经济，并改善人民生活。老挝国家湄公河委员会主席肯萍·奔舍那（Khempheng Pholsena）表示，沙耶武里大坝“从社会和环境角度均具可持续性”。老挝以前修建南屯（Nam Theun）水电站时也遇到过阻力，后来还是得以成功化解，这次也会如此。她说，老挝必须“坚定、独立自主”。[②] 老挝能源矿产部电力局局长威拉翁表态说，将聘请国际咨询机构重新评估邻国意见，以确定问题的严重性及需要采取的措施，进度方面暂时还没有时间表。[③] 美国国务院则在 4 月 26 日表示，湄公河流域国家的大坝建设应经过慎重考虑，取得充分的科学论证，并

① 《泰承包商：对沙耶武里水坝项目环评报告有信心》，凤凰网，2011 年 5 月 3 日，http://finance.ifeng.com/roll/20110503/3978429.shtml。

② 《老挝为沙耶武里大坝建设计划辩解》，路透社中文网，2011 年 5 月 6 日，http://cn.reuters.com/article/wtNews/idCNCHINA-4257420110506。

③ 《泰承包商：对沙耶武里水坝项目环评报告有信心》，凤凰网，2011 年 5 月 3 日，http://finance.ifeng.com/roll/20110503/3978429.shtml。

与所有利益相关方进行协商。在多方压力下，沙耶武里项目最终被老挝政府叫停。

尽管沙耶武里项目并未得到湄公河委员会的支持，但老挝并未就此放弃，而是积极寻求解决之路。如，聘请国外公司对大坝设计方案进行重新评估，并根据外界反对意见进行改进等，以消除邻国的疑虑。然而，老挝的上述努力并未得到其他成员国的认可。如，在 2011 年 12 月 9 日召开的湄公河委员会联合委员会会议上，针对沙耶武里项目，各国仍然分歧明显。柬埔寨代表提出，应加强有关跨国环境的影响和负面累积效应的全面评估，制定可行性应对措施，开发国应与相关国家分享收益及履行社会责任等。泰国代表认为，应考虑到区域人民的利益和环境问题，制定减少环境影响的有效措施。越南代表担心该项目开发会对湄公河下游三角洲区域产生严重的环境影响，建议包括该项目在内的湄公河水电站项目应推迟十年再开发。老挝政府则表示，该项目的环评工作已经完成，将争取获得有关国家的理解和支持，并愿意向各国提供相关数据。在此次会议上，沙耶武里项目再次被否决，会议声明中称，各方需要对湄公河综合管理及可持续发展做进一步研究。老挝政府随即再次叫停了该项目。

此后，一些环保组织披露，老挝政府并未理会湄公河委员会的决定而是仍在进行水电站修建工作，越南和柬埔寨政府不断给老挝当局施压要求暂停水电站建设，而老挝当局并不在意邻国的要求，这使湄公河流域国家间国际关系一度陷入了紧张局面。实际上，老挝政府在对大坝的设计进行重新评估与修改的基础上，于 2012 年年底正式开工建设。按照老挝能源与矿产部部长苏里冯·达拉冯（Soulivong Dalavong）的说法，“目前，项目按正确完整的步骤推进，设计调整到位，通过了模拟验证，不会对湄公河生态系统产生负面影响。因此，各友好国家对该项目不再提出异议”。[①] 然而，这一说法并未得到柬埔寨和越南国内的一致认可。对于这两个地处下游的国家来讲，湄公河的意义不仅在于其丰富的水电资源，它还是其居民赖以生存的“母亲河”。因此，相比老挝和泰国，越南和柬埔寨对于上游大坝建设所承担的环境成本更大，因而更关心水电开发对生态的影响问题。正是因为柬埔寨和越南对湄公河生态环境的高度依赖，导致即便是在沙耶武里大坝开工建设后，两国也不断地表达自己的担心，如在2013年1月召开的第19次湄公河委员会联合委员会会议上，老挝沙耶武里大坝问题仍是会议讨论的焦点，来自柬埔寨和越南的代表继续对大坝建设提出质疑。

（三）湄公河委员会在干流大坝问题上治理成效不足的原因分析

从有关沙耶武里项目的推进历程可以看出，虽然湄公河委员会两次对其做出了暂缓建设的决定，但最终仍未能阻止老挝的开工建设。对于外界，尤其是活跃在该地区的环境非政府组织而言，湄公河委员会未能阻止沙耶武里项目俨然意味着其丧失了有效性和合法性。如，成立于2009年3月的拯救湄公河联盟（Save the Mekong Coalition，SMC）提出，老挝和泰国的决定不仅会威胁依赖湄公河生活的群体，而且对“95年协议”造成了损害，而负有河流治理职责的湄公河委员会却始终沉默，次区域未来的合作面临着崩溃。[②] 对于这一说法，我们需要进一

① 《沙耶武里水电站开工建设将促进老挝经济发展》，新民网，2012年11月13日，http://biz.xinmin.cn/2012/11/13/17163970.html。

② Save the Mekong Coalition, “Save the Mekong, Before It's Too Late!” *Bangkok Post*, November 19, 2012.

步回答，湄公河委员会在干流大坝建设问题上究竟具有多大的决定权？老挝为何能够在湄公河委员会及外界的反对声中推动沙耶武里项目？

对于湄公河委员会在干流大坝问题上有效性不足的现象及其原因，国内外均有不少探讨。[①] 有学者从国际关系中的个体层次入手，即通过分析湄公河委员会秘书处首席执行官的个人特质，来解释湄公河委员会在水电开发问题上的倾向。通过考察自 1995 年（新）湄公河委员会成立以来的历任首席执行官的专业背景及从业经历，作者指出，若由具有水电开发或者相关从业经历的人士出任首席执行官，则在其任期内对湄公河水电开发持更明显的支持态度；反之，若本人出身环保部门，则会更加重视水电开发对环境的负面影响，从而在其任期内干流大坝建设项目不容易被通过。此类研究尽管具有一定的解释力，但过于强调个人主观因素，且湄公河委员会首席执行官在干流大坝建设问题上的决定权到底有多大是一个尚待验证的问题，从而导致了此类研究解释力的降低。

还有学者从湄公河委员会机制本身加以分析，提出了以下四种观点：（1）湄公河委员会是一个“被治理（governed）”的机构而不是一个“治理（governing）”的机构，[②] 由于没有任何监管权力，因此，无法形成有法律效力约束的国际协议。（2）湄公河委员会的大部分活动经费来自于成员国和发展伙伴的资助和捐赠，[③] 其中大多捐助具有附加条件，其水资源开发要满足捐助者的意愿或利益，这在一定程度上影响

① Natalia Scurrah and Gary Lee, “The Governance Role of the MRC vis-a-vis Mekong Mainstream Dams,” Australian Mekong Resource Center, No. 10, November 2008；郭延军：《大湄公河水资源安全：多层治理及中国的政策选择》，《外交评论（外交学院学报）》2011 年第 4 期，第 84—97 页。

② Gary Lee and Natalia Scurrah, *Power and Responsibility: The Mekong River Commission and Lower Mekong Mainstream Dams* (Sydney: Oxfam Australia and University of Sydney, October 2009), p. 20.

③ MRC, *Annual Report 2009*, http://www.mrcmekong.org/download/Annual_report/Annual_Report_2009.pdf.

到其独立性以及全流域整体利益和目标的实现。[①]（3）该组织属于咨询机构，不具备超国家的权威，没有强制执行权，仅是一个成员国之间进行交流与沟通的平台。[②]（4）湄公河委员会的代表性不足，地处上游的中国和缅甸均不是其成员国，因此无法真正做到统筹规划，一定程度上影响了其有效性和权威性。

上述观点均具有一定的合理性，尤其是有关湄公河委员会缺乏权威性与独立性的论断，得到了各方的一致认同。正如已有研究所指出的，从湄公河委员会自身的机构设置和职能规定来看，其本质上是一个国家间组织，作为决策机构的理事会和联合委员会更多的是代表本国利益，而非流域的利益。这就从根本上决定了其无法对事关成员国内部的水资源开发行为加以限制，而只能更多发挥一个交流和沟通的平台的作用。湄公河委员会治理职能的有限性在“95 协议”文本中即有所体现。作为湄公河合作的基础性文件，“95 协议”对于成员国的水资源开发主权具有明确规定，同时对于湄公河水资源“公平合理”利用的规定又过于宽泛，导致每一方都可以对其做出有利于自己的解读，据此成立的湄公河委员会也没有在实际运行中有效地解决这一问题。而在争端解决方面，“95 协议”的规定也十分模糊，尤其是理事会与联合委员会所遵循的仍是东南亚国家长期以来坚持的“一致通过”原则，使得湄公河委员会在干流大坝问题上难以做出有效决策，从而使其治理有效性大打折扣。

---

① Chris Sneddon and Coleen Fox, “Power, Development, and Institutional Change: Participatory Governance in the Lower Mekong Basin,” *World Development*, Vol. 35, No. 12, 2007, pp. 2169-2172.

② Oliver Hensengerth, “Transboundary River Cooperation and the Regional Public Good: The Case of the Mekong River,” *Contemporary Southeast Asia*, Vol. 31, No. 2, 2009, pp. 326-349.

然而，我们需要进一步追问的是，为何成员国没有赋予湄公河委员会更大的权力？笔者认为，这与湄公河水资源开发本身的敏感性以及成员国在此问题上的重大战略利益有很大关系，这导致在湄公河委员会建立之初，成员国就对于让渡这方面的权力存有极大保留。从有关沙耶武里项目的争端中可以看出，很显然，湄公河委员会成员国既没有在该问题上妥协的意愿，又不愿意使自身利益受损，因而无法在多边框架下达成妥协。就此我们可以得出如下结论：根本上来讲，成员国国家利益的博弈与政策选择而非湄公河委员会的决议才是左右湄公河干流大坝建设的关键力量，这说明，湄公河委员会本身在该问题上并没有太大的决策权，那些认为湄公河委员会理应阻止沙耶武里项目的观点无疑是高估了其效力。

三、湄公河委员会作为“知识基地”的职能评估

与湄公河委员会欠缺在干流大坝问题上的治理有效性相比，其在填补流域相关信息和知识空白方面的职能得到了流域内外的一致认可，湄公河委员会也于2011年明确将该职能作为未来的重点推进领域，试图利用自身在知识、信息获取、整理和传播等方面的专业性和权威性影响成员国的决策，从而在一定程度上掌握流域综合开发的话语权。

（一）湄公河委员会关于“知识基地”职能的相关规定

有研究指出，迄今为止，“知识基地”已成为湄公河委员会的一个最主要职能，它就像一个广受信任的地区信息中心，用来收集信息、生

产知识。[1] 实际上，"95 协议" 就已经规定了湄公河委员会联合委员会和秘书处有关定期获取、更新和交换信息和数据的职能。而湄公河委员会所推行的 11 项具体工作领域中，无一不涉及各领域的数据获取和信息积累的内容。随着地区形势的发展，湄公河委员会"知识基地"职能得到进一步重视与加强。如湄公河委员会《战略计划（2006—2010：满足需求，保持平衡）》指出："湄公河委员会需要积极务实地参与那些明显影响全流域的大型项目，而能够对这一角色起到'增值'作用的是其具备的知识和评估工具。"[2] 湄公河委员会的"知识基地"职能同样得到了外界的认可。如捐助方就曾表示，"捐助者对湄公河委员会朝一个以投资驱动的组织方向发展表示关注。我们认为，湄公河委员会应该保持并加强它作为一个以知识为基础的流域组织以支持流域发展的决策的独特作用"。[3]

（二）湄公河委员会"知识基地"职能的主要内容

简单说来，所谓湄公河委员会的"知识基地"职能是指其为湄公河流域国家提供跨国界的数据采集和分析服务。当前，湄公河委员会主要从以下几个方面入手，将自身打造为水资源信息的"知识基地"。

---

① Mekong River Commission, "Independent Organisational Financial and Institutional Review of the Mekong River Commission Secretariat and the National Mekong Committees," Final Report, January 2007, p. 7, http://www.mrcmekong.org/download/free_download/Financial_and_Institutional_Review.pdf.

② Mekong River Commission, *Strategic Plan 2006-2010: Meeting the Needs, Keeping the Balance*, p. 12, http://www.mrcmekong.org/download/free_download/Strategic-plan-2006-2010.pdf.

③ "Donor Group Statement," 10th Meeting of the MRC-Donor Consultative Group, Chiang Rai, Thailand, December 1, 2005; Gary Lee and Natalia Scurrah, *Power and Responsibility: The Mekong River Commission and Lower Mekong Mainstream Dams*, Sydney: Oxfam Australia and University of Sydney, October 2009, p. 19.

首先，通过实施信息与知识管理项目，湄公河委员会提供包括洪水预报、水文数据采集和建模（Modeling）等方面的服务，希望以流域的综合视角帮助人们更好地了解整个地区的水势，旨在提高成员国分析和利用水文数据的能力，以使决策更具有科学性。具体包括以下方面内容。

第一，建立庞大的水文信息网络。湄公河委员会在湄公河下游建立了49座监测站，其中17座位于干流，这些监测站可以提供日常水质监测和可靠的水文信息，可每15分钟向成员国国家数据中心和湄公河委员会数据终端提供数据，[①] 以更好预防洪涝灾害。一般公众亦可通过湄公河委员会门户网站获得上述信息。在旱季则负责每天上传接近实时的水位下降信息，并可以方便地与前一年的水位相比较。这可以帮助人们规划作物灌溉、航运和渔业。

第二，开发了一套先进的数据评估工具，即湄公河委员会工具箱（MRC Toolbox），以预测水电项目对河流的影响、暴雨、干旱和气候变化。该工具箱包含了若干建模工具以便输入相关数据，以分析和预测河流系统在不同环境和社会—经济影响下的表现。这些创新性的建模工具包括水动力模型、土壤分析模型、水量平衡模型、水资源综合模型和侵蚀模型。决策支持框架（DSF）是工具箱的重要组成部分，包含一系列有关湄公河环境和社会—经济条件的历史和当前数据。成员国可以利用其作为决策的重要依据。

第三，除了数据采集，湄公河委员会还通过网站和数据信息服务门

① 参见湄公河委员会网站："France provides 1 million euro to support the expansion of a Mekong hydro-meteorological network and data application," Vientiane, Lao PDR, December18, 2015, http://www.mrcmekong.org/news-and-events/news/france-provides-1-million-euro-to-support-the-expansion-of-a-mekong-hydro-meteorological-network-and-data-application/。

户网站（Data and Information Services Portal）将相关信息提供给公众，通过湄公河委员会信息系统（MRC-IS）向相关方提供环境、社会经济模型及数据，以促进湄公河流域区域规划的科学性。

其次，除了专门的信息与知识管理项目外，湄公河委员会还注重在关键产业中承担起信息和知识的生产与传播功能。

如，湄公河沿岸居民基本上是“以水为生”，多数从事农业种植、渔业和航运等传统行业。针对这一情况，在农业领域，湄公河委员会负责监测农业用水，发布实时洪水和干旱环境监测数据，在紧急情况下协助地方和国家进行灾害预防。在渔业领域，湄公河委员会通过技术报告、媒体报道、影音、技术咨询机构及组织召开技术年会等方式，将渔业信息传播给目标受众，为相关部门提供渔业生态知识，监控渔业发展趋势/产量以及市场信息，评估渔业养殖环境等。在航运业，作为次区域唯一一个以管理、开发和监控跨境水路运输为任务的组织，湄公河委员会在危险的河道地段安装了可 24 小时运行的航标，如浮标和灯塔。此外，湄公河委员会还制作了湄公河、瓦姆瑙河和巴塞河的电子导航地图（Electronic Navigation Charts，ENCs），提供给通航船舶，并在金边自治港实施了管理信息系统（MIS），以更好地促进船舶运输和规划。在湄公河和巴塞河口上安装了两个潮汐监测站，监测站将在河流入口处记录并传播船只的精确水位。

洪水泛滥对于湄公河地区有着正反两方面的作用，也是沿岸国家格外关注的问题。为了减少洪水的负面影响，发挥其积极作用，湄公河委员会于柬埔寨金边成立了区域洪水管理与减灾中心（Regional Flood Management and Mitigation Centre），协助四国政府部门通过数据监测和模型分析，及时预报洪水，尽可能减轻洪水的负面影响。在每年 1—11

月的汛期，区域洪水管理与减灾中心每日发布洪水预报和警报。138 个水文气象观测站的数据可以预测湄公河流域 23 个观测点的水位。由洪水灾害管理项目通过传真、电子邮件、湄公河委员会网站主页和专门的洪水预报网站（Flood Forecasting Website）向国家湄公河委员会、非政府组织、媒体以及公众进行通报，并向柬埔寨和老挝政府及其国内社区提前通知水位上涨情况。在湄公河的支流，因强降雨引发的山洪是沿岸居民和基础设施的最大威胁。洪水灾害管理项目正在制定支流的山洪指导系统，此工具将被用来预测大范围的小溪流地区洪水泛滥的可能性。

此外，湄公河委员会还建立了区域洪水论坛（Flood Forum），并将其作为一个分享经验和信息的平台，协调国家决策部门、科学家、国际组织和民间社会组织的洪水管理活动；发布年度洪水报告（Annual Flood Report），自 2005 年以来，该报告每年向社会提供湄公河下游洪水泛滥的简要描述。这些报告每年都侧重不同的主题；提供跨界洪水信息，有效的跨界洪水管理的关键在于区域合作，通过共享跨界洪水信息可以促进成员国间展开更广泛的合作；举办培训班和考察访问，以获取他国抗洪防洪的第一手经验。

最后，湄委会将环境保护作为工作重点，积极建立涵盖整个地区的知识和科学数据，并据此制订了“跨界环境影响评估指南”（TBEIA），构建了一个规范国家活动的区域性环境标准。在环境问题日益突出的情况下，为了提升流域居民对于环境问题的重视，湄公河委员会还推出了水质结果报告，并面向国家机构发布河水水质“报告卡”。

（三）湄公河委员会“知识基地”职能评估

由上可以看出，湄公河委员会开展了一系列跨国界的水文信息采集和分析整理工作，显然这些工作单凭一个国家是无法完成的。湄公河委员会对自身“知识基地”作用的发挥，不仅有利于流域国家更好地认识湄公河的水文特征，而且通过信息和数据的交流和传播，有助于提升流域国家及民众的共同体意识，培养其地区认同，从而促进国家间的合作。经过多年的观测与分析，湄公河委员会发表的报告得到了国际社会的认可。例如，2010年，湄公河流域遭遇了50年来最严重的干旱，媒体指责是中国在澜沧江建造的大坝导致下游水位下降，面对这一情况，湄公河委员会通过调研与数据研究得出，干旱是因“2009年降雨量极低这种极端天气所造成”。[①] 湄公河委员会的这一立场得到了包括中国在内的国际社会的普遍认可与赞赏，其作为“知识基地”的价值已经得到了外界的广泛承认。

但是，受到湄公河委员会机制本身的限制，其“知识基地”职能的发挥面临着两个方面的挑战。一是知识产出过程中的透明度问题，这直接影响到湄公河委员会作为一个提供客观科学建议的组织的可靠性。2006年，由湄公河委员会成员国和捐助方发起了一项针对湄公河委员会秘书处和国家湄公河委员会的独立评估，并于2007年发布最后报告。该报告在考量湄公河委员会的知识产出问题时指出，“越来越多的人（包括民间社会团体、科研机构）认识到，湄公河委员会秘书处不愿意

---

① Mekong River Commission, “Low Rainfall, Not Dams, the Cause of Low River Levels,” in *2010 Annual Report*, http: //www. mrcmekong. org/assets/Publications/governance/Annual-Report-2010. pdf.

公布有关发展项目所带来的对环境和社会的消极结果的信息，这对机构的可靠性来说构成了威胁”。该报告认为，受到成员国发展经济强烈愿望的影响，湄公河委员会在衡量开发与环境保护的关系时显然会倾向于前者，这一立场会直接影响湄公河委员会结论的准确性。尽管一个新的“信息公开政策”已被提交联合委员会，然而，这项政策最终是否会得到有效落实尚有待观察。[①]

二是湄公河委员会所提供知识的转化问题。正如《湄公河委员会战略计划》（MRC Strategic Plan）中所指出的，“无论研究工作多么出色，如果它们不能用于实际的发展规划，就不会产生任何影响”。[②] 同样，在《2001年水电开发战略》（Hydropower Development Strategy 2001）中，湄公河委员会认识到，其“环境影响评估（EIA）”和“战略环境评估（SEA）”的局限性在于“缺乏合法的决策章程的支持”，“其作用的发挥取决于主要决策者（国家政府当局、国际捐助者和金融机构）愿意接受并考虑环境影响评估的结论和建议”。[③] 这充分表明了湄公河委员会所提供的知识和建议在转化为成员国的实际政策时所面临的阻力。该问题同样反映在2007年的评估报告中。该报告指出，如果考虑到湄公河委员会的规划和成员国各自的发展规划之间并不紧密的联系，

---

① Mekong River Commission, “Independent Organisational Financial and Institutional Review of the Mekong River Commission Secretariat and the National Mekong Committees,” Final Report, January 2007, p. 20；澳大利亚湄公河资源中心（AMRC）：《湄公河委员会在干流大坝治理中的角色》，《湄公河简报》2008年第10期，第5页。

② 澳大利亚湄公河资源中心（AMRC）：《湄公河委员会在干流大坝治理中的角色》，《湄公河简报》2008年第10期，第5页。

③ 澳大利亚湄公河资源中心（AMRC）：《湄公河委员会在干流大坝治理中的角色》，《湄公河简报》2008年第10期，第6页。

湄公河委员会所提供的知识是否以及能否得到决策支持是关键问题。[1]因此，湄公河委员会未来如何加强与成员国的联系，推动其信息被成员国所接纳、其建议被落实，将直接关系着其“知识基地”职能的有效发挥。

第四节　湄公河委员会的未来发展及其与中国的关系

2016年湄公河委员会启动本地化过程，开展机构改革，首次任命了来自成员国的秘书处首席执行官（范遵潘，越南籍，任期至2019年1月，已由来自柬埔寨的An Pich Hatda博士接任）。同时，开始实施《2016—2020战略规划》，调整湄公河委员会秘书处的组织结构与运行机制，将大部分职能移交给成员国的国家湄公河委员会，重点突出湄公河委员会作为“水外交平台”和“知识中心”的核心功能，期望在流域大型基础设施开发的技术、管理和水治理方面施加更大的影响力。秘书处现由行政处、规划处、环境管理处、技术支持处和执行官办公室组成，建立了“篮子基金”，将外部资助纳入其中统一管理，计划2030年实现财务自立（由成员国出资），改项目运行机制为职能运行机制，人员也由原来的120余人缩减到60余人。

湄公河委员会《2016—2020战略规划》确定了七个产出：产出一：基础研究与应用（包括干旱管理、捕鱼业生产能力与价值、农村生计、

① Mekong River Commission, “Independent Organisational Financial and Institutional Review of the Mekong River Commission Secretariat and the National Mekong Committees,” Final Report, January 2007, p. 20.

流域发展和气候变化情景分析、流域生物多样性、湄公河下游增加蓄水量方案、水资源项目及相关项目跨界影响）；产出二：优化规划（流域水电可持续发展战略、湄公河下游地区洪水管理战略、流域渔业管理和发展战略、两个或多个成员国联合发起、支持和实施项目和机制、湄公河气候变化适应性战略和行动计划、流域发展战略 2021—2025、区域水上运输总体规划、流域环境管理战略、区域干旱管理和减缓战略）；产出三：项目开发与管理指南（湄公河干流大坝初步设计指南、洪水风险综合管理指南、水上运输管理指南和管理框架、“最佳实践”指南和工具、危险品可持续运输区域行动计划、小流域可持续管理、适应水资源短缺与干旱指南、湿地可持续利用和管理方法、具有跨界影响的灌溉系统的设计与运行指南、鱼类友好型灌溉指南、跨界环境影响评估指南）；产出四：执行湄公河委员会规程；产出五：对话与合作（进一步发展与中国和缅甸的合作，与区域内其他机制和国际流域机构的合作，建立地区利益相关者论坛）；产出六：加强流域监测、预报、影响评估和宣传（开发和维护基于湄公河委员会规程和指标框架的监测和预报系统，区域信息系统标准化建设，更新和批准使用区域模型和相关影响评估工具，准备流域状态、气候变化情况和技术报告，建立和维护湄公河委员会数据、信息和知识的沟通和获得机制）；产出七：改革（机构改革，实施湄公河委员会战略规划 2016—2020，准备湄公河委员会战略规划 2021—2025，以使湄公河委员会逐步成为更高效的机构）。在 2018 年湄公河委员会发布的年度报告中，对《湄公河委员会战略规划 2016—2020》的执行进行了中期审议，其中可以看出，湄公河委员会机构改革进程和项目推进总体达到预期。[①]

2016—2020年间，湄公河委员会提出的国家间联合项目有五个，申请国际援助机构资金支持进行规划（项目实施资金则计划由相关国家承担）。这些项目是：老挝—泰国航运安全管理、柬埔寨与老挝跨界水资源开发与治理，包括栋沙宏水电项目的环境影响监测、泰柬边界地区洪水与干旱跨界治理、柬老越3S河（色贡河、塞桑河、斯雷博克河）流域水资源可持续开发与治理、促进水安全与可持续发展的湄公河三角洲内柬埔寨与越南边界地区的洪水综合治理。

一、湄公河委员会未来发展方向与前景

湄公河委员会改革的主要目的是通过加强能力建设，提升自身的有效性与合法性，并在以下几个方面加以推进。

第一，有效处理与国家湄公河委员会的关系将是湄公河委员会未来的工作重点，这将有效提高湄公河委员会决策的执行力。作为湄公河委员会的联系及协调机构，国家湄公河委员会的历史可以追溯到1957年（老）湄公河委员会建立伊始。这是一个完全隶属于成员国政府的跨部门机构，由两部分组成：一是决策委员会，二是负责服务和提供技术支持的秘书处。其主要职能是主要包括：（1）协助成员国政府制定各自的湄公河开发政策；（2）协调各成员国国家湄公河委员会间的关系；（3）作为联络方，处理与国内其他政府部门及湄公河委员会的关系；（4）在获得湄公河委员会联合委员会和理事会批准前，国家湄公河委

① 参见MRC, *Annual Report 2018*, http://www.mrcmekong.org/assets/Publications/Annual-Report-2018-Part-1-final.pdf。

员会负责审核湄公河委员会编制的年度报告，确保本国的优先项目在报告中得到反映；（5）负责招聘本国国民进入湄公河委员会常设机构工作；（6）与国外捐助方进行沟通。

可以看出，国家湄公河委员会是湄公河委员会与成员国政府就水资源事务进行沟通的重要渠道，也是湄公河委员会决策得以“落地”的重要平台，由此，从流域整体角度出发做出的湄公河委员会的决策能否得以顺利实施，在很大程度上取决于国家湄公河委员会对其的接纳和执行情况。然而，与作为政府间组织的湄公河委员会不同，国家湄公河委员会肩负着双重使命，一是在不损害流域整体利益的前提下尽可能实现本国水资源利益的最大化，二是努力将本国利益与流域其他国家利益以及流域整体利益进行有机结合。然而，因上下游国家在水资源开发问题上利益的差异性使得其职能本身存在着相互矛盾的一面，而在实际工作中，作为政府机构的一部分，国家湄公河委员会势必会以本国利益为根本出发点，对湄公河委员会的决策会进行有利于本国的解释。此外，不同的成员国其国家湄公河委员会在成立时间、人员素养和职能范围等各不相同，造成各方在开展具体工作时面临协调性不足的情况。总而言之，尽管湄公河对于沿岸国家而言意义重大，但总体来讲，国家湄公河委员会在成员国政府决策中的地位并不重要。

上述两方面共同导致了目前湄公河委员会的倡议在国家层面上无法得到有效执行，对成员国的决策也无法产生实质性影响。针对这一状况，湄公河委员会提出有必要提高成员国对国家湄公河委员会工作的重视程度，提升该部门人员素质和资金支持，在国家湄公河委员会内部培养更多的主人翁意识。然而，考虑到湄公河对于成员国不同的经济和战略意义，以及上下游国家对于湄公河开发相互矛盾的利益诉求，湄公河委员会的这一诉求很难得到成员国的一致认可，湄公河委员会与国家湄公河委员会的关系在未来也不会得到质的改善。

第二，加强湄公河委员会的独立性与本土化。作为一个地区组织，湄公河委员会在财务、人员和决策方面的独立性一直饱受诟病。首先，如前所述，由于成员国的经济实力有限，若干项目的开展仍需依赖美欧等发达国家的资助。其次，在人员配备上，由于湄公河委员会及国家湄公河委员会并非成员国政府主要部门，湄公河委员会的活动与成员国的国家规划之间也没有建立起很好的关系，在政府部门中不受重视，因此，这两个部门很难吸引到高素质人才。最后，作为湄公河委员会日常工作的关键部门，湄公河委员会秘书处首席执行官长期由外国人担任，而且也很难招募到当地具有丰富国际组织工作经验的人员。在此情形下，湄公河委员会将财务独立与人员当地化作为未来提升组织职能的重要内容。2014 年 6 月 26 日，湄公河委员会在泰国曼谷召开理事会会议，其中的一项重要议题就是讨论湄公河委员会未来的机构改革，即将流域管理职能的核心从秘书处转移到成员国，会议同意立即着手推动这一进程，以提高该组织的工作效率，使其在 2030 年成为一个真正财政独立的机构。[①] 然而，想要达到这一目标，湄公河委员会首先需要克服成员国经济发展水平不高、对湄公河委员会重视不足等障碍，因此这些要求在短期内无法获得有效解决。

第三，更加重视社会参与。湄公河委员会并非直接对公众负责，但随着近年来次区域国家民主化进程的不断推进，非政府组织活动和其国内公民社会在水资源开发问题上的影响力日益提升。面对这一情况，湄

① “MRC Council Reaches Conclusions on Pressing Issues,” Bangkok, Thailand, June 26, 2014, http://www.mrcmekong.org/news-and-events/news/mrc-council-reaches-conclusions-on-pressing-issue.s/.

公河委员会也开始转变思路，更加强调决策过程的社会参与。如2008年9月，在芬兰和日本的资助下，湄公河委员会在老挝举办了“水电项目地区利益攸关方研讨会”，希望借助此次会议逐步改变自己此前单纯与政府部门开展对话的角色，转而作为协调方推动不同层次的利益攸关方开展对话，并直接与私营部门或民间社会团体讨论具体问题。湄公河委员会表示，这种转变是地区水电计划顺利实施的关键，以后还将以多种形式促进社会团体的参与。[①] 湄公河委员会对社会参与的重视还体现在其更加强调水电开发进程的“利益分享”。作为巩固“知识基地”职能的内容之一，湄公河委员会于2011年就“利益分享”的理念和主要内容进行了详细阐述，明确了国家和地方共同分享水电开发收益的原则。[②] 由此，社会团体不仅可以事先与政府、施工方以及湄公河委员会讨论水电项目的影响，而且还能在具体项目的收益分配中拥有更大的发言权。

湄公河委员会的这一努力无疑将有助于其决策的民主化，不仅有利于其长远发展，更会到国外援助方和当地社会团体的欢迎。但是，鉴于当前活跃在湄公河地区的社会团体大多受到西方国家的资助，他们的参与也会在某种程度上成为西方国家干预湄公河委员会事务的一种隐蔽形式，这显然与湄公河委员会加强独立性与自主性的目标相冲突。同时，行为体数量的增多也会使决策过程变得更为复杂，多种利

---

① Mekong River Commission, “Regional Multi-Stakeholder Consultation on the MRC Hydropower Programme Consultation Proceedings, ”Vientiane, Lao PDR, September 25–27, 2008, http://www.mrcmekong.org/assets/Publications/conference/Consutlation-proceedings-multiSH-cons-MRC-HydroPowerProg-2008.pdf.

② MRC, “Knowledge Base on Benefit Sharing, ”*MRC Initiative on Sustainable Hydropower,* Vol. 1 of 5, Summary and Guide to the Knowledge Base (KB) Compendium (VERSION 1), May 2011, Updated in November 2011, http://www.mrcmekong.org/assets/Publications/Manuals-and-Toolkits/knowledge-base-benefit-sharing-vol1-of-5-Jan-2012.pdf.

益诉求能否有机融合最终达成一致，成为考验湄公河委员会治理能力的重要方面。

总体而言，尽管目前湄公河委员会在涉及流域国家关键利益的水资源利用方面的治理能力尚存在不足，但它也在积极谋求变革与发展，尤其是注重自身“知识基地”和“外交平台”职能的发挥及非国家行为的参与。对于上述趋势，中国应予以足够的重视，并在维护自身利益和流域整体利益的前提下，思考与湄公河委员会未来关系的发展方向。

二、中国与湄公河委员会的未来关系

自 1995 年成立后，湄公河委员会就曾多次邀请中国加入该组织。在 2010 年泰国华欣召开的首届湄公河委员会峰会上，湄公河委员会再次力邀中国加入。泰国自然资源与环境部长、湄公河委员会理事会主席苏威特公开表示，“（湄公河委员会）一直在努力改变中国在湄公河治理上的客人身份”。[①] 全流域治理已日益成为当今世界跨境河流管理的通行做法，中国长期游离于流域性组织之外，给有关国家炒作中国“水霸权”提供了口实，也增加了下游国家对中国政策的担忧。事实上，近年来水资源问题已成为中国与湄公河国家关系中的核心问题之一，也成为西方国家在这一地区制衡中国的主要手段之一。因此，尽管中国与湄公河委员会保持长期合作关系，但维持一种松散的、有限的、游离于地区组织之外的合作模式，已无法适应新的形势，在某些情况下

① 卢光盛：《中国加入湄公河委员会，利弊如何》，《世界知识》2012 年第 8 期，第 32 页。

还会使中国陷于非常被动的局面。

在2014年4月召开的湄公河委员会第二届峰会上，中方就进一步加强与湄公河委员会及成员国的务实合作提出四点建议：一是加强发展战略的契合对接。当前中国正积极推进生态文明建设，抓紧转方式，调结构，推动可持续发展，并落实“丝绸之路经济带”和“21世纪海上丝绸之路”的战略构想，这些与湄公河委员会正在酝酿的区域可持续发展战略密切相关。中方将与湄公河委员会加强战略对接和统筹谋划，使双方战略构想发挥“1+1>2”的增值效应。二是加大对务实合作的统筹规划。中方将继续在水文信息交换、梯级水库优化调度、航道疏浚、安全联合巡航等方面与各国加强沟通，推进具体合作，产生实效。同时努力拓展合作面，在应对气候变化、保证能源和粮食安全、防灾减灾、环境保护等可持续发展领域加强设计规划，提升合作质量与层次，服务次区域经济社会环境的协调发展，并对制定2015后全球发展目标作出贡献。三是深化水电开发合作。中国将发挥在水电开发和管理、洪水预报、防洪管理等方面有较成熟经验的自身优势，充分考虑下游国的具体需求，为各国开展技术培训，开展上下游水文站和水利设施互访，积极支持中国企业参与次区域能源合作。四是共同营造良好合作氛围。中国将本着坦诚、理解、信任、合作的精神，继续发挥同湄公河委员会年度对话积极作用，完善交流模式，增进人员往来，进一步加强双方对话伙伴关系。①

澜湄机制建立以来，中国加入湄公河委员会的可能性已不存在，加

① 《陈雷率中国代表团出席第二届湄公河委员会峰会》，来源：水利部网站，中央政府门户网站，2014年4月8日，http://www.gov.cn/xinwen/2014-04/08/content_2654721.htm。

强澜湄机制与湄公河委员会的协调合作成为中国官方的政策。[①] 澜湄机制并非要取代现有的合作组织，而是要与之形成良性的互动、协作，甚至功能整合。当然，实现全流域的水资源治理不会一蹴而就，需要与各方充分沟通和协商。以澜湄合作机制为主要平台，开展全流域水资源治理，在条件成熟时建立全流域的、职能多元的联合管理机构是实现共同利益的理想途径，也是流域各国最高程度的合作形式，甚至是实现共同利益的必要手段。要真正实现全流域的综合治理，建立新的机构成为一种选择。澜湄合作机制正是在这一背景下应运而生。相对于湄公河委员会较为单一的职能，澜湄合作机制的职能大大扩展，确立了“5+x”合作模式，涉及从水资源合作到互联互通、农业与减贫、跨境经济合作、环境保护等多个领域。

在2019年12月举行的澜湄水资源合作部长级会议期间，澜湄水资源合作中心与湄公河委员会秘书处签署了合作谅解备忘录，标志着澜湄流域两大机制之间协调合作的正式开启。双方明确在以下方面开展合作：水资源及相关资源开发与管理的经验分享、数据与信息交流、监测、联合评估、联合研究、知识管理和相关能力建设。双方同意将进一步讨论并制定具体工作计划，设计联合活动，促进区域水资源合作的协同增效。双方还规定每年一次或根据需要，分别向澜湄水资源合作联合工作组和湄公河委员会联合委员会报告双方联合活动的进展。[②]

如前所述，湄公河委员会确立了“知识基地”和“外交平台”两

① 《李克强总理在澜湄合作首次领导人会议上的讲话》，来源：新华网，2016年3月23日，中新网，http://www.chinanews.com/gn/2016/03-23/7809037.shtml。

② 《澜湄水资源合作中心与湄公河委员会秘书处合作谅解备忘录》，中国水利网，2019年12月23日，http://www.chinawater.com.cn/ztgz/hy/2019lmhy/4/201912/t20191223_742573.html。

大主要功能，未来将围绕这两个方面开展工作。要实现澜湄合作机制与湄公河委员会的良性互动，可在这两方面加强对接与合作，以联合研究打造流域水资源“知识基地”，不断增加双方科学共识，推动更加公平合理利用水资源；以政策协调构建流域水资源“外交平台”，进一步加强政策沟通，制定更加符合本流域及各国共同利益的水资源合作政策。

第五章　社会维度：非政府组织与澜湄水资源合作

虽然主权国家是澜湄水资源治理的最主要行为体，但水资源开发利用与治理涉及的利益相关方较多，仅仅依靠国家或政府的力量无法有效解决水资源治理中出现的所有问题。非政府组织作为水资源治理中的重要参与方，在澜湄水资源治理中所能发挥的作用亦会对中国与湄公河国家间关系以及中国参与水资源治理的模式产生一定影响，作用不容小觑。本章从非政府组织倡议网络的视角，梳理了非政府组织倡议网络的发展和运行方式，以及对澜湄水资源治理所产生的影响。

第一节　非政府组织在东南亚的发展

在国际文件中，非政府组织一词最初是在《联合国宪章》第 71 条正式使用的。该条款授权联合国经社理事会，“采取适当办法，俾与各种非政府组织会商有关于本理事会职权范围内之事件。”[1] 1952 年《联

---

① 《联合国宪章》，第 71 条，1945 年 6 月 26 日，中国国务院新闻办公室网站，http://www.scio.gov.cn/xwfbh/xwbfbh/wqfbh/2015/33146/xgbd33155/Document/1442184/1442184.htm。

合国经社理事会第288（X）号决议》将非政府组织定义为，“任何国际组织，凡不是经由政府间协议而创立的，都被认为是为此种安排而成立的非政府组织。”[①] 可见，《联合国宪章》第71条以及联合国经社理事会所提及的“非政府组织”，基本指的就是范围与影响具有跨国性的国际非政府组织。1996年7月25日，联合国经社理事会通过第1996/31号决议，将非政府组织界定为“不是由政府实体或者政府间协定建立的组织”。[②] 经济合作与发展组织（OECD）认为“非政府组织”这一术语“可以包括营利性组织、基金会、教育机构、教堂和其他宗教团体和布道团、医疗组织和医院、联盟和专业知识、合作与文化团体，以及志愿机构”。[③] 区域层面，根据《关于承认国际非政府组织法律人格的欧洲公约》第一条，非政府组织是一种社团、基金会或者其他私人机构，只要他们：有一个事关国际事业的非营利性目标；根据章程建立，该章程受当事一方国内法的调整；活动效果至少涉及两个国家；在当事一方的领土内拥有合法办公室，并在该领土内或者其他当事方的领土内拥有中央管理或控制机构。[④]

按照不同标准，非政府组织可以有很多分类。按照世界银行的分类，主要有两大类：一类是运作型非政府组织。他们主要的目的是设计和实现与发展相关的项目。一种常用的分类是把它分为“面向救助”和“面向发展”的组织。如果按它们的服务重点又可以分为服务传送

---

① 《联合国经社理事会第288（X）号决议》，1952年。

② “Arrangements for Consultation with Non Governmental Organizations,” UNECOSOC Resolution 1996/31.

③ *Voluntary Aid for Development: The Role of Non Governmental Organizations*, OECD: Washington, 1988.

④ *European Convention on the Recognition of the Legal Personality of International Non Governmental Organizations*, Strasbourg, 24 IV, 1986.

型和服务参与型。还可以根据它们是否带宗教性质和长期性来分类，也可以按照它们更多地面向公众或私人来分类。运作型非政府组织可以是基于团体的、国家的或者国际的。另一类是倡议型非政府组织。它们的主要目的是捍卫和促进某一目标。与运作型计划管理形成对比，这些组织典型是尝试通过游说、宣传品和积极进取的活动唤醒人们的意识，让人们了解更多进而接受他们。

20世纪70年代以来，非政府组织开始活跃于国际舞台，尤其在环境问题领域影响日益增大，当前非政府组织已经成为环境治理的重要行为体，是推动社会可持续发展和参与全球治理的重要伙伴力量。在跨界水资源治理方面，伴随水电大坝的兴建，非政府组织参与了一系列相关宣传活动，且不同非政府组织间为共同目标结成国际联盟。

从20世纪80年代开始，东南亚主要国家的非政府组织迅猛发展，所涉及的领域日趋广泛，通过在民主、人权、资源开发、环境保护、扶贫赈灾、医疗卫生、社会福利等领域积极开展活动，提高和扩大了自身的社会地位和政治影响，成为促进东南亚多元社会形成、推动经济、社会和环境的全面协调发展以及民主化进程的一支新生力量。

东南亚地区由于各国国情差别较大，国内环境复杂，非政府组织的活动方式多种多样，包括扎根社区致力于改善人民日常生活的非政府组织、通过集会、倡议方式对地方政府政策产生影响的非政府组织、通过与媒体合作扩大活动领域的非政府组织等，目前东南亚非政府组织逐渐通过网络和联盟的横向结构影响和改善东南亚市民社会的方式展开活动。随着非政府组织的机构建设逐渐加强，一些非政府组织的网络与联盟开始形成。地区或水平基层组织网络通过三种方式将地方社区组织联结起来。第一种方式是正式的伞状网络，它将基层组织（如合作社、地方发展组织、利益组织）联结起来；第二种方式是非正式的经济网络，它通过在拓宽市场和地区合作中获取利益的物物贸易相联结；第三种方式是促进人们关心环境而形成的社会公众运动。[①] 例如，泰国非政府组织便形成了伞形组织，各种非政府组织联合起来，为了特殊的目标相互协调，并成立了针对农村发展、环境保护、健康和人权以及非政府组织能力建设等议题的协调机构或者网络，这些协调机构或者网络的宗旨在于促进与政府部门之间的沟通，促进大众对非政府组织的理解，以及在非政府组织之间进行信息交流。[②]

20 世纪 80 年代之前，非政府组织在很多情况下是政府的批评者，甚至批评政府是它们具有民间性的必然表现和正当性的部分来源。非政府组织在政府能力所不济或效率不高的地方提供优质产品与服务，会使人们对政府的权威产生怀疑，因此，非政府组织与政府的权力资源分配与制度变革富有政治意味。还有些非政府组织直接关注一些政治议题，可能被政府视作威胁。[③] 20 世纪 80 年代之后，大多数东南亚国家对非政府组织的态度发生巨大转变，究其原因：首先，由于东南亚国家为了本国经济发展的需要，开始重视非政府组织的国际筹资作用，非政府组织成为东南亚国家引入国外援助资金的重要渠道。其次，由于东南亚地区大多数国家依然存在贫困增加、人口增长、环境恶化等问题，政府无法提供充足的资金，当政府资源缺少时，政府常希望拥有非政府组织作为合作伙伴。此外，贫富差距的急剧扩大也让贫困阶层产生了强烈的不

---

① ［美］朱莉·费希尔：《非政府组织与第三世界的发展》，北京：社会科学文献出版社 2002 年版，第 7 页。

② 龚浩群：《泰国的非政府组织与公民社会的演进》，载《亚太地区发展报告（2008）》，北京：社会科学文献出版社 2008 年版，第 227 页。

③ 王杰、张海滨、张志洲主编：《全球治理中的国际非政府组织》，北京：北京大学出版社 2004 年版，第 37 页。

满，政府开始承认非政府组织在解决农村贫困问题和环境保护方面的作用。再次，由于全球化带来的社会变迁和民主发展，东南亚各国政府也不得不对非政府组织采取重视和支持的态度。一些国家政府给予非政府组织更多的活动自由，以便使自己的国际地位合法化。最后，如果没有非政府组织的支持，政府很难实行重大变革。例如，菲律宾的非政府组织就为政府提供了与社会经济特权团体之间沟通的渠道。

东南亚非政府组织在保护环境和促进可持续发展方面发挥了十分重要的作用，其贡献在人类社会发展史上都将写下厚重的一笔。第二次世界大战后的东南亚，政府通过强化市场的作用，推动了经济高速增长，但这种增长最严重的负面后果就是导致了环境的急剧恶化。东南亚发展中的产业进步对环境造成严重破坏，经济增长对自然资源高度依赖，环境和资源的严重毁坏是这种进步和增长的必然结果。[①] 在政府和跨国公司联手共同成为毁坏自然资源和环境的罪魁的情况下，只有大量环境非政府组织在联合国有关组织和其他国家环境非政府组织的支持下，才有力量同环境的强大敌人较量。在过去 20 多年的时间里，东南亚非政府组织采取对话、示威等方式与政府和一些跨国公司展开抗争，反对修大坝、破坏森林和草原、工业污染、滥开矿山、滥捕海洋鱼类等，已取得了诸多成就。

第二节　非政府组织倡议网络及其作用

围绕跨界河流管理问题，非政府组织参与决策过程常常体现在广泛

① 日本国际公益活动研究会：《亚洲的 NPO》，阿房库公司，1997 年，第 223 页。

介入与水坝建设相关的议题中。从全球各地的水坝发展过程中可以看到，非政府组织经常通过创建国际联盟来向政策制定者反映地方社区的呼声。例如，为了阻止老挝沙耶武里水电站建设，来自51个国家的263家非政府组织向泰国和老挝总理提交了一封联名信。[①] 一般来说，非政府组织可以发挥很多积极作用：非政府组织和利益团体的存在使得更多的社会团体有可能参与到水资源治理中来，从而将传统的精英治理模式向着更加多元化参与的方式转变，而他们"自下而上"所表达的利益诉求往往是那些在政策制定领域没有很好反映出来的问题。因此，非政府组织和市民社会的各种行为体经常被视为促进透明度、可信度和善治的关键性力量，[②] 且来自市民社会的倡议是促进向民主化治理政策转变的潜在方式。[③] 非政府组织还经常为争议问题提供技术性信息，作为参与政策制定过程的一种方式。很多非政府组织有能力向政府推荐特定领域的技术专家，政府官员也可以从技术专家那里迅速获得来自非政府组织的反对观点。非政府组织还在促进与环境治理相关的规则和规范形成和传播中发挥重要作用。比如，一些环境非政府组织被允许参加政府代表为主的全球环境协议谈判，虽然他们没有谈判权，但可以和政府代表形成互补，把市民社会团体提出的规范努力带到谈判桌上来。非政府组织还可以监督政府法令及政策是否有效实施，以及政策实施过程中是否符合程序。

国际环境非政府组织的日益发展和壮大正在改变传统的由国家和国

---

① Yumiko Yasuda, *Rules, Norms and NGO Advocacy Strategies: Hydropower Development on the Mekong River*(New York: Routledge Taylor and Francis Group, 2015), p. 1.

② Michael Edward, *Civil Society*(Cambridge: Polity Press, 2004), p. 15.

③ Leslie M. Fox and Priya Helweg, *Advocacy Strategy for Civil Society: A Conceptual Framework and Practitioner's Guide*, Report prepared for USAID, 1997, http: //pdf. usaid. gov/pdf_ docs/pnacn907. pdf.

际组织主导的国际环境治理模式，并通过各种渠道影响国家决策。简单地说，它们主要通过两种方式参与和影响环境事务：一是通过改变国家、国际组织等国际关系行为体的行为，影响国际环境决策；二是通过增强自身实力和影响，直接组织和参与国际环境保护项目。目前，有大量国际环境非政府组织活跃在澜湄水资源领域，其中泰国和柬埔寨等国的非政府组织最为发达和活跃。一方面，这些组织关注的焦点是澜沧江—湄公河次区域的生态环境和当地居民的利益。它们相互配合，开展调研，制造舆论，给各国政府实施开发计划施加了强大的压力。例如，针对泰国、老挝、柬埔寨制订的在湄公河干流修建大坝的计划，环境非政府组织表示了强烈反对，呼吁三国政府放弃或至少修改它们的计划。另一方面，针对比较敏感的问题、政府不便出面开展的问题以及政府触角难以延伸的地方，非政府组织有时则会充当政府的执行伙伴。例如，在水资源开发问题上，柬埔寨、越南等国对非政府组织采取了容许或有选择性的支持政策，借以对上游国家的水电开发计划施加压力。

一般来说，在水资源开发治理过程中，国家和政府行为体更关注权力及资源的分配，而非政府组织则更加关注环境等公共利益，其参与水资源治理往往是通过一种网络化的行动，用“科学的”证据来建构话语，强调河流在生态、民生、安全等方面的“价值”，在尽可能广的范围内形成一个认知共同体，并进而对水资源开发中的相关问题做出价值判断，从而占据道德制高点，呼吁或迫使政府改变决策。例如，由于泰国市民社会的长期反对，导致泰国多年来未在国内修建新的大型水坝。但是，由于不需要如国家那样对国内社会价值进行权威性价值分配，不必对不同社会问题的重要性进行排序，更不用制定服务于每个人的政策，非政府组织往往关注某个其所在领域的突出问题，以至于它总是习惯于从该特殊领域的角度来对每个公共行为的影响加以分析和判断，这就使得非政府组织在看问题时容易出现偏颇，出现“只见树木不见森林”的情况。这也是非政府组织对跨界水资源环保的注重往往使其忽略了水电大坝开发在促进社会经济发展方面的作用的主要原因。如，2016年，针对老挝修建栋沙宏水电站，考虑项目将会对湄公河水文与生态造成破坏并影响数百万柬埔寨人的生活，柬埔寨非政府组织呼吁洪森借访老之际同老挝总理通伦讨论栋沙宏水电站水电项目议程。在湄公河委员会呼吁万象解决项目潜在的跨境影响后，柬埔寨非政府组织要求老挝政府推迟湄公河干流上有争议的北本水电项目的建设。

非政府组织的上述各种功能和作用事实上可以被归纳为一种“倡议战略”（Advocacy Strategy），按照美国国际开发署的定义，它是指一个或一些团体采用一系列的技术和技能来达到影响公共政策制定这一目的的过程，最终结果是实现明确的社会、经济和政治目标或改革。[①] 而要实现“倡议战略”，非政府组织主要依托的方式主要有三种：搭建网络、运用科学和利用媒体。

一、搭建网络

在社会科学中，社会网络是适用于一组行为体的关系，以及关于这些行为体及其关系的任何附加信息。[②] 当社会网络与政策过程发生联系时，政治学家一般使用政策网络（policy network）来代替这一概念。一

① Leslie M. Fox and Priya Helweg, “Advocacy Strategy for Civil Society: A Conceptual Framework and Practitioner's Guide,” USAID, August 31, 1997, http://pdf.usaid.gov/pdf_docs/pnacn907.pdf.

② Christina Prell, *Social Network Analysis: History, Theory and Methodology* (Washington D, C.: Sage: 2012), p. 9.

般认为，政策网络概念源于美国，发展、成熟于英国，现流行于西方学界，其产生的主要背景是由于现代公共政策的制定是由多方利益相关者共同参与的，这些参与者之间形成一定的网络，以此影响着公共政策，[①] 通常指的是政府和其他行为体之间在公共政策制定和执行过程中，基于共同利益而建立的一系列正式和非正式的制度性联系。[②]

由于政策网络是建立在特定利益基础之上的，也就是说，参与者加入网络的目的是推进自己的目标。因此，有学者认为，政策网络既不是从上至下的治理模式，也不是从下往上的影响模式，而是政府在协调各个政策参与者的利益关系的基础上，综合做出的政策选择。[③] 虽然政策网络有众多不同的理论流派，但是它们共同的特点是认为政策网络是一种分析政策参与过程中利益集团与政府关系的方法和理论框架，强调在政策过程中，除了存在政府机构和官僚的关系以外，还存在着其他的行动者及其关系，所有治理结构都是多样化的跨越政策次级系统。[④]

对于政策网络的战略性使用可以使非政府组织和市民社会行为体具有影响政策及政策制定的能力。[⑤] 为了解决跨境或国际问题，非政府组织和市民社会行为体往往倾向于构建“跨国倡议网络”，来汇聚更多行为体的力量，提升对相关问题的关注度来达到影响政策的目的。网络的成员构成也十分复杂，通常会包括：国际和国内的非政府组织、研究机构、基金会、媒体、商会、消费者组织以及地区或国际组织。对于

---

① 陈东：《政策网络氛围下的合作治理》，《管理观察》2012 年第 20 期，第 189 页。

② R. A. W. Rhodes, “Understanding Governance: Ten Years on,” *Organization Studies*, Vol. 28, No. 8, pp. 1243-1264.

③ 陈东：《政策网络氛围下的合作治理》，《管理观察》2012 年第 20 期，第 189 页。

④ 任勇：《政策网络：流派、类型与价值》，《行政论坛》2007 年第 2 期，第 42 页。

⑤ Yumiko Yasuda, *Rules, Norms and NGO Advocacy Strategies: Hydropower Development on the Mekong River* (New York: Routledge, 2015), p. 16.

"跨国倡议网络"来说，成员来自不同行业和国家，因此如何有效管理网络成员间的关系是其面临的最大挑战。[①] 有学者指出，采取立法和民主的方式对于网络的运行至关重要。[②]

具体来讲，通过"跨国倡议网络"实现其目标，可以包括四种主要的战略：第一种战略被称之为信息政治（information politics），指的是网络的信息获取和动员能力，并借此获得政治关注；第二种战略是象征性政治（symbolic politics），这是一种以象征性的方式破坏一种局面的行为，这种方式能够引起听众的共鸣，而听众的注意力已经脱离了宣传主题；第三种战略是杠杆政治（leverage politics），即一个网络对一些更强大的机构施加影响，而弱势群体是无法进入这些机构的；最后一种战略是问责政治（accountability politics），即敦促政府兑现之前的承诺。[③] 这四种战略可以视为非政府组织"倡议网络"在政府和民众间发挥桥梁作用的主要途径。

二、运用科学

将科学与政策及政策制定联系起来被视为公共政策制定中一个重要且不具争议的方面。一些非政府组织拥有专家，他们向政策制定者提供与政策相关的科学知识。然而，科学与政策二者并不是特别容易融合在一起。科学的世界，被很多人认为是客观的、中性的、独立的以及基于

① Yumiko Yasuda, *Rules, Norms and NGO Advocacy Strategies: Hydropower Development on the Mekong River* (New York: Routledge, 2015), p. 19.

② Helen Yanacopulos, "The Strategies that Bind: NGO Coalitions and Their Influence," *Global Networks*, Vol. 5, No. 1, 2005, pp. 93–110.

③ Margaret E. Keck and Kathryn Sikkink, "Transnational Advocacy Networks in International and Regional Politics," *International Social Science Journal*, No. 51, pp. 89–101.

标准化的方法；而政策制定领域，被很多人认为是主观的、基于价值观和意识形态以及机会主义的方式。[①] 比如说，科学研究需要长期投入来获取结果，但结果往往具有不确定性；政策和决定是短周期的，往往从属于选举结果，而且即便没有确凿的科学依据，依然需要出台政策。由于科学和政策之间的巨大差异，将科学知识解释和传递给政策制定者的行为体变得很重要。这时候，处于科学和政策前沿的一些“边界组织”（boundary organization）可以推动科学家和非科学家之间的协作。非政府组织如果作为科学的提供者来影响政策，那么它与“边界组织”的关系就变得十分重要，更为重要的是，非政府组织提供的科学知识在“边界组织”和政府行为体眼里的可信度，对于非政府组织实现其目标至关重要。[②]

三、利用媒体

大众传媒在现代社会中扮演着多种角色。除了信息传播外，媒体在社会化过程中也发挥着重要作用，即个体在媒体影响下将其所在社会的价值、信仰和文化的内化过程。[③] 一方面，大众媒体可以塑造公共政策，有时候甚至可以操控政治。当媒体对某一事件进行报道时，会对其进行解读并赋予事件特定的意义，从而起到引导社会舆论的目的。另一

---

① Dave Huitema and Turnbout Esther, “Working at the Science-Policy Interface: A Discursive Analysis of Boundary Work at the Netherland Environmental Assessment Agency,” *Environmental Politics*, Vol. 18, No. 4, 2009, pp. 576-594.

② Yumiko Yasuda, *Rules, Norms and NGO Advocacy Strategies: Hydropower Development on the Mekong River*(New York: Routledge, 2015), p. 21.

③ David Croteau and William Hoynes, *Media Society: Industries, Images, and Audiences*, 3nd Edition (London: Pine Forge Press, 2003), p. 13.

方面，政治或政治体系也有能力操控媒体。例如，政治人物可能鼓励记者按照适合政治议程的方向去报道事件。政治体制的类型也会影响媒体的报道方向，民主政体倾向于强调新闻自由，在这一体系内的媒体也被赋予监督政府的职能，因此，媒体应当提出对主要政策的批判性意见，有时也可以挑战政府的政策。在这种情况下，新闻事件的选择往往需要迎合观众的喜好。相比较而言，威权体制假定政府了解和尊重人民的最大利益，因此，媒体一般不会攻击政府及其政策，而是充当支持政府的角色，对新闻内容的选择主要基于维护现有体制的社会价值，而且报道内容经常由政府决定。

非政府组织和市民社会行为体经常利用媒体来宣传其倡议，提高公众意识，以在特定议题上获得更多潜在公众的支持，这样还可以使非政府组织增加其可信度。当然，非政府组织利用媒体加强宣传其倡议也会存在一些挑战，比如媒体的宣传并不总是能达到预期的效果，有时甚至会对非政府组织自身产生消极影响，而记者也更倾向于报道从政府渠道获得的消息，这些都会阻碍非政府组织利用媒体宣传其主张。①

第三节　非政府组织与澜湄水资源治理

自20世纪50年代开始，便有众多国家及国际机构计划开发湄公河的水电、航行、灌溉、防洪功能。亚洲及远东经济委员会、美国、日本和法国进行了一系列实地调查，并形成了开发湄公河下游流域的综合方

① Yumiko Yasuda, *Rules, Norms and NGO Advocacy Strategies: Hydropower Development on the Mekong River*(New York: Routledge, 2015) , p. 23.

法，这些调查研究十分重视湄公河主流大坝建设。但是直到2006年以后，湄公河干流水能资源开发才有实质上的大进展，流域水能丰富的国家都规划了大规模的水电开发项目。澜湄流域大坝兴建情况参见表3。

表3　澜湄流域大坝兴建情况

—	2009年已有项目		2020年前计划项目		2020年前所有项目	
国别	项目数（M）	预期装机容量（MW）	项目数（M）	预期装机容量（MW）	项目数（M）	预期装机容量（MW）
老挝	16（0）	3220	84（9）	17572	100（9）	20793
柬埔寨	1（0）	1	13（2）	5589	14（2）	5590
中国	4（4）	8800	4（4）	6400	8（8）	15200
缅甸	4（0）	315.5	—	—	4（0）	315.5
泰国	7（0）	744.7	—	—	7（0）	744.7
越南	14（0）	4204	3（0）	2699	17（0）	6903

（M）代表湄公河干流上兴建大坝的数目。

资料来源：MRC, Lower Mekong Hydropower Database, 2009。

非政府组织在澜湄跨界水资源争端与合作进程中扮演着双重角色，既有积极的促进作用，亦有负面的消极影响。近年来，随着澜湄流域水资源开发日益增强，尤其是上中游干流大型水坝建设的展开，社会组织对澜湄水资源开发过程中的参与程度逐渐提升。尽管很多社会组织网络尚未发展成为正式的政府间安排的补充机制，但因其可以显著提升流域治理中的公众参与，[①] 因而其作用不可忽视。在此过程

① 关于跨国倡议网络在湄公河水资源开发中的影响及作用机制，参见 Pichamon Yeophantong, "China's Lancang Dam Cascade and Transnational Activism in the Mekong Region: Who's Got the Power?" *Asian Survey*, Vol. 54, No. 4, 2014, pp. 700–724。

中，对于中国开展澜湄水资源合作既提供了难得的机遇，又造成了不小的挑战。

一、代表性非政府组织

澜湄流域非政府组织数量众多，据统计，2016 年在越南的国际非政府组织数量达到 1000 多个，缅甸非政府组织数量为 189 个，且大约有 1000 多个国际非政府组织长期在缅甸活动。柬埔寨大约有 3500 个国际非政府组织。2013 年泰国有非政府组织 3654 个，[①] 在老挝的非政府组织相对较少，截至 2018 年 3 月，只有 159 个国际非政府组织。[②] 活跃在澜湄流域的非政府组织重点关注人权、环境、扶贫、可持续发展等问题。

根据对水坝建设所持立场，非政府组织可分为两种类型：一种是水坝建设的最坚定的反对者，认为所有水电站都会对生态环境和当地居民生计带来负面影响，因而通过各种途径敦促政府放弃或暂停水电站建设；另一种并不完全否定水坝建设，而是主张应在开展充分、科学和可信的环境评估的基础上开发水电资源，且所有的相关项目信息必须向公众公开，所有水坝项目的经济、环境、社会利益以及项目成本都需要得到独立专家的验证和受影响民众的同意之后才可以进行。不论持何种具体立场，这些非政府组织均已经成为国际河流开发进程中不可忽视的力量。它们或是通过改变国家和国际组织等国际关系行为体的行为，影响

---

① 盖沂昆：《国际非政府组织在大湄公河次区域的活动及其对我国周边关系的影响》，《云南警官学院学报》2018 年第 4 期，第 78 页。

② "Lao gov't, Int'l NGOs Discuss Effective Cooperation," Xinhua, March 1, 2018, http://www.xinhuanet.com/english/2018-03/01/c_137008140.htm.

国际环境决策；或是通过增强自身实力和影响，直接组织和参与国际环境保护项目。

关注水资源开发治理的国际非政府组织主要有“世界自然基金会”“拯救湄公河联盟”“国际河流组织”（International Rivers）等，国内非政府组织主要有泰国环境研究所、“柬埔寨河流联盟”（Rivers Coalition in Cambodia，RCC）和“越南河流网络”（Vietnam Rivers Network，VRN）等。这其中最有影响力的国际性非政府组织是“拯救湄公河联盟”，国内非政府组织以柬埔寨和越南的最为活跃和最具代表性。本文将简要介绍“拯救湄公河联盟”及其成员“柬埔寨河流联盟”与“越南河流网络”这三个组织，分析和归纳非政府组织网络在澜湄水资源管理中的作用。

“拯救湄公河联盟”是一个地区性非政府组织网络，其中包括流域内和国际的社区组织、学者、普通民众，湄公河的未来是他们共同的关注点。该联盟正式成立于 2009 年，成立时是为了应对老挝的栋沙宏水电站建设。但事实上，一些个人或组织性的网络在该联盟正式成立之前就已经存在了，该联盟内的一些成员也在联盟成立之前就参与过反对在湄公河干流修建水坝的斗争。[①] 该联盟成立后，并没有一个正式的协调员，“国际河流组织”和“走向生态修复地区联盟”（Towards Ecological Recovery and Regional Alliance，TERRA）两个非政府组织实际上作为“拯救湄公河联盟”的非正式协调员。其中，“国际河流组织”是一家总部设在美国的国际非政府组织，其主要任务是与国际河流上大型建设项目进行斗争；“生态修复地区联盟”是一家泰国的环境非政府组织，

---

① Yumiko Yasuda, *Rules, Norms and NGO Advocacy Strategies: Hydropower Development on the Mekong River*(New York: Routledge, 2015) , p. 76.

自1980年代开始就参与到泰国国内的反坝运动中。这两个组织在泰国曼谷均设有办公室，对于促进湄公河地区的非政府组织网络建设发挥了重要作用。

“柬埔寨河流联盟”是一个关注与水电站建设相关环境和人权的非政府组织，成立于2003年。该组织最初关注越南境内与柬埔寨边界湄公河上水坝建设对柬埔寨民生和健康的影响。自成立以来，该组织成员规模不断扩大，到2012年已有28个柬埔寨本国非政府组织成为其成员，另外还有14个国际合作伙伴。该组织最初的成员大多属于倡议型非政府组织，新的成员则大多关注农村发展、生态保护和人权。[①] 该组织也得到美国“国际河流组织”的支持。

从1986年开始，越南开始实施革新开放，由计划经济开始转向市场经济。1994年，美国解除了对越南的经济制裁。随着经济社会转型，越南城乡差距、地区差距和贫富差距不断加大，对社会稳定造成潜在威胁。在革新开放进程中，越南开始在农村发展家庭经济。由于原来由国家承担的教育和医疗都开始收费化，失学和无力看病的贫困儿童和家庭急剧增加。贫困农民涌入城市，给城市造成沉重负担。经济社会的发展所产生的对非政府组织的需求，使越南政府对非政府组织的功能有了新的认识。为了借助国外非政府组织的资源进行经济社会开发，越南政府开始放宽对非政府组织的限制，于1989年成立“人民援助调整委员会”，旨在促进和协调海外非政府组织进入本土。在上述措施出台后，进入越南的国际非政府组织数量不断增加，尤其在20世纪90年代出现了快速增长，并带动了国内非政府组织数量的增加。

---

① Yumiko Yasuda, *Rules, Norms and NGO Advocacy Strategies: Hydropower Development on the Mekong River* (New York: Routledge, 2015), p. 78.

“越南河流网络”是一个开放型论坛，其成员主要关注越南境内河流的保护与可持续发展。该组织成立于2005年，最初隶属于越南生态经济研究所，其最初的经费则来源于芬兰，后来得到美国“国际河流组织”的支持。该组织2007年更名为“越南河流网络”，为此越南专门成立了一个新的机构——水资源保持与发展中心，其主要功能就是管理“越南河流网络”。该网络的成员包括非政府组织、研究人员和学者、政府官员、地方社区以及个人。至2012年年底，该网络已有大约300名成员。与“柬埔寨河流联盟”不同的是，该组织除了拥有非政府组织成员外，大多数成员都是对河流管理感兴趣的个人。

从上述三个非政府组织的运行来看，都得到美国“国际河流组织”的支持，很多主张和倡议也反映了美国等西方国家的意志，有时甚至会成为西方国家或非政府组织介入本地区事务的工具。在澜湄水资源治理方面，这些非政府组织通过其各自战略，努力向区域政策决策者（如湄公河委员会官员）、国内政策决策者、相关利益攸关方以及公众推广其倡议和主张，以期在水资源治理中发挥影响。从目前的发展态势看，无论是区域性的非政府组织网络，还是区域内国家的非政府组织，其组织架构和活动方式都呈现出网络化的态势，它们相互配合，给负责澜湄水资源管理的国家决策者制造了不小的压力。

二、非政府组织的网络化行动：反对老挝水电站

在水电开发过程中，老挝不但面临着来自国际社会的压力，而且需要应对非政府组织及其网络化行动。上述非政府组织网络均在老挝水电开发过程中发挥着重要影响，通过网络化行动，运用科学和利用媒体对

老挝政府施加压力。

国际非政府组织之所以对老挝的大坝建设存有疑虑且大力阻挠，实际上与老挝的大坝兴建计划有着密切关系。老挝计划在2020年以前完成84个大坝水电站项目，在湄公河干流上的大坝建设计划就有9个。此前自1950年开始至1994年的几十年间，众多发达国家及专业国际机构进行实地勘察及论证后，最终都没有实施的湄公河干流大坝项目，老挝这样一个水电技术不发达的国家在十几年间就要大力兴建9座，必然会遭到国际社会的极力反对。[①] 然而，开发水电是老挝长期以来的政策，尽管遭到邻国和环保分子反对，老挝还是坚持认为，其水电站规划经过严格认真评估，对下游的影响在可控范围内。柬埔寨和越南则坚称，该水电站的建设并未严格履行湄公河委员会《通知、事前协商与签署协议的程序》，因此，不具有合法性。由于《通知、事前协商与签署协议的程序》是湄公河下游干流大坝修建之前的必要条件，[②] 反对修建水坝的非政府组织和有关人士认为，老挝对沙耶武里项目设计做出的很多修改方案未经测试，且未有效履行《通知、事前协商与签署协议的程序》，如果项目成行，无疑是拿湄公河做一个高风险的试验。[③]

2014年12月11日，湄公河委员会对老挝兴建的位于老、柬边境北河两公里处的栋沙宏大坝计划举行公众磋商咨询。越南、柬埔寨对栋沙宏大坝建设颇有异议，各种非政府组织例如世界自然基金会、“国际河流组织”对大坝建造将带来的毁损水系生态及当地渔业的后果表示担

① 方晶晶：《湄公河干流水电站建设为何频惹争议?》，广西大学中国—东盟研究院老挝研究所，2015年3月2日，http://cari.gxu.edu.cn/info/1087/5982.htm。

② 参见 MRC, *1995 Mekong Agreement and Procedural Rules*, 1995, pp. 35-41, http://ns1.mrcmekong.org/download/agreement95/MRC-1995-Agreement-n-procedural-rules.pdf。

③ 《老挝要在湄公河建水电站》，《中国能源报》2012年11月12日，第7版。

忧。尽管在磋商咨询会上，大坝建造工程师提出类似“另建新水道以减轻损害”的建议，但被质疑其吸引鱼群随之改变迁徙路径的有效性。参会的越南代表团认为必须用5—10年时间才能确定大坝建设对鱼类迁徙的影响，而非政府组织更是认为大坝沉积物堵塞、四千岛旅游生态环境破坏、跨界调研缺乏等诸多问题并未得到解决，因此，极力呼吁取消大坝建造。[①]

“拯救湄公河联盟”是湄公河地区反对沙耶武里水电站建设中最为活跃的非政府组织组织之一。例如，“拯救湄公河联盟”在2016年第23次湄公河委员会会议召开之际，呼吁湄公河委员会优先推动“委员会研究”（Council Study）过程中的参与和协商，尽快完成“委员会研究”并将实时结果向公众公开，以确保研究发现能够影响决策；优先进行湄公河委员会机构改革，包括对湄公河委员会1995年协议以及湄公河委员会未来发展的评估，这一过程要确保公众参与和程序透明；在确保事先得到修建水坝的正式通知以及进行了有效的协商之前，特别是在没有充分考虑受项目影响的当地居民利益以及没有对水坝的跨境影响进行充分研究之前，湄公河委员会应阻止沿岸国家进一步在湄公河干流修建水坝的决定。[②] 可以看出，在这三条呼吁中，公众参与都被这一组织视为决策程序的重要组成部分。

越南政府已经允许国内非政府组织举行反对大坝建设的公众集会，

---

① 方晶晶：《湄公河干流水电站建设为何频惹争议？》，广西大学中国—东盟研究院老挝研究所，2015年3月2日，http://cari.gxu.edu.cn/info/1087/5982.htm。

② “Save The Mekong Coalition Statement For The 23rd MRC Council Meeting,” Blue & Green Tomorrow, November 23, 2016, http://blueandgreentomorrow.com/news/save-mekong-coalition-statement-23rd-mrc-council-meeting/.

目的是利用其活动为政府反对老挝沙耶武里项目提供合法性。[①] 2014年9月11日，柬埔寨环保组织启动了一项号称包括全世界27万人参与的行动，呼吁老挝停止开发栋沙宏水电站项目。[②] 此外，西方国家支持的非政府组织在这一地区也十分活跃。例如，澳大利亚在2012年启动了"澳大利亚湄公河地区—非政府组织参与平台"（AM-NEP），旨在对受澳大利亚资助的非政府组织进行更好的指导与管理，使其发挥更大的影响力。[③] 再如，总部设在美国的"国际河流组织"通过联合区域非政府组织倡导"拯救湄公河"行动，并以此为平台试图将湄公河水资源治理问题国际化，给沿岸国家的水电开发项目施加压力。

从以上两个案例不难看出，非政府组织对政府施加压力的途径就是通过其网络化的行动，呼吁在科学研究的基础上对水电开发进行全面评估，减少水电开发的负面影响，并利用各种媒体（包括互联网、主流报纸、新媒体等）宣传其主张，对政府决策施加影响。其结果是，国家主导下的水资源治理理念与方式遭到越来越多的质疑、争论，并以非政府组织主导下的、自下而上的反对湄公河下游水电建设的社会运动形式呈现出来。[④]

---

① Richard Cronin and Timothy Hamlin, "Mekong Turning Point: Shared River for a Shared Future," Washington D. C.: Henry L. Stimson Center, January 2012, p. 17, http://www.stimson.org/books-reports/mekong-turning-point/.

② 中国—东盟研究院：《柬埔寨研究所舆情周报（2014.09.04—09.13）》总第24期，2014年9月15日。

③ Australia Government and AusAID, "Australia Mekong-Non-Government Organization Engagement Platform," Final Design Document, June 2012, http://aid.dfat.gov.au/Publications/Documents/mekong-ngo-engagement-platfoim-design-doc.pdf.

④ 韩叶：《非政府组织、地方治理与海外投资风险——以湄公河下游水电开发为例》，《外交评论（外交学院学报）》，2019年第1期，第105页。

三、非政府组织发展的障碍

“跨国倡议网络”的发展使得非政府组织的活动呈现日益跨国化和网络化的趋势,[①] 尽管这些跨国网络尚未发展成为正式的政府间安排的补充机制，但因其可以显著提升流域治理中的公众参与,[②] 因而其作用不可忽视。当前，非政府组织在参与澜湄水资源治理的过程中仍面临不少障碍。一方面，其针对澜沧江—湄公河水坝建设对下游生态环境产生影响的评估，由于存在片面性，往往很难得到上游国家的认可。例如，2010 年湄公河下游发生干旱时，不少非政府组织就指责是中国在上游修建大坝所致，但中国则拿出比较客观的水文数据和科学依据，对这种言论予以驳斥。同时，一些考察过中国澜沧江水电开发的湄公河委员会的专家，就曾站出来客观地指出，“如果没有中国的澜沧江水电开发，湄公河的干旱，肯定要来得更早、更严重。”[③] 另一方面，湄公河流域的绝大多数非政府组织尚没有被湄公河委员会或流域国家政府正式纳入到水资源治理的决策程序中,[④] 特别是地方性非政府组织，能力和资源的欠缺限制了其游说能力，加之大型水电站项目建设的复杂性，有时难以明确划分不同行为体应承担的责任，从而造成其提出具体主张的努力

---

① Margaret E. Keck and Kathryn Sikkink, *Activists beyond Borders: Advocacy Networks in International Politics*(New York; Cornell University Press, 1998), p. 1.

② Pichamon Yeophantong, “China's Lancang Dam Cascade and Transnational Activism in the Mekong Region: Who's Got the Power?” *Asian Survey*, Vol. 54, No. 4, 2014, pp. 700-724.

③ 张博庭：《从“澜湄合作”看澜沧江水电开发与五大发展理念》，在中国水周“水资源可持续开发利用”科普论坛上的主题报告，2016 年 3 月 26 日，http: //www. cec. org. cn/xinwenpingxi/2016-03-29/150763. html。

④ 例如，目前唯一可以参与湄公河委员会决策程序的非政府组织只有一个——世界自然基金会。

变得更难,[①] 发挥的作用也会因事件的不同而有所不同，在很大程度上影响了非政府组织在水资源治理中发挥持续和稳定的影响力。

在区域和国家层面，非政府组织很少、甚至没有被纳入水资源开发与保护的决策过程。主要原因如下：首先，次区域各国都是发展中国家，公民社会的发展相对落后，很多国家对非政府组织，尤其是西方国家支持的非政府组织的作用怀有疑虑。其次，这些非政府组织可能会形成特殊利益集团，导致国际环境政策的扭曲；再次，大量非政府组织的参与会使决策复杂化，从而导致决策的效率低下；最后也是最重要的是国家主权会因此受到削弱。[②] 因此，在参与渠道不畅通甚至受到政府打压的情况下，非政府组织与主权国家的关系可能会趋于紧张，不排除出现非政府组织直接对抗政府的可能。

从积极的角度看，非政府组织更加关注环境公共利益，可以有效弥补政府在这方面的不足，在开展独立研究、保护环境等方面的努力应当得到承认和鼓励，并将其纳入次区域多层治理的机制化框架中。这些非政府组织及其非正式的网络植根于本地区，是通过一种“自下而上”的进程，鼓励地方和本地区公众的参与，来弥补现有地区机制的不足，从而试图寻求水资源开发中出现的一系列特定问题的解决方案。对于政府来说，如何利用其正面作用并与其形成良性互动，塑造其价值判断，或至少达成某种谅解，是政府在水资源开发中面临的一大挑战，也是实现区域水资源开发善治的客观要求。

---

① Ben Boer and Philip Hirsch, *The Mekong: A Social-Legal Approach to River Basin Development* (New York; Routledge, 2016), p. 175.

② Barbara Gemmill and Abimbola Bamidele-Izu, "The Role of NGOs and Civil Society in Global Environmental Governance," Yale University, http://www.yale.edu/environment/publications/geg/gemmill.pdf.

水资源合作作为澜湄合作优先领域之一，受到中国和流域国家的高度重视，涉水合作机制和合作规划不断完善，为实现更加有序、高效的流域水资源治理提供了平台和可能性。澜湄合作机制的一个重要原则就是鼓励多方参与，这其中当然应该包括非政府组织在内的社会组织的参与。自 2016 年以来，湄公河委员会每年都组织区域利益相关者论坛（RSF），分享信息，解决区域利益相关者在湄公河流域合理、公平利用水资源方面的利益和关切。区域利益相关者论坛试图解决内部、湄公河委员会成员国政府、外部利益相关者、非政府组织、私营部门、媒体、合作伙伴和其他相关团体的共同利益和关注，就湄公河下游流域水和相关资源的合理和公平利用进行信息共享、讨论、提供和交流意见并提出建议。2020 年 1 月，第九次区域利益相关者论坛在老挝举行，重点讨论了琅勃拉邦水电站项目的《通知、事前协商与签署协议的程序》和制定 2021—2030 年湄公河流域发展战略等问题。[①] 可以说，湄公河委员会在非政府组织参与的制度化方面取得了一定成效。

非政府组织及其倡议网络在全球治理、区域治理和国家治理中作用的日益提升，是国际关系民主化和社会管理网络化的必然反映。通过分析非政府组织倡议网络在澜湄水资源治理中的作用，本章可以得出初步结论，即以国家为主导的澜湄水资源合作架构有助于快速推动澜湄水资源合作进程，并取得令人满意的合作成效。同时，要确保合作进程的可持续性以及决策的科学性，社会组织的制度化参与必不可少。主要原因在于，政府在面对一个日益多元化的社会时，有时对不同利益诉求的反应具有滞后性，或者不能充分反映各种利益诉求，而非政府组织及其倡

① The 9th MRC Regional Stakeholder Forum, Luang Prabang, Lao PDR, MRC, January 9, 2020, http: //www. mrcmekong. org/news-and-events/events/the-9th-mrc-regional-stakeholder-forum/.

议网络的存在则能够有效弥补政府短板，令政府决策更具包容性。在澜湄水资源治理中，流域各国利益诉求和关注重点不同，有的国家关注电力发展，有的国家关注渔业，有的国家关注农业，各国民众的利益关切更是千差万别。非政府组织在反映民意、开展科学研究方面大有作为。当前，澜湄水资源合作正在逐步走向深入，探索同非政府组织建立制度化联系，更好发挥社会组织的正面作用，一方面需要理论研究的跟进，更重要的是应尽快从“理论”走向“实践”，在实践中逐步完善非政府组织的有效参与方式，结合国际社会的最佳实践，建立一套行之有效、符合澜湄地区特点的非政府组织参与模式，这也是下一步在研究和政策设计时应给予高度关注的问题。

第六章　外部变量：域外国家与澜湄水资源合作

澜湄流域的水资源开发与治理一直是国际社会重点关注的问题之一，域外国家的介入因而成为澜湄水资源开发与治理过程中权力流散的一个重要方向。其原因在于流域各国，尤其是下游国家的经济发展水平较低，无论是进行大坝建设还是推行环境保护措施，都缺乏必要的资金、技术和人员支持，因而需要来自国际社会的援助。此外，随着流域国家经济社会的发展和民主化改革的逐步推进，该地区的战略意义逐步提升，从而重新引起了以美国为首的域外国家的兴趣。尤其是伴随着中国经济的快速发展，地区影响力不断上升，促使域外国家在近年来纷纷将湄公河作为外交的重点方向，水电开发作为当前流域国家争议的焦点问题之一，自然成为大国在该地区博弈的重点领域。域外国家建立了哪些合作机制？在澜湄水资源问题上具有怎样的利益诉求？它们的介入将对澜湄水资源开发与合作产生何种影响？本章将就上述问题进行梳理和分析。

第一节　主要合作机制及其涉水议题

湄公河地区历来为大国博弈的重要战场。美、日等域外大国为谋求地缘利益，在此建立各种国际机制，以保持影响力；湄公河国家都属于发展中国家或欠发达国家，希望接受国际援助来促进本国发展，在大国之间寻求平衡。自2008年以来，域外国家建立的地区机制不断涌现和发展。如美湄合作、澳湄合作、日湄合作、韩湄合作、印湄合作等，这些机制大多包含涉水议题，在促进本地区水资源治理的同时，也使得水资源问题更加复杂化。

一、美国湄公河下游倡议（LMI）

2009年，美国国务卿希拉里·克里顿牵头发起《湄公河下游倡议》（Lower Mekong Initiative，LMI），并于同年召开了首届“美国—湄公河下游国家部长会议”，重点讨论柬埔寨、老挝、泰国和越南在教育、卫生、环境和基础设施等方面的能力建设问题。同年7月，由美国国务院牵头与湄公河下游四国启动了“湄公河下游行动计划”，以促进包括环境问题在内的重要地区性问题的合作。作为“湄公河下游行动计划”的一部分，密西西比河委员会与湄公河委员会于2010年5月签署合作协议，建立“姊妹河”关系，以加强双方在教育、环境、健康和基础设施等领域的合作与协商以及交流在水旱灾害管理、供水、食品安全、水力发电等领域的经验。2011年3月，美国和湄公河下游各国共同起草了一份《湄公河下游倡议》概念文件（Concept Paper），汇总了该倡议的远景及结构，此外，各国还通过了一项有关未来五年内有效应对跨国挑战和开展合作领域的《行动计划》（Plan of Action）。《湄公河下游倡议》国家还同意建立了一个“网上秘书处”（Virtual Secretariat），以加强各国间在推行上述规划时的协调。上述文件确定了《湄公河下游倡议》开展合作的指导原则和未来五年的具体目标，包括防治传染病、促进环境科学家和决策者之间的对话、动员私营部门的资金用于基础设施项目等。

与此同时，美国还于2011年创建了“湄公河下游之友”（Friends of the Lower Mekong）机制，除了湄公河下游五国之外，还把日本、韩国、澳大利亚等亚太主要盟友都纳入其中。在2012年7月召开的第二届“湄公河下游之友”会议上，为加强与下游国家合作的机制化程度，作为该计划发起人，希拉里提议创立与湄公河下游国家合作的双层结构：在第一层面，伙伴国、援助机构、非政府组织和多边发展机构加强信息共享，鼓励更多的援助者履行承诺；在第二层面，各国政府继续推动高官和部长级对话，议题包括威胁人类安全的各种跨国挑战，比如，水力发电、发展问题、环境恶化、气候变化、健康、基础设施建设、毒品走私和跨境移民等。在美国看来，这种组织架构可以实现援助机构之间以及援助机构与湄公河流域国家之间的协调，提高援助效率。2013年，希拉里·克林顿宣布美国将在今后三年为新的援助方案——“湄公河下游行动计划2020”——提供5000万美元的资助，以加强美国在双边和多边事务中的参与，展示美国对“亚太战略参与计划”（APSEI）的决心。该计划将继续支持下游四国在妇女领导权、疟疾防控、环境等方面开展合作，并增加对湄公河委员会的资助。这一机制可以理解为美国在《湄公河下游倡议》下建立的国际伙伴网络，这些伙伴为美国提供了不同形式的支持。例如，在2014年8月举行的第七届美国与湄公河下游国家外长会上，欧盟、澳大利亚、世界银行等承诺在可持续管理水资源、环境影响评估等领域继续协助湄公河国家，欧盟决定将于2014—2020年向湄公河国家提供更多援助资金。随着美缅恢复外交关系，缅甸于2012年由《湄公河下游倡议》观察员国变为正式成员国。

该机制是在域外国家发起的湄公河机制中较有代表性和影响力的一个。固定机制为部长级会议（每年召开一次）和高官会。《湄公河下游倡议》的总体目标是通过促进相互联系、协调应对地区的跨界发展与政策挑战，实现湄公河五国公平、可持续、包容的经济增长。具体目标则分为三个：（1）通过地区能力建设活动，建立对话平台，促进知识、技术和最佳实践的交流机会；（2）建立湄公河地区内机构、公共部门、私营部门之间的联系以及与美国的联系，加强地区的相互联系；（3）与湄公河下游国家和国际援助机构合作，找到应对地区关键挑战的解决方案，重点放在水—能源—粮食纽带关系、性别平等和改善妇女地位方面。

《湄公河下游倡议》包含五大支柱，分别是：环境与水（越南与美国联合牵头）、健康（柬埔寨与美国联合牵头）、农业（缅甸与美国联合牵头）、互联互通（老挝与美国联合牵头）、教育（泰国与美国联合牵头）、能源安全（泰国与美国联合牵头）。在环境与水支柱下，合作领域包括：减少灾害风险、水安全、自然资源保护与管理，目前的活动有：（1）湄公河委员会渔业与适应计划；（2）“服务湄公计划”（SERVIR-Mekong），是由美国国际发展署与航空航天局联合支持的全球性计划，旨在为湄公河国家提供最新的基于卫星的地球监测、成像和制图数据，旨在应对气候变化、灾害和水安全；[①]（3）与湄公河国家共同推进《湄公河水文数据倡议》（Mekong Water Data Initiative），加强水文信息资料的搜集和分享；（4）湄公河智慧基础设施计划（Smart Infrastructure for the Mekong），意指促进能够应对气候变化、环境友好和社会公平的基础设施、清洁能源开发和水土资源利用；（5）《2016—2020 行动计划》，具体目标包括：a. 通过地区能力建设活动，建立对话平台，促进知识、技术和最佳实践的交流机会；b. 建立湄公河地区内机构、公共部门、私营部门之间的联系以及与美国的联系，加强地区的相互联系；c. 与湄公河下游国家和国际援助机构合作，找到应对地区关键挑战的解决方案，重点放在水—能源—粮食纽带关系、性别平等和改善妇女地位方面。

二、湄公河—日本峰会（MJS）

日本对东南亚地区事务的介入由来已久，在二战期间曾将该地区纳入殖民地，以此作为称霸亚洲的重要跳板。二战结束后，日本政府将包括东南亚在内的东亚地区作为外交重点，尤其是将官方发展援助（ODA）的相当大一部分投入到东南亚地区。即使是现在，这一方针也没有大的改变。日本外务省曾在正式文件中指出，“亚洲国家是日本官方发展援助战略的优先地区”，“尤其是包含东盟在内的东亚各国近年来在维持经济发展和地区一体化反面进展显著，地区竞争力增强，与日

① “NASA, USAID Open Environmental Information Hub for Southeast Asia,” NASA, August 31, 2015, https://www.nasa.gov/mission_pages/servir/mekong.html.

本的政治和经济关系不断得到深化和增强”。20世纪90年代，日本政府将援助的重点从达到一定发展阶段的东盟六国（泰国、马来西亚、新加坡、印尼、菲律宾及文莱）转到了实施开放的湄公河地区各国，对缅甸、越南、柬埔寨和老挝的援助金额更是逐年增加。日本已成为参与湄公河次区域合作最重要的域外经济力量。由于担心中国参与的次区域经济合作可能导致日本的传统影响受到削弱，日本着手从多边和双边层面同时加强对该地区的介入力度。

在多边层面上，日本与湄公河地区的合作主要借助以下机制展开：湄公河—日本峰会、湄公河下游之友部长级会议、中日湄公河地区政策对话会议、湄公河地区公共和私人部门合作机制、绿色湄公河论坛（Green Mekong Forum）等，其中影响最大的是湄公河—日本峰会机制。

湄公河—日本峰会自2008年成立，包括6个成员国，即柬埔寨、老挝、缅甸、泰国、越南和日本。湄公河—日本合作的四大支柱是：（1）湄公河地区工业基础设施的发展和“硬联通”的加强；（2）工业领域人力资源开发和“软联通”的加强；（3）致力于可持续发展与“绿色湄公”建设；（4）与公共及私人部门各利益相关方及区域内其他机制的协调。湄公河—日本合作机制包括首脑会议、外长会议、高官会议和互联互通高级工作组会议。

2009年，湄公河—日本合作启动了首个“湄公河—日本交流年”并召开了首次领导人会议。会上，日本承诺在未来三年内向湄公河下游国家提供5000亿日元的官方发展援助，并发布《湄公河—日本合作63项行动计划》，其中涉水的包括：湄公河—日本水资源管理合作、亚洲水环境伙伴计划下的水环境管理合作以及防洪减灾合作。2012年，日本前首相野田佳彦在会见缅甸总统吴登盛（Thein Sein）时则宣布，日本准备放弃3000亿日元（约合37亿美元）的债务，并重新启动暂停的援助方案。[①] 在同年召开的第四届日本与湄公河流域国家首脑会议上通过了《东京战略2012》的共同文件，确立了双方“共创繁荣未来”伙伴关系的三个新合作支柱，包括加强湄公河区域互联互通、促进经济合作以及环境与人类安全的合作等。野田佳彦表示：“湄公河地区没有实现繁荣和稳定，东亚也不可能实现真正的繁荣和稳定。日本政府将把湄公河地区作为重要的援助对象，并且继续展开合作。”[②] 为了实现上述目标，日本政府宣布在2015年之前向湄公河流域的五个国家提供为期三年、总计约6000亿日元（约合74亿美元）的政府开发援助。在本届峰会上，日本还表示将向湄公河委员会的洪水管理项目和干旱管理项目投入340万美元，对灌溉管理项目投入约130万美元。[③] 此外，日本计划在湄公河地区动工基础设施建设新项目包括发电站建设、卫星发射、经济特区建设等目。

除了多边层面外，日本也着重与湄公河流域国家发展双边关系。如在2013年举行的日本与东盟特别首脑会议期间，日本分别向越南、缅甸、老挝三国提供了960亿日元、630亿日元和104亿日元贷款，用以发展其国内基础设施、消除贫困。

---

① 《野田金边峰会场外将会缅总统拟给缅巨额贷款》，环球网，2012年12月19日，https://world.huanqiu.com/article/9CaKrnJxNpJ。

② 《外媒：日本向湄公河五国提供巨额援助》，中国网，2012年4月22日，http://www.china.com.cn/international/txt/2012-04/22/content_25203806.htm。

③ *Joint Statement of the Sixth Mekong-Japan Summit*, MOFA, November 12, 2014, https://www.mofa.go.jp/files/000059391.pdf.

截至 2014 年，日本已成为湄公河次区域最大的援助国和投资国。[①]其之所以在湄公河流域投入巨大，一是希望借此刺激出口，需要吸引廉价劳动力和投资以带动本国经济发展；二是希望通过加大对身为东盟成员国的湄公河流域五国的援助力度来对抗影响力不断扩大的中国；三是配合美国在此地区的政策。在中国经济实力和地区影响力不断提升的背景下，中日两国在亚洲地区“主导权”的天平已经出现了明显偏向中国的趋势，面对中国与湄公河流域国家日益紧密的关系，日本也抓紧投入，试图借助经济援助拉拢次区域国家，抵消中国的影响。

2018 年，东京举行了湄公河—日本第十次领导人会议，会议发布了《湄公河—日本合作东京战略 2018》。该战略介绍，2015 年至 2018 年三年间，日本向湄公河国家提供了 7500 亿日元的官方发展援助以及高质量的基础设施，领导人一致同意将日湄关系提升为战略伙伴关系。会议提出的未来合作目标包括：希望 2018 年底前能够达成区域全面经济伙伴关系协定（RCEP）；加快基础设施特别是能源基础设施建设；实现海关服务现代化；鼓励日本中小企业和创新型企业加大向湄公河地区的投资；加强体育、文化、青年、旅游、传媒等方面的人文合作，将 2019 年设立为“湄公河—日本交流年”；加强在人工智能、国际商务等领域的人力资源开发；努力在 2030 年前实现全民健康服务覆盖；由日本和泰国未来联合主办“绿色湄公论坛”；推广碳减排领域的联合信用机制等。其中，设定于 2019 年的“湄公河—日本交流年”已经制定了

① 关于日本在湄公河地区的官方发展援助情况，参见 Nam Pan, “Japanese ODA to Asian Countries: An Empirical Study of Myanmar Compared with Cambodia, Laos, and Vietnam,” Policy Research Institute, Ministry of Finance, Japan, http://www.mof.go.jp/pri/international_exchange/visiting_scholar_program/ws2014_d.pdf。

前三个月的详细实施计划，包括日本—越南环境周、亚洲物理疗法论坛、大湄公河次区域大学联盟能力建设项目、日本—泰国青年大使计划、日语交流学习计划、残障儿童交流支持计划、日本—缅甸青年领袖国际发展训练营、湄公河—日本大气环境论坛、东亚戒毒训练恢复研讨会、日本文化交流计划等。

三、澳湄合作

澳大利亚自20世纪90年代以来开始参与和支持湄公河水资源管理。澳大利亚参与湄公河水资源管理的机制不固定，主要面向湄公河五国。重点合作领域包括水治理、流域规划、能力建设等，支持湄公河委员会和墨累—达令流域委员会之间的结对计划。通过澳大利亚发展援助署及其合作伙伴开展与国家湄公河委员会的合作，目前正在执行的计划主要有：大湄公河水资源计划（GMWRP）、水土地生态系统计划（WLE）。其中，大湄公河水资源计划（2014—2018）通过加强政府和地区机制、私人部门、公民社会以及当地研究者的能力建设，鼓励其在应对水挑战方面发挥建设性参与作用。该计划通过在地区层面与湄公河委员会合作以及在国家层面的合作项目，强调负责任的（accountable）、知情的（informed）以及包容的（inclusive）水治理。水土地生态系统计划覆盖湄公河、伊洛瓦底江、萨尔温江、红河，与多方合作，至今资助了33个项目，是澳大利亚在湄公河地区开展活动的主要平台，这一项目主要资助地方和地区伙伴开展水治理研究，促进地区水治理实践者的职业发展以及开展多利益攸关方的对话。该项目主要关注三大领域：创建关于地区河流生态与治理的相关知识；寻求新的、基于证据的方法来治理和监测河流；建立伙伴关系，加强利益攸关方之间的学习及信息交流。2011 年起，依托开展的项目每年举办一次大型论坛（后改名为“大湄公河论坛”，GMF）。大湄公河水资源计划的代表性项目有：（1）支持湄公河水资源管理项目（SMWRM），646 万澳元（2014—2018）；（2）水治理发展研究项目（RDWG），600 万澳元（2014—2018）；（3）湄公河国家水电可持续发展项目，600 万澳元（2013—2017）；（4）2012 年启动澳大利亚湄公河地区—非政府组织参与平台（AM-NEP），实际投入 410 万澳元（2012—2016）。大湄公河水资源计划、水土地生态系统计划于 2018 年结束。

四、韩国—湄公河合作（KMC）

韩国于 2011 年倡议成立该机制，成员国包括缅、老、泰、柬、越、韩六国。重点合作领域包括基础设施、信息科技、绿色环保、水资源保护、农业和农村发展、人力资源开发。每年召开一次外长会。2017 年，韩国与湄公河国家通过《韩国—湄公河行动计划（2017—2020）》，2018 年，韩国宣布将韩国—湄公河基金增加一倍，结合双边官方发展援助，来支持“新南方政策”框架下四个重点领域的互联互通建设，这四个领域包括交通、能源、水资源以及信息科技。韩国希望借此进一步抢占湄公河地区市场。

为进一步提升合作层次，双方将合作架构从外长提升至领导人级别，并于 2019 年 11 月举行第一次领导人峰会，以此构建以人为本的伙伴关系，利用韩国“汉江奇迹”经验，打造“湄公奇迹”。在这次峰会上，发表了《汉江—湄公河宣言》，宣布将在文化旅游、人力资源开发、农业农村开发、基础设施、信息通信技术、环境和非传统安全七个领域展开优先合作。韩国重视水资源合作，韩国总统文在寅表示，韩国与有关各国通过以此次峰会为契机成立的韩湄水资源共同研究中心促进水治理合作，为实现可持续的繁荣发展，进一步紧密合作，加强生物多样性、水资源和森林领域的合作。将通过在湄公河国家设立的“韩国—湄公河生物多样性中心”保存湄公河丰富生物资源，发掘有用的生物资源，为生物产业注入新的增长动力。①

五、湄公河—恒河合作倡议（MGCI）

印度于2000年倡议成立该机制，成员国包括缅、老、泰、柬、越、印六国。该机制是印度加速推进东进政策的重要举措。2010年，印度与缅、泰、柬、越四国提出建设“湄公河—印度经济走廊”。该机制重点领域包括旅游、教育、文化、交通、健康、农业、水资源管理以及微小中型企业。在该机制下，除一般项目援助外，2015年印度宣布设立“快速见效项目”（QIPs），每年投入100万美元，支持越、老、柬、缅四国在互联互通、教育、基础设施、健康、农业、畜牧业等领域的合作。同年，印度还宣布为该机制提供10亿美元信贷额度，用于加强该

① 《首届韩国—湄公河流域国家峰会在釜山举行发表〈汉江—湄公河宣言〉》，中国国际广播电台国际在线，2019年11月28日，http://news.cri.cn/20191128/4f10646a-e0c6-4a66-473a-d97f7b6b9e2b.html。

地区的互联互通建设。[①] 在水资源领域，近年来，印度表现出对成为湄公河委员会伙伴的浓厚兴趣，湄公河国家也希望与印度在自然资源管理、特别是与水资源相关领域的管理以及环境保护、气候变化等领域开展合作。在合作领域方面，亦有拓宽趋势（军事、非传统安全等领域），但受资金支持、地区形势、印度国内因素等制约，成效有待检验。

第二节　域外国家介入澜湄水资源问题的战略考量

从成员构成来看，当前深度介入澜湄水资源开发与治理事务的域外国家都是西方发达国家，它们在澜湄水资源问题上的立场具有较强一致性。域外国家的介入无疑使得澜湄水资源开发与治理更为复杂，分析它们在该问题上的战略考量有助于我们更加深入地理解其介入的实质及影响。除了反对干流水电开发和重视民生问题之外，利用水资源问题离间中国与下游国家的关系，进而牵制中国在该地区的影响成为以美国为首的域外国家介入该问题的重要战略考量。

① "Main Remarks by the Minister of State for External Affairs Dr. V. K. Singh at the 7th Mekong-Ganga Cooperation Foreign Ministers Meeting in Vientiane, Laos, "Ministry of External Affairs, Government of India, July 24, 2016, http://mea.gov.in/aseanindia/SpeechStatementMGC.htm?dtl/22609/Main+Remarks+by+the+Minister+of+State+for+External+Affairs+Dr+V+K+Singh+at+the+7th+MekongGanga+Cooperation+Foreign+Ministers+Meeting+in+Vientiane+Laos+July+24+2016.

一、对干流水电开发总体持反对立场

国际河流水资源开发，尤其是干流开发对于上下游国家的影响可能截然不同，因而极易引发流域国家间的争端，在澜湄流域，各方的矛盾同样集中体现在干流大坝的建设问题上。对此，以美国为代表的域外国家持鲜明的反对态度，它们不仅反对当前下游国家的干流大坝建设，还经常公开批评中国在上游澜沧江的开发行为。在这方面，美国政府与其智库相互配合，试图通过制造国际舆论阻碍澜湄水资源开发进程。

首先，美国官方公开反对在下游干流建设水电大坝。2012 年，主要由泰国出资的老挝沙耶武里大型水坝正式开工建设，代表着下游干流开发的重新启动。但是，该项目重启之前，在是否应在湄公河下游干流建设水坝这一问题上，支持者与反对者各执一词，争执不下。2011 年 4 月 19 日，当湄公河委员会成员未能就是否进行该项工程达成一致时，美国国务院随即发表声明指出，一方面，需要认识到水坝建设对于管理水资源、推动经济增长和防止旱涝灾害所发挥的重要作用；另一方面，美国自身的经验也提醒我们需要清醒地认识到大型基础设施对经济、社会和环境的长远影响。对于湄公河流域国家拟在干流修建 11 座大坝、在支流上修建 70 多座水坝的规划，美国政府明确指出，沿岸国家应该充分论证水电开发对环境和社会的潜在影响，对这些事项的决定应经过慎重考虑，取得充分的科学论证，并与所有利益攸关方进行协商。此外，美国还对湄公河委员会的事先协商程序予以高度评价，并表示会继续重视与湄公河委员会及其成员国的长期伙伴关系。[①]

2011年7月22日，美国国务卿的希拉里·克林顿在印度尼西亚巴厘岛召开的美国—湄公河下游部长级会议上的讲话中，提到了在湄公河干流上建造新水坝的问题，她提出："这对于所有共用湄公河的国家都是一个严重问题，因为如果任何一个国家建造水坝，所有国家都会遭受环境恶化的后果、粮食保障的挑战以及对社区居民生活的冲击。我希望敦促所有当事方暂时搁置建造新水坝的考虑，直到我们大家能够更好地评估可能的后果。"[②] 2012年11月，老挝宣布沙耶武里大坝开工建设，美国政府当天即发表声明表示反对，指出"目前沙耶武里大坝对生态系统产生影响的广度和严重性都尚不清楚，该生态系统对数百万人的食物安全以及生计都有重大影响"。声明还称，湄公河下游国家如越南等对大坝将对湄公河水文以及生态造成的影响仍有疑虑，而美方在对湄公河的可持续管理方面有很大的利益，"我们希望老挝政府能够遵守承诺与邻国合作，共同解决有关沙耶武里大坝尚未解决的问题"。[③]

其次，美国国内智库热衷于对中国在澜沧江修建大坝进行无端指责以引导国内舆论，而且随着近年来中美在亚太地区竞争态势的日益明显，美国官方也有高层人士开始在公开场合发表明显针对中国的言论。

史汀生中心分别于2010年和2012年发布有关澜湄水资源开发问题

---

① 《美国对湄公河委员会讨论沙耶武里水电站大坝工程的反应》，美国国务院发言人办公室，2011年4月26日，http://iipdigital.usembassy.gov/st/chinese/texttrans/2011/04/2011 0427150056x0.5318981.html#ixzz2KNBTGemp。

② U.S. Department of State, Office of the Spokesperson, "Secretary Clinton at U.S.-Lower Mekong Ministerial Meeting," July 22, 2011, http://iipdigital.usembassy.gov/st/english/texttrans/2011/07/2011 0722112704su5.829585e-02.html#axzz2KCF40KrF.

③ 孙广勇：《美国批老挝建湄公河大坝称或破坏生态系统》，人民网，2012年11月7日，http://scitech.people.com.cn/n/2012/1107/c1007-19516796.html。

的年度报告，其中均对中国做出了相当主观的负面评价。2010 年的报告《湄公河的转折点：水电大坝、人类安全和区域稳定》明确提出，中国在湄公河上游修建的 15 座大型水坝将影响下游的社会、经济与生态环境，并且可能引发国家之间的争端与冲突。

该报告分析了中国及下游国家在湄公河干流修建大坝所带来的影响，并且特别关注其对人类安全和区域稳定所产生的负面作用。报告认为，湄公河流域至今仍然缺乏水电开发的合作与协调。这种不公平、不可持续的水资源开发可能会导致区域的摩擦、贫困和不稳定，在最极端的情况下还会产生冲突。项目（如道路、桥梁和大坝）开发建设者必须在其所带来的机遇与其对生态和当地生计的影响之间进行利益权衡。鉴于湄公河流域所具有的丰富和多样性的自然资源，这种利益权衡的必要性显得更为突出。该报告还认为，虽然湄公河委员会和亚洲开发银行的大湄公河次区域经济合作机制支持湄公河水资源的合作管理，但它们在这方面取得的实质性进展很少。这主要是因为中国和缅甸拒绝加入湄公河委员会，并且中国还拒绝共享其境内大坝的重要信息及其对环境和水电研究的结果。这是区域内各国无法采取统一的协调行动的直接原因。为了避免发生生态危机，报告最后提出了五条具体措施：（1）暂停在湄公河流域主要河流上新大坝的建设；（2）使中国和缅甸成为湄公河委员会的正式成员，和/或使湄公河流域的合作管理成为大湄公河次区域经济合作议程的一部分；（3）加大区域自主权和对湄公河委员会的支持，以提高湄公河委员会的效力和能力来促进区域合作；（4）敦促湄公河委员会将中国境内的大坝数据整合到湄公河下游的研究和规划中，公开发布所有的大坝影响研究，通过推动国际社会的参与提升湄公河委员会的实践能力；（5）注重对气候变化研究的支持。最后，报告还建议奥巴马政府大力干预湄公河流域的水电开发问题。[①]

2012年1月发布的《湄公河的转折点——共享未来中的共享河流》报告中指出，随着老挝沙耶武里大坝建设的开展，湄公河流域的政治经济格局发生了重大转变，这将对区域环境和社会经济产生巨大影响。如，规划中的大坝将会阻碍数百种洄游鱼类的产卵，减少淤积泥沙中的营养物含量，危害6000万沿岸居民的粮食安全、健康以及日常生活，乃至来之不易的地区和平与稳定。同时，该报告再次对中国的澜沧江—湄公河政策做出负面评价，认为中国所建造的大坝已经改变了河流的水文，阻止了富含营养物的淤泥的流动。[②]

作为一家与美国国会和政府联系紧密的自由派智库，史汀生中心的研究结论，一方面可以代表美国部分政界和业界人士的观点，另一方面又可以影响政府的立场。事实上，近年来，美国政界高层人士也开始就这一问题进行公开表态。如，2006年当选弗吉尼亚州民主党参议员以及2016年的总统参选人吉姆·韦伯（Jim Webb）就是美国国会中坚决反对湄公河干流大坝建设的代表人物。韦伯出身职业军人，担任过美国参议院外交委员会东亚与太平洋地区小组的主席。他自称访问了东南亚大陆的所有国家，并实地考察过湄公河水资源的实际利用情况和具体规划方案。出于曾参加过越战的自身经历，韦伯不仅对东南亚事务格外关注，而且对奥巴马政府在该地区的政策具有较强的影响力。2009年8月，韦伯先后访问了老挝、缅甸和越南。在对上述三国的访问过程中，除了处理有关在缅劳教的美国人等具体事务外，韦伯还明确指出，美国

① Richard Cronin and Timothy Hanlin, "Mekong Tipping Point: Hydropower Dams, Human Security, and Regional Stability," Washington D. C.: Henry L. Stimson Center, 2010.

② Richard Cronin and Timothy Hanlin, "Mekong Tuning Point: Shared River for a Shared Future," Washington D. C.: Henry L. Stimson Center, January 2012, p. 17.

应该及时修补并深化与东南亚国家间的关系，呼吁奥巴马政府全方位返回东南亚，以“平衡”中国在东南亚和南亚地区的势力。[①] 在韦伯所关注的议题中，湄公河水资源开发问题占据重要地位，他曾公开宣称“中国是少数几个不尊重下游水资源权利的国家之一”。在下游干流大坝建设问题上，韦伯指出，“美国和国际社会对于确保湄公河流域人民的健康和生活状况具有战略和道德上的义务”。2011 年 11 月，参议院外交关系委员会通过了由韦伯等人联合发起的提案，要求多边开发银行中的美国代表在批准有关湄公河干流大坝建设项目财政援助时，要严格遵守环境标准，这意味着美国在该地区发放有关水电开发项目贷款时将更加严格。韦伯同时呼吁湄公河流域国家暂停干流大坝建设，希望美国在《湄公河下游倡议》框架下为基础设施建设分配更多的资金，以帮助下游国家采取其他替代措施以放弃干流大坝建设。他还强烈呼吁缅甸和中国加入湄公河委员会，要求中国尊重其他下游沿岸国家的权利，希望缅甸和中国加强与湄公河委员会的合作和信息交流。[②]

从奥巴马继韦伯后不久即对东南亚进行了正式访问，并随后做出了“重返亚太”的战略转向决定来看，韦伯对于奥巴马政府的东南亚政策具有推动作用。具体到澜湄水资源问题上，可以说，奥巴马政府深度介入湄公河事务以及《湄公河下游倡议》的提出都不同程度地体现了韦伯的观点。一个明显的例子是美国前国务卿克里（John Kerry）在 2013 年 12 月访问越南时提及澜沧江—湄公河的生态环境保护问题，他表示，“没有一个国家有权利剥夺其他国家原有的依赖于河流的生活方式和生

① 《港报：美要在老挝与中国争影响力》，新华网，2009 年 8 月 17 日，http://www.sx.xinhuanet.com/newscenter/2009-08/17/content_17425048.htm。

② 关于吉姆·韦伯的个人活动及其在湄公河事务上的主要观点，参见其个人主页，http://www.webb.senate.gov/newsroom/pressreleases/2011-12-08-02.cfm。

态系统的权利，湄公河是一项全球性资产，是属于整个地区的财富”，“湄公河的资源必须使全体民众受益，而不属于一个国家，更不仅仅属于河流的发源国，所有流域国家都可以从中受益”。[①] 尽管克里的此番话从字面上并没有直接针对中国，但其言下之意显然是在指责中国在澜沧江建设的大坝会影响下游的人口和生态系统。更有人表示，美国如果真正想要在亚洲加强自身存在，应该更加关注湄公河地区而不是南海争端，因为相对于后者，美国政府在澜沧江—湄公河次区域的投入更容易赢得“民心”。[②]

特朗普政府虽然总体上对湄公河地区事务的关注和投入明显下降，但以国务卿蓬佩奥为代表的政府高官仍在澜湄水资源问题上指手画脚，企图挑拨中国与下游国家关系。2019 年，蓬佩奥在第 12 次《湄公河下游倡议》部长级会议上，公开责难中国在湄公河问题上对邻国进行“胁迫”，并污蔑湄公河处于十年来最低水位是因中国“掐断上游水流”。[③] 由此可见，反对澜沧江—湄公河干流的水电开发，已经成为美国朝野的主流观点。

二、制衡中国在湄公河流域的影响力

避免出现一个能够挑战自身权威的国家是霸权国国际战略中的重要目标，对于美国来说，其对于澜湄水资源开发的态度的变化，同样是出

① Matthew Lee, “Visiting Vietnam, Climate Change is New Enemy for John Kerry,” AP, December 15, 2013.

② John Lee, “China’s Water Grab,” *Foreign Policy*, August 24, 2010, http://www.foreignpolicy.com/articles/2010/08/23/chinas_water_grab.

③ 参见张励：《美国“湄公河手牌”几时休》，《世界知识》2019 年第 17 期，第 32 页。

于避免自身影响力在东南亚地区受到挑战的政治目的。冷战时期，为了尽快恢复流域国家经济以抵抗共产主义的影响、扶植当地的亲西方政权，美国支持成立了旨在重塑亚太地区经济和社会发展的政府间多边经济社会发展组织——亚洲及远东经济委员会（简称“亚远经委会”）。1949年，该委员会下属的“洪水控制委员会”对亚洲各国政府提出了洪水控制及河流管理问题的建议，并于1952年发布了《湄公河洪水控制及水资源利用的技术问题》的报告，明确提出了开发湄公河的一系列项目。1957年9月，在亚远经委会的推动下，泰国、老挝、柬埔寨和越南（南越）成立了下湄公河流域调查协调委员会，标志着湄公河资源开发的正式启动。美国不仅对于湄公河早期的开发行动是持赞成态度的，还进行了大力援助。截至1970年，美国已经成为非流域国家中对湄公河委员会捐助资金最多的国家，仅1969年就捐助了3300万美元，是第二大非流域捐助国德国的近2倍。鉴于约翰逊总统对湄公河地区的高度重视和大力援助，美国国内将其向湄公河投资10亿美元的计划称为又一个“马歇尔计划”。①

随着冷战的结束，次区域经济合作不断增强，中国凭借自身的经济实力在该地区的影响力不断提升。面对流域新的发展环境，在水资源问题上利用下游国家对中国开发澜沧江的担忧与疑虑，离间中国与下游国家的关系转而成为美国重要的政治利益诉求，因而从根本上说，美国介入澜湄水资源问题反映了其对中国在该地区日益上升的影响力的担忧。近年来，中国经济呈现持续增长的态势。尤其是2008年金融危机爆发

① 相关研究参见屠酥：《美国与湄公河开发计划探研》，《武汉大学学报（人文科学版）》2013年第2期，第122—126页；罗圣荣：《奥巴马政府介入湄公河地区合作研究》，《东南亚研究》2013年第6期，第49—54页。

后，西方国家的经济遭受重大打击，中国经济则表现强劲，2010年，中国国内生产总值（GDP）超越日本，成为第二大经济体。与此同时，以中国为代表的新兴经济体的整体性崛起（如金砖机制的建立与发展）已经成为当前国际社会最为瞩目的现象，且随着中国国际及周边战略的调整，经济上的影响力正逐渐转化为政治、战略等方面的影响力。

在澜沧江—湄公河次区域，中国通过大湄公河次区域经济合作机制与相关国家建立了稳定的关系。伴随着经济的快速崛起，中国对大湄公河次区域合作的参与和影响力日益显著，体现出合作领域广泛、参与力度增强、合作效果突出等特点。自2008年第三次大湄公河次区域经济合作领导人会议，特别是中国—东盟自由贸易区建成以来，中国与大湄公河次区域国家之间双边贸易呈现出更加良好的发展势头，贸易结构进一步改善，双边投资额也有了较快增长。中国还以合资或独资等方式参与柬埔寨、泰国、越南的经贸合作区开发建设，促进了当地的经济发展。此外，中国政府继续为大湄公河次区域经济合作提供力所能及的资金支持，并积极参与交通、电力、电信、环境、农业、人力资源开发、卫生、旅游、贸易便利化和投资、禁毒等领域的合作，取得了丰硕的成果。[①] 中国是柬、缅、泰、越第一大贸易伙伴，是老挝第二大贸易伙伴。2017年，中国与次区域五国贸易额已达2200亿美元，人员往来约3000万人次。中国对次区域五国的投资达到400多亿美元。中国提供的优惠贷款、产能合作专项贷款等支持次区域国家20多个大型基础设施和工业化项目，中老铁路、中泰铁路等重点工程相继开工，“一带一

① 参见《中国参与大湄公河次区域经济合作国家报告》，中国政府网，2011年12月17日，http://www.gov.cn/jrzg/2011-12/17/content_2022602.htm。

路”建设在次区域不断开花结果。[①] 随着中国成为世界第二大经济体，国际社会上“中国威胁论”的声音不绝于耳。为了更有效带动周边国家共同发展，凸显中国崛起的和平性质，中国通过“一带一路”倡议，向包括东盟国家在内的本地区发展中国家基础设施建设提供资金支持和开展项目合作。

上述一系列进展表明，中国对于周边的投入将日益增强。而对于美国来讲，如能在这一地区实现突破，对于制衡中国将起到事半功倍的效果。因此，美国以《湄公河下游行动计划》的启动为契机，通过一系列措施加大了自身在澜沧江—湄公河次区域的存在，以期对地区事务发挥更大的影响。中国在东南亚特别是湄公河地区影响力的扩大引起了美方疑虑，美国政府官员、学者多次向国会提出要在这一地区遏制中国势力的“扩张”。在2005年6月举行的参议院听证会上，时任副助理国务卿的凯瑟琳（Catherine E. Dalpino）就提出，“通过积极介入湄公河下游地区的活动，美国可以最大限度地限制中国在该地区的影响”。[②] 为此，美国湄公河战略的首要关注点是：迫使中国更多地听取地区其他各国的意见。通过对湄公河地区的逐步介入，美国可以拉拢越、老、柬等几个湄公河下游国家，改变以往对东盟国家“重老轻新”的形象，发挥更为广泛的地区主导作用。更重要的是，通过平衡中国在该地区的影响，美国可以占据在东南亚地区的“战略制高点”，以便在南海问题等

---

① 《王毅批贸易保护主义：不仅没有出路，还将反受其害！》来源：外交小灵通，2018年3月30日，环球网，https://world.huanqiu.com/article/9CaKrnK7dRV。

② Statement by Catherine E. Dalpino in The Emergence of China Throughout Asia: Security and Economic Consequences for the United States, hearing before the subcommittee on East Asia and Pacific Affairs of the Committee on Foreign Relations, United States Senate, One Hundred Ninth Congress, First Session, June 7, 2005, p. 49. 转引自任远喆：《奥巴马政府的湄公河政策及其对中国的影响》，《现代国际关系》2013年第2期，第23页。

其他问题上向中国“发力”。

以美国为代表的域外国家积极参与湄公河地区合作，特别是涉水领域合作，既有国内因素的影响，又与其地区战略的转变密切相关。

首先，主要西方国家的水电资源大多已开发完毕。从可持续发展的角度来看，若国家不优先开发利用可再生能源，不仅是巨大的能源浪费，同时也不可能满足其可持续发展的需求。因此，世界上几乎所有的发达国家，都是优先开发利用可再生的水电，把尽可能多的可保存的化石能源留给后代。此外，任何社会要实现现代化，都必须要解决好水资源的矛盾，水电开发往往是一个国家管理水资源的必要手段。[①]

作为一种重要的可再生能源，水电约占目前世界电力供应总量的20%。然而，受到技术、资金等因素的影响，不同国家和地区的水电开发程度并不同步，其中，西方国家凭借先进的技术和雄厚的经济实力，大多在19世纪末就开始开发水电，而且在其经济发展初期，往往都会经历一个水电在电力中的比重非常高的阶段。[②] 不过，水能资源毕竟有限，经过长期发展，发达国家的国内水电开发会渐趋成熟，除了转而开发其他形式的电力（如核电）外，受到环保运动的推动，它们开始将主要精力逐渐转移到反思水电开发对生态环境所产生的影响方面。由此，国际社会对水电的认识经历了从开发和大规模利用到质疑，再到反思的过程，而发达国家鉴于水电开发较为充分，目前更多的是强调河流

① 《水电开发为何会被社会严重误解?》，中国水力发电工程学会，2014年4月10日，http://www.hydropower.org.cn/showNewsDetail.asp?nsId=12611。

② 《水电开发为何会被社会严重误解?》，中国水力发电工程学会，2014年4月10日，http://www.hydropower.org.cn/showNewsDetail.asp?nsId=12611。

的环境修复问题。[①]

美国国土面积辽阔、水能资源丰富（主要分布于中西部地区），是世界公认的水电大国。早在1892年，美国就建设了国内的第一座水电站——奈亚格拉水电站，后又修建了胡佛坝、大古力坝、邦尼维尔坝和沙斯塔坝等以巨型大坝为特征的多功能水利枢纽。从西进运动开始直至二战前的二三十年，可以说是美国建坝的第一个高潮，20世纪30年代更被称为美国水利水电开发史上的“大坝时代”。[②] 第二次世界大战后，由于动力和电力紧缺，美国继续大兴水坝建设，并在20世纪60年代迎来了第二次建坝高峰。直至20世纪90年代初期，水力发电占美国电力供应的40%以上，1940年，水电为美国西部提供了约75%的电力消费和美国总电能的约三分之一。近几十年来，随着其他电力形式发展、最佳建坝地址的建成以及环保法律的颁布，美国水电的比例已经慢慢下降，目前水电约占美国电力供应的10%。[③]

日本国土面积狭小，但水能资源相对丰富。至20世纪80年代，日本的水力资源已基本得到开发。由于水能资源开发比例已经很高，并且受到经济和环境条件的约束，日本当前已经很少进行大规模的水电开发。同时，由于温室气体排放问题日益受到关注，日本政府推出了与水

① 以中国水力发电工程学会为代表的国内研究机构曾对西方国家水电开发的历史与现状进行过系统介绍，相关研究参见中国水力发电工程学会、中国大坝学会、中国水利水电研究院：《主要国家水电开发历程与发展趋势》，《中国三峡》2011年第1期，第59—68页；中国水力发电工程学会、中国大坝学会、中国水利水电研究院：《国外水电开发对我国的启示》，《中国三峡》2011年第5期，第59—68页；贾金生等：《国外水电发展概况及对我国水电发展的启示》（系列论文），《中国水能及电气化》2010年第3—10期。

② 胡佛大坝即建于这一时期。参见贾金生：《国外水电发展概况及对我国水电发展的启示（二）》，《中国水能及电气化》2010年第4期，第9页。

③ U. S. Department of the Interior, Bureau of Reclamation, “The History of Hydropower Development in the United States,” http://www.usbr.gov/power/edu/history.html.

电发展相关的激励政策，其目的是促进水能资源的进一步开发，降低开发成本和改善水电产业的效益。此外，日本政府和投资公司还共同制定了相应的政策和标准，以指导水能资源的有序开发，提高水电工程的社会和经济效益。①

总体来看，经过长期发展，发达国家水电开发的高峰已经过去，其国内最经济的水电开发坝址也已基本开发完毕，其中，美国的水电资源已开发约 82%，日本约 84%，加拿大约 65%，瑞士约 86.6%，德国约 73%，法国和挪威则均在 80%以上，② 这些国家进一步大规模开发水电的潜力有限。这一状况直接决定了它们对水电开发的反对立场。

其次，这是发达国家国内反坝思潮的外部表现。由于国内水电资源开发已基本饱和，随着时间的推移，以美国为代表的域外国家对河流的认识及河流政策随之发生转变，从之前致力于修建大型水坝到提倡修复河流生态，直至近年来出现反坝、拆坝的呼声。③ 可以说，美国在澜湄水资源开发问题上的立场正是其国内反坝浪潮的外部表现。

尽管至今公开的抗议活动并不多见，但实际上，美国国内质疑大坝建设对河流的影响的声音始终与大坝的兴建相伴随。尤其是自 1969 年美国颁布《国家环境政策法》后，大坝建设的环境影响更成为一个受到全国范围关注的问题。为保护水资源、水环境和濒危动、植物，美国联邦政府对水坝建设进行了更加严格的限制，规定水坝建设不应因人为

① 贾金生：《国外水电发展概况及对我国水电发展的启示（三）》，《中国水能及电气化》2010 年第 5 期，第 7—9 页。

② 参见世界水坝委员会编：《水坝与发展：决策的新框架》（刘毅、张伟译），北京：中国环境科学出版社 2005 年版；禹雪中、杨静、夏建新：《IHA 水电可持续发展指南和规范简介与探讨》，《水利水电快报》2009 年第 2 期，第 1—5 页。

③ 参见［美］威廉·R. 劳里：《大坝政治学——恢复美国河流》（石建斌等译），北京：中国环境科学出版社 2009 年版，第 4 页。

控制而降低整条河流的水质，要保护原有物种和生态环境的完整性。[①] 1970年12月，美国环境保护署（EPA）正式成立。作为联邦政府的一个独立行政机构，其在水资源的开发、利用、保护和管理方面制定了详细的政策，并鼓励公众的参与。一系列环保法规的颁布加之建坝决策的日益公开化，使得环保主义者和来自旅游（娱乐）团体、公用事业、工程技术及水坝工业等各行业的代表得以共同参与新坝建设的决策，并对旧坝进行重新评估和审核。正是在此背景下，美国国内反对大坝建设、主张拆坝以修复河流生态的声音逐渐增强。

从内容上看，反对大坝建设和主张拆坝是手段，其最终目的在于修复河流生态，即让生态系统返回到被"干扰"之前的状态。修复的倡议者们认为，河流的真正价值在于自由流动的河水保持了多种物种的和谐的自然生态系统，因而呼吁决策者采取实际行动来保护河流，比如，重建水生生境、储存季节性水流和拆除大坝等。当然，他们也承认，进行一模一样的复制是不可能的，因此，修复的主要目的是重创或重建生态系统中的关键部分。[②] 而真正推动这一思潮最终转变为实际行动的主要力量，是美国国内致力于保护河流的非政府组织。其中，尤以美国河流协会（American Rivers）的作用格外引人注目。美国河流协会于1973年在丹佛成立，是一个全国性非营利组织，曾多次站在"河流修复"运动的前沿。该组织认为，只有河流健康，才能保障当地社区的兴盛和发展。其主要宗旨是致力于救治河流、拆除大坝、保护河流中生物栖息

① 韩益民：《拆坝有缘由建坝须谨慎——从美国拆坝看水电开发政策的演变》，《水利发展研究》2007年第1期，第51页。

② 参见［美］威廉·R. 劳里：《大坝政治学——恢复美国河流》（石建斌等译），北京：中国环境科学出版社2009年版，第42—68页。

地，防止河流因采矿、伐木和其他生产活动遭到污染或破坏，目前已成为河流工程的重要参与者。“河流修复”和“保护河流遗产”是该组织长期开展的两项主要活动。前者提出“要让河流起死回生”，认为建坝、堤防和其他人类建筑破坏了河流的自然流动，因而致力于恢复自然河道的功能、漫滩和湿地。而在“河流遗产：保护、欣赏和赞美河流”议题下，该组织成功地推进了对俄勒冈州沙地河上历经一百年的土拨鼠大坝的拆除。[①] 在国内要求恢复河流生态、拆除大坝的呼声不断高涨的背景下，负责国内水坝建设的美国垦务局于 1994 年正式宣布，美国的水库时代已经结束。从此，美国开始放弃以建坝蓄水作为水资源开发主要模式的政策，把重点转移到可持续的水资源管理与环境恢复的工作上。也正是从这时开始，美国境内有越来越多的水坝陆续被拆除。[②]

表面上看，拆坝是为环境保护而牺牲了经济利益，这无疑使其占据了环保的“道德高地”，因而极具感染力和传播力，这一思潮也很快影响到许多发展中国家和地区。这就需要我们对美国国内拆坝的原因进行深入分析，以认清其实质。有人将美国拆坝的原因总结为以下几点：（1）水坝达到和超过使用寿命，风险不断提高。一般而言，水坝的平均寿命是 50 年，而美国境内现有的 8.4 万座大坝的平均寿命已达 52 年，到 2020 年，坝龄超过 50 年的水坝数量将占到总数的 70%。随着水坝的老龄化趋势不断发展，高风险水坝的数量及其可能带来的危害也在

① 关于该组织的详细介绍及主要活动，参见其官方网站 http://www.americanrivers.org。

② 韩益民：《拆坝有缘由建坝须谨慎——从美国拆坝看水电开发政策的演变》，《水利发展研究》2007 年第 1 期，第 51 页。

上升。[①] 例如，尽管许多水坝在刚刚建成时是符合当时的设计和施工标准的，可以用来保护下游未开发的农地，但是，随着科学的发展和工业化水平的提高，许多水坝已不足以承受大规模的洪水和地震损害。因而，起初的低风险水坝会逐渐转变为高险水坝。截至2012年，美国有13991座水坝被归类为高风险，而十年前这一数字为10118座；另外有12662座水坝被列为具有显著风险——即便它们不一定会造成人员伤亡，但可能会导致显著的经济损失。[②] 在这种情况下，需要对这些超龄水坝的安全性重新进行评价，达不到安全要求的将陆续退役或被拆除。[③]（2）水坝经济效益日益衰退，维修成本不断增加。在若干水坝安全性问题日益严峻的同时，工程的运行成本及维修费用也在不断上升。根据美国国家大坝安全官员协会估计，要修复那些老化的高风险水坝共需要投入210亿美元，[④] 这无疑是一笔巨大开支。另外，美国水坝大多数归个人所有，私有水坝占水坝总数量的69%，联邦政府占4%，州政府占5%，地方政府占20%，共有水坝占2%，[⑤] 因此，确保国家其余大坝安全的责任就落到了州大坝安全规划上，而许多州的大坝安全规划并没有充足的物力、资金或人员用于大坝安全检查、采取适当的强制行动

① 风险分类基于大坝发生危害的概率及可能产生的破坏性后果两项指标，但各国对于大坝的风险具有不同的评价标准。参见 American Society of Civil Engineers(ASCE), *2013 Report Card for America's Infrastructure*, March 2013, http://www.infrastructurereportcard.org/dams/, pp. 14-16；彭雪辉等：《我国水库大坝风险评价与决策研究》，《水利水运工程学报》2014年第3期，第49页。

② American Society of Civil Engineers (ASCE), *2013 Report Card for America's Infrastructure*, March 2013, p. 15, http://www.infrastructurereportcard.org/dams/.

③ 韩益民：《拆坝有缘由建坝须谨慎——从美国拆坝看水电开发政策的演变》，《水利发展研究》2007年第1期，第52页。

④ American Society of Civil Engineers (ASCE), *2013 Report Card for America's Infrastructure*, p. 15, March 2013, http://www.infrastructurereportcard.org/dams/.

⑤ 《50年来美国为何拆水坝上千座?》，中国天气网，2012年6月20日，http://www.weather.com.cn/climate/qhbhyw/06/1657827.shtml。

或通过审查设计规划，进行建设施工检查，以确保建筑物的质量和安全。[①] 一方面，工程运行难以为继，另一方面，工程运行维护的费用将超过拆除它们的支出，即使两者的费用不相上下，拆除它们则可免除未来继续维护所需的费用。因此，在维护资金压力不断上升的前提下，拆除老旧水坝无疑成为一种经济选择。（3）已开发出不用兴建水坝而可以满足人类需求的方法。例如，对于防洪而言，因为美国幅员辽阔，人口相对较少，从恢复生态环境考虑，美国现多采用一些非工程的防洪对策——恢复湿地——以维持河岸缓冲地带，或协助居民和企业迁离洪泛平原，通过这些非工程措施可以更有效、更经济地实现防洪目标。[②] 在此情况下，水坝建设显然不再是最优选择。

可以看出，安全因素和经济因素是美国水坝拆除最重要的两大原因。美国的拆坝实际上就是拆除那些超过使用年限、失去原有功能、毫无存在价值且存在潜在威胁的水坝，而且大多是一些低矮的小型水坝。当然，在拆除的水坝中，也有一小部分主要是出于恢复自然生态、保护水资源和各种鱼类等生态环保的考虑。美国很看重鱼类生境。一些水坝因破坏沿岸的鱼群洄游、改变沿岸及岸边野生动物的栖息地并影响流域生态环境而受到指责，因而被拆除。很多坝是由建坝公司自己拆掉的，因为如果按法律要求恢复生态、保证鱼类生境需要更大成本的话，出于运营成本的考虑，其也会选择拆坝。[③]

---

① 美国土木工程师协会：《美国大坝实情》（李文伟译），《中国三峡》2010 年第 4 期，第 61 页。

② 韩益民：《拆坝有缘由建坝须谨慎——从美国拆坝看水电开发政策的演变》，《水利发展研究》2007 年第 1 期，第 52 页。

③ 韩益民：《拆坝有缘由建坝须谨慎——从美国拆坝看水电开发政策的演变》，《水利发展研究》2007 年第 1 期，第 52 页。

综上所述，美国的拆坝是在其水电开发已基本饱和的情况下，在国内环保思想不断发展和非政府组织的积极推动下，主要出于经济和安全考虑所作出的政策选择，是其大坝经济发展到一定阶段的产物，而并非单纯出于保护环境的“道德目的”。还有一点值得注意的是，即便美国国内持坚定拆坝立场的人士，也并非认为以后不会再在河流上修建水坝和其他建筑物，或者拆除所有的水坝。一些激进的团体（如美国河流协会）也并没有采取武断直接的方式，倡导拆除所有大坝，而是提出了“拆除没有意义的大坝”的口号。事实上，他们一方面采纳了激进的观点，另一方面在实际工作中又采取了谨慎的态度。① 因而，尽管美国已经出现了拆坝的主张或行动，但这仅仅是符合其国内的情况，并不具有普遍性，若以此作为引证来反对发展中国家的水电开发，显然是不合理的。实际上，反对大坝建设的观点并不能反映当前世界水电开发不均衡的现实。目前，全球尚有20亿人生活在没有电的世界里，100多个国家存在不同程度的缺水，有三分之二的经济可行的水电资源仍待开发，其中90%在发展中国家，在非洲，水电开发率还不足8%。② 对于发展中国家和正处于经济转型期的国家而言，水电是非常有效的、清洁的可再生能源，通过水坝建设可以带动国内基础设施建设和工业发展，或通过水电贸易增加外汇收入，这将有助于改善国家经济面貌、减轻贫困。然而，发展中国家面临的实际情况是：一方面，国家经济亟须发展；另一方面，全球化石能源日渐短缺、能源使用过程中的环保要求更高。因此，发展中国家当前面临着比当年发达国家更为严峻的任务与

---

① ［美］威廉·R. 劳里：《大坝政治学——恢复美国河流》（石建斌等译），北京：中国环境科学出版社2009年版，第45—46页。

② 《水电与可持续发展北京宣言》，联合国水电与可持续发展国际会议，中国北京，2004年10月29日。

挑战。

然而，美国国内部分反坝者却不顾上述事实，试图将反坝、拆坝的思潮与行动扩展到全世界，以阻止国际范围内的大坝建设项目。[①] 其对于澜湄水资源开发的立场就是明显一例。显然，除了国内因素外，美国介入澜湄水资源事务还有深刻的国际政治动因。

再次，“天赋使命”的外交传统以及推进美国“亚太再平衡战略”及“印太战略”的实施。在美国传统的价值观中，“天赋使命”理念占据着核心地位，并深刻地影响着对外政策，使其具有“使命感”和“道德优越感”的显著特征，突出表现为美国经常以“人权卫士”自居，罔顾本国人权的糟糕记录和不同民族、国家的差异，批评别国的人权状况，并借此干预他国内政。这一特征反映在水资源领域，则主要表现为其国内的拆坝行为为美国政府反对其他发展中国家和地区的大坝建设提供了所谓“论据”。国内外学者对于美国价值观对外交政策的影响曾进行过深入广泛的研究，在此不再赘述，本书着重分析其背后的战略因素。

奥巴马政府对于澜湄水资源问题的高调介入显然还具有深刻的政治利益诉求。奥巴马政府上台后不久即提出了“亚太再平衡战略”，这不仅是冷战后美国最重要的全球战略调整之一，也是对中国周边外部环境影响最大的一项政策。[②]

某种程度上，美国“亚太再平衡战略”的实施是以介入澜沧江—

① 林初学：《美国反坝运动及拆坝情况的考察和思考》，人民网，http://scitech.people.com.cn/GB/25509/37822/40307/3718291.html。

② 关于其内容及评价参见 Hillary Clinton, “America's Pacific Century,” *Foreign Policy*, November 2011, pp. 57-63；金灿荣、刘宣佑、黄达：《美国“亚太再平衡战略”对中美关系的影响》，《东北亚论坛》2013 年第 5 期，第 3—13 页。

湄公河次区域事务为开端的，而次区域国家日益关注的水资源开发问题则是其突破口。小布什政府时期，东南亚地区在美国的全球反恐战争中只处于“第二阵线”，不是美战略棋盘上的主要着力点。2009 年奥巴马政府上台之后，这一情况迅速得到改变。出于重新调整东南亚战略布局、加强与东盟关系的需要，湄公河区域成为该政策的重中之重。其原因在于，首先，从成员构成来看，湄公河下游国家占东盟国家的一半，基本都属于“新东盟”成员国。这些国家经济基础相对薄弱，与其他东盟国家在发展水平上有一定差距，因此具有较大的发展空间。其次，由于历史原因，它们同美国的关系都存在着这样或那样的问题，水资源治理不仅为美国提供了介入地区事务的有效平台，而且有利于改善自身在地区的形象。① 最后，在发达国家经济复苏乏力、新兴经济体通胀压力上升、世界经济不确定和不稳定因素增加的背景下，澜沧江—湄公河次区域各国经济总体仍保持了稳定增长，各领域合作继续深入推进。② 美国将这一地区作为“亚太再平衡战略”的重要支点，同样体现了其对该地区日益密切的经济合作的关注。可以说，湄公河地区已经成为美“重返亚太”的“战略前沿”，不仅为美“亚太再平衡”提供了新的战略空间，同时也有利于美国加强同整个东盟的关系，甚至对于美整个亚太战略的推进都至关重要。③ 而随着次区域国家经济的发展，上下游国家围绕湄公河水能开发所产生的矛盾日益明显，美国所采取的积极介入的政策有助于其在该问题上确立话语权。

---

① 任远喆：《奥巴马政府的湄公河政策及其对中国的影响》，《现代国际关系》2013 年第 2 期，第 2 页。

② 郭延军：《大湄公河次区域经济合作》，载魏玲主编：《东亚地区合作：2011》，北京：经济科学出版社 2012 年版，第 148—149 页。

③ 任远喆：《奥巴马政府的湄公河政策及其对中国的影响》，《现代国际关系》2013 年第 2 期，第 23 页。

特朗普政府上台以来，大幅削减美国对外援助预算，“印太战略”的提出也在很大程度上影响到美国在湄公河地区的战略和资源投入。尽管投入明显下降，但如前所述，美国对中国在澜湄流域水资源问题上的批评并未减少，而且其原有机制化合作仍在继续，合作的领域也由原来的一揽子计划调整为更加聚焦水资源议题，其针对中国的意图不但没有减弱，反而更加明显。

第三节　域外国家介入的途径及影响

以美国为代表的域外国家对澜湄流域事务的介入力度空前加大，湄公河地区俨然已成为美国战略的试验田和大国博弈的竞技场。[①] 从国际体系的角度看，美国作为霸权国，希望维护对国际和地区事务的主导权；而中国作为崛起国，必然会将周边地区作为战略依托，在周边地区发挥更为积极的作用。国际体系中地位的不同决定了两国关系中的竞争和矛盾将长期存在。随着东亚“世界中心”地位的获得，中美在东亚地区的争夺将日趋激烈。[②]

为实现自身的利益诉求，域外国家通过各种途径介入湄公河水资源治理事务，主要表现为一是通过机制建设，提升同流域国家的制度化合作水平；二是利用自身湄公河委员会发展伙伴的身份直接为湄公河委员

① 刘稚、卢光盛：《大湄公河次区域蓝皮书：大湄公河次区域合作发展报告（2012—2013）》，北京：社会科学文献出版社2013年版。

② 关于东亚“世界中心”地位的论述，参见阎学通：《权力中心转移与国际体系转变》，《当代亚太》2012年第6期，第4—21页。

会提供大量资金援助；[①] 三是通过与下游国家加强双边关系，制衡中国影响力。由于本章第一节已对域外国家创设的机制进行了梳理，本节仅就域外国家对湄公河委员会的援助以及加强与流域国家的双边关系展开分析。

一、对湄公河委员会提供资金援助

域外国家对湄公河委员会的资助主要体现为对具体项目的资助。根据湄公河委员会所确立的 11 个发展项目和 2011—2015 年流域发展战略，不同的国家会根据自身的优势和兴趣，确认本国的资助项目和资助力度。如前所述，由于湄公河国家的经济实力有限，因而湄公河委员会的项目若要顺利实施，发展伙伴的援助就显得极为重要。

以水资源综合管理为基础的流域开发战略（IWRM-based Basin Development Strategy）为例，2013 年，湄公河委员会秘书处根据此前制定的 2011—2015 年规划，按照资金紧缺程度，将需要得到资助的项目分为三类：需要得到立即资助的项目、需要得到中期资助的项目以及需要长期资助的项目。以下将根据这一分类分别考察域外国家在 2011—2015 年期间的资金投入情况。

首先，需要得到立即资助的项目包括农业和灌溉项目以及干旱管理项目。截至 2013 年 5 月，这两个项目所获得的资金比例尚不足 50%，

① 参见 MRC, "Report on Informal Donor Meeting," June 27 - 28, 2013, Phnom Penh, Cambodia, http://www.mrcmekong.org/assets/Publications/governance/Report-IDM-2013-Complete-set-final.pdf。此外，湄公河委员会还会对来自发展伙伴的资金援助及其收支情况进行年度总结，并发布财务报告。参见 MRC, *Statements of Contributions Received, Expenditure Incurred and Fund Balance By Development Partners*, 2011, 2012, 2013。

要完成既定的资助目标难度较大。其中，农业和灌溉项目预算为510万美元，日本投入150万美元，德国国际合作机构（GIZ）投入12.5万美元，资金缺口为348万美元。干旱管理项目预算为375万美元，日本已通过日本—东盟一体化基金（JAIF）承诺部分出资，德国出资12.5万美元用于气候变化的相关活动，湄公河委员会的气候变化适应倡议（CCAI）为此项目出资100万美元，该项目资金缺口为221万美元。[①]

其次，需要得到中期资助的项目包括洪水管理项目和通航项目。截至2013年，这两个项目的资金缺口均低于50%。其中，洪水管理项目预算资金为1608万美元，德国、荷兰和瑞典总共出资725万美元，日本和瑞士已承诺出资290万美元，资金缺口达592万美元。通航项目预算资金870万美元，德国为GPS导航系统和低水位警报系统提供短期资金12.5万美元，比利时出资520万美元，资金缺口338万美元。[②]

最后，第三类项目的资金情况良好，但仍需在未来继续投入，包括流域发展规划项目、环境项目、渔业项目以及信息和知识管理项目。其中，流域发展规划项目预算资金为1380万美元，已得到资助935万美元，瑞士也已表达继续援助的意愿，资金缺口为445万美元。环境项目总预算为1100万美元，已得到援助700万美元，德国复兴信贷银行（KFW）也承诺为湿地管理和维护计划提供120万美元，因此，该项目缺口为277万美元。渔业项目的预算资金为1250万美元，在得到瑞典和美国国际开发署（USAID）以及湄公河委员会成员国的资助后，该项

① MRC, "Report on Informal Donor Meeting," June 27-28, 2013, Phnom Penh, Cambodia, http://www.mrcmekong.org/assets/Publications/governance/Report-IDM-2013-Complete-set-final.pdf.

② MRC, "Report on Informal Donor Meeting," June 27-28, 2013, Phnom Penh, Cambodia, http://www.mrcmekong.org/assets/Publications/governance/Report-IDM-2013-Complete-set-final.pdf.

目的资金缺口为204万美元。[①] 此外，湄公河委员会与比利时和欧盟分别于2013年1月签署了新的资助协议，二者将总共提供1170万美元用于通航和气候变化适应项目。联合国粮农组织（FAO）、法国开发署（AFD）、德国复兴信贷银行、日本和美国国际开发署也分别就未来援助的项目和金额做出了承诺。

虽然湄公河委员会自2016年启动本地化改革进程，努力增加成员国的经费额度，但受制于成员国经济实力，在相当长一段时间内，外部发展伙伴的捐助仍是湄公河委员会经费的重要来源。目前，有30个国家和国际组织、非政府组织为湄公河委员会的发展伙伴。[②] 截至2018年底，湄公河委员会的净流动资产总额约为867万美元，而上一年约为1245万美元。根据湄公河委员会可持续发展路线图，湄公河委员会成员国每年都增加了财政捐助。2018年，成员国的捐款总额约为311万美元，而2017年约为285万美元。此外，由于湄公河委员会的内部控制和财务管理系统存在悬而未决的问题，一些发展伙伴推迟了2018年的捐款，捐款约为502万美元，而2017年约为878万美元。[③]

除了对项目进行直接资助外，在湄公河委员会框架下，西方捐助国还与下游国家建立了若干正式和非正式的沟通协调机制，如设立捐助国咨询项目官和捐助协调官，负责捐助国和湄公河委员会的日常协调工作。此外，在理事会召开期间，湄公河委员会还会与捐助国举行非正式

① MRC, "Report on Informal Donor Meeting," June 27-28, 2013, Phnom Penh, Cambodia, pp. 49-51, http://www.mrcmekong.org/assets/Publications/governance/Report-IDM-2013-Complete-set-final.pdf.

② 湄公河委员会网站：http://www.mrcmekong.org/about-mrc/development-partners-and-partner-organisations/。

③ MRC, *Annual Report 2018*, p. 66, http://www.mrcmekong.org/assets/Publications/Annual-Report-2018-Part-1-final.pdf.

会议（IDM），参会方包括湄公河委员会成员国、发展伙伴国、合作组织和湄公河委员会秘书处。各方就流域发展状况和所面对的主要困难，尤其是湄公河委员会运作过程中的不足进行交流。对于水电开发与环境保护的关系等各方普遍关心的问题，援助国会提出建议，而湄公河委员会及其成员国则有义务对相关疑问进行解答。应援助国的要求，湄公河委员会还会就相关项目的进展情况进行通报，援助国则将根据实际进展情况确立下一步援助的方向和数额。在非正式会议召开之前，发展伙伴国还会召开内部的协调会议，以相互通报资助意愿。

二、加强与湄公河流域国家的双边关系

在湄公河事务上，除了多边领域，美国及其亚太盟友还积极寻求加强或改善与澜湄流域国家的双边关系，试图将流域国家作为其制衡中国的重要棋子。

在深化与流域国家的双边关系方面，美缅关系的改善尤为引人关注。自缅甸军政府上台以来，美国历届政府都以人权、民主和毒品等问题为由，对其进行政治孤立和经济制裁。自 2011 年 3 月开始，缅甸国内展开了一系列政治和民主改革，举行了国会补选，昂山素季及其领导的反对党全国民主联盟进入国会。美国等西方国家立即对缅甸国内政局的转变表示欢迎，2011 年底，希拉里 · 克林顿访问缅甸，成为 50 多年来访问缅甸的第一位美国国务卿，为两国恢复正式外交关系奠定了基础。2012 年 7 月 11 日，美国和缅甸正式恢复了大使级外交关系。美国需要缅甸作为战略支点，制定了以“鼓励民主化进程及对人权的保护”为主要内容的对缅政策目标。其中，邀请缅甸作为观察员与邻国一道参

加《湄公河下游倡议》就是一项重要步骤，并且许诺，如果缅甸国内的改革势头能够保持下去，美国还准备采取进一步的措施。缅甸加入《湄公河下游倡议》后，与美国在有关湄公河事务上的合作有所加强。此外，奥巴马在成功连任美国总统后，将出访的首站定在东南亚地区，并于2012年11月作为首位在任总统对缅甸进行了历史性访问，从一个侧面反映出美国政府希望改善美缅关系的决心。毫无疑问，美国的介入将使中缅合作面临更加复杂的局面，无论在经济还是安全战略上，都将对未来中缅关系的发展产生冲击。

除了缅甸外，美国还积极改善与老挝、柬埔寨和越南等国的双边关系。2012年7月，希拉里·克林顿访问老挝，这也是美国国务卿57年来首次访老，被称为美老关系的“破冰之旅”。访问老挝期间，希拉里·克林顿与老挝政府高级官员讨论的议题包括如何发展双边关系、落实《湄公河下游倡议》。美国还积极支持老挝加入世界贸易组织。在柬埔寨问题上，2007年美国宣布恢复中断了大约10年之久的对柬直接援助。两国还在经济、社会、文化等领域进行广泛合作，并在东盟、湄公河下游国家合作等框架内发展合作关系。近年来，美越关系发展迅速。自1995年建交以来，越南与美国关系不断加深，从外交正常化，到经济正常化，再到近年来不断引人注目的国防安全合作。2013年7月，越南国家主席张晋创访美，更是将越南与美国关系提升为“全面伙伴关系”。[①] 在地区问题上，美国不仅为越南的南海主张提供支持，而且两国在湄公河水资源开发问题的立场也具有高度一致性。

以美国为代表的域外国家深度介入湄公河流域事务以及水资源问

① 对于美越关系的分析，参见李春霞：《从敌人到全面伙伴：越南发展对美关系的战略考量》，《国际论坛》2014年第4期，第13—18页。

题，导致部分流域国家采取两面下注的策略，由此强化了以中国为主导的经济中心和以美国为主导的安全中心相互分离的二元格局。[①]其中，尤以一些国家执行的战略对冲（hedging）政策最为典型。

在具体实施过程中，流域国家一方面积极发展与中国的经济联系，试图通过接触、对话以及将中国纳入地区机制安排建立一种相互负责和友好相处的关系，在一定程度上对中国的发展方向施加影响，并从中国经济实力上升的过程中获取经济利益。另一方面，他们试图加强与美国的军事和安全联系，利用美国在本地区的军事存在平衡中国在安全领域的影响力，缓解其可能面临的安全压力。对冲战略被东南亚国家较为普遍地采用，表明他们以下的战略考虑：既不想被中国主导，也不想与中国作对，特别是不希望决定性地在中美之间站队。在安全上依靠美国的做法，暗示他们大体上希望在本地区维持一种有利于美国的实力不均衡态势，而不完全是为了维持一种单纯的实力均衡状态。如前所述，在澜沧江—湄公河地区，水资源问题已经不单纯是个经济问题，而是一个政治和安全问题，流域国家两面下注政策的一个直接后果就是为美国介入水资源安全问题提供了空间，表明它们在一定程度上接受域外国家的观点和援助，以对冲中国在该问题上的影响力。然而，域外国家的介入固然可以促进流域内国家经济和民生等领域的发展，但也使水资源治理形势更加复杂化，权力呈现更为分散化的态势。

总的来说，随着中国经济的快速发展和国际地位的不断提高，中国在澜沧江—湄公河次区域合作中的作用和影响日渐提升，次区域国家对

---

① 有关东盟国家的两面下注策略及由此形成的东亚二元格局的分析，参见周方银：《中国崛起、东亚格局变迁与东亚秩序的发展方向》，《当代亚太》2012 年第 5 期，第 4—32 页；周方银：《东亚二元格局与地区秩序的未来》，《国际经济评论》2013 年第 6 期，第 106—119 页。

中国的期望值也不断提高。中国的态度和参与力度已直接影响到次区域合作的进展和成效，中国在次区域合作中的核心作用正在形成。在中国影响力不断增强的同时，应妥善应对和处理由于美国介入所带来的各种困难和挑战，避免恶性竞争，应探索同域外国家开展次区域政策沟通与协调的新路径，开展功能性务实合作，提升澜湄水资源治理的成效。

第七章　国际实践：重要国际河流的水资源合作

河流因其整体性、关联性、开放性、流动性和共生性等属性，成为一个自然—社会—经济复合型流域系统，但国际河流却由于国家主权属性而形成了管理上的分割。随着全球经济的一体化、多元化和可持续发展，国际河流水资源的分配问题、开发与管理问题、污染问题以及生态环境等一系列问题日益严峻，仅靠单一国家的能力已无法解决。为了有效治理国际河流水资源，避免国际争端，加强国际交流与合作，打破行政界线，形成国际河流全流域的合作治理，已经成为流域各国的共识。据统计，当前流经发达国家的国际河流半数以上都已进行了不同类型和程度的合作治理实践，而发展中国家也有四分之一的国际河流已初步开展了颇有成效的合作治理。事实证明，水资源合作可以产生许多让敌对各方满意的积极结果，国际水资源合作不仅已经成为通行的国际实践，而且已经逐步被确立为国际习惯法上的义务。①

然而，由于国际河流合作治理涉及国家之间的政治、经济、文化、外交、历史等多个领域，因而在实践中十分复杂——国际社会至今仍对

---

①　周海炜、高云：《国际河流合作治理实践的比较分析》，《国际论坛》2014 年第 1 期，第 8 页。

国际河流合作的基本原则缺乏广泛共识，不同国际河流的治理水平也存在较大差异。根据之前的研究假设，当前国际河流水资源治理呈现出权力流散与利益分享的基本特征，而要实现流域水资源的有效治理，关键在于能否建立起反映上述趋势的多层治理机制。从这一假设出发，本章选取了莱茵河、尼罗河和中亚地区的水资源合作治理作为案例，与澜湄水资源治理进行横向比较，并集中讨论前者在构建多层治理机制方面的经验与不足，以对后者的合作治理提供一些借鉴。总的来看，如果流域能够根据自身权力流散与利益分享的特征建立起相应的多层治理机制，则治理效果相对显著；反之，则效果不彰。

在展开具体论述之前，需要就三个案例的选择做如下说明：其一，三者分别位于欧洲、非洲和中亚，具有地理上的广泛性和代表性；其二，涉及国家的发展程度不同，这其中既有发达国家之间的合作（莱茵河），也有欠发达国家之间的合作（尼罗河和中亚）；其三，它们所要解决的核心问题既包括环境治理问题（莱茵河），又有水资源分配问题（尼罗河）或者兼而有之（中亚），这都是水资源治理中的代表性议题；其四，治理的成效各不相同，莱茵河水资源治理成效最为突出，已经成为其他国际河流治理的典范；尼罗河的水资源治理也取得了一定进展，但由于地区局势复杂，未来走向尚存变数；相比之下，中亚水资源治理合作机制的建立尚处于起步阶段，遇到的阻力也较大。可以说，上述三个流域的沿岸国在开展水资源治理合作过程中曾经和正在遇到的问题，在澜湄水资源治理过程中也都不同程度地存在，因而，借鉴其经验与教训十分必要。

第一节　莱茵河的污染治理

“莱茵”（Rhine）一词起源于凯尔特语，意为“伟大流淌的水”。莱茵河发源于瑞士的阿尔卑斯山北麓，全长1320公里，向北依次流经瑞士、列支敦士登、奥地利、德国、法国及荷兰，进入荷兰的三角洲地区后汇入北海，流域面积约18.5万平方公里，沿岸人口约580万。[①] 作为西欧第一长河，莱茵河可谓是欧洲中部重要的文化和经济枢纽，是欧洲乃至世界最重要的河流，其重要性体现在经济、文化和生态等各个方面：其一，莱茵河的河谷举世闻名，是世界文化遗产之一，每年吸引着来自世界各地的旅游者；其二，它是欧洲水量最丰富的河流之一，沿途遍布大型工业区和水电大坝，据统计，莱茵河干流及其支流上共建有150余座水坝用于航运和发电；其三，其径流较为均匀，是世界上最为繁忙的航道，由于运费低廉、有助于降低原料价格，每年大约有1.1万只船舶运载2亿吨的货物通过，使之成为西欧工业生产区域的主轴线。[②] 此外，莱茵河还通过一系列运河与其他大河连接，从而形成了一个四通八达的水运网。除上述功能外，莱茵河还承担着供水、灌溉及生态保护等多项功能。

莱茵河的水资源治理主要是治污的问题。历史上，莱茵河流域曾长

① International Commission for the Protection of the Rhine (ICPR), http://www.iksr.org/index.php?id=12&L=3&Fsize=5&ignoreMobile=1http%3A%2F%2Fwww.ikshr.org%2Findex.php%3Fid%3D192; “The Rhine River,” http://www.thewaterpage.com/rhine_main.htm.

② 参见董哲仁主编：《莱茵河治理保护与国际合作》，郑州：黄河水利出版社2005年版，第3页；《斯蒂芬·希尔博士：如何处理莱茵河水电开发与生态保护的矛盾》，新华网，2008年10月29日，http://www.hb.xinhuanet.com/zhuanti/2008-10/29/content_14776343.htm。

期处于欧洲政治纷争的中心，二战结束后，欧洲大陆实现了和平，各国普遍将注意力转移到经济建设上，以尽快重建在大战中受损的工业，但这也给莱茵河的水质和生态环境造成了严重危害。与其他国际河流类似，莱茵河也经历了“先污染后治理”的过程。随着污染程度的日益严峻以及流域国环保意识的普遍提高，沿岸国家建立了以保护莱茵河国际委员会（International Commission for the Protection of the Rhine，ICPR）为代表的流域治理机制，以国家间协调、合作的方式促进莱茵河的生态保护。以下将在回顾莱茵河治污历史的基础上，着重分析作为流域主要治理机制的保护莱茵河国际委员会的多层治理特征，并在此基础上对其治理经验加以总结。

一、莱茵河水资源治理的历史进程

长期以来，莱茵河不仅为沿岸居民提供饮用水源和工农业用水，也吸纳着沿岸排放的生活和工农业污水。由于西欧的主要工业区（如德国的鲁尔区）位于莱茵河畔，因此，在进行有针对性的治理之前，莱茵河曾不断受到污染的侵蚀，并一度从风景优美、物种丰富的河流变成了“欧洲的下水道”。[①] 实际上，早在19世纪末期，随着流域内人口的增加和工业的发展，莱茵河的水质便开始不断下降，这种状况随着二战后，尤其是20世纪50年代末沿岸国家开展的大规模战后重建而加剧，此时，大批能源、化工和冶炼企业在向莱茵河索取工业用水的同时又向河里大量排放废水，由此造成莱茵河水质急剧恶化，周边生态也遭到毁

① 高琼洁、王东、赵越、王玉秋：《化冲突为合作——欧洲莱茵河流域管理机制与启示》，《环境保护》2011年第7期，第60页。

灭性的打击。

1950年7月11日，在荷兰的倡议下，位于莱茵河干流的五个国家——瑞士、德国、法国、卢森堡及荷兰成立了“保护莱茵河免受污染国际委员会”（International Commission for the Protection of the Rhine against Pollution）①。委员会的最初定位是评估莱茵河污染态势，向政府提出治污建议，协调各国的监测分析方法并交换监测数据。由于该组织并不具备决策权，其功能类似于国际性的“科研机构”，流域内各国除了通过委员会进行合作之外，并没有其他的污染控制义务，因此实际的成效并不明显。② 20世纪50年代末，荷兰拟订了莱茵河水质标准，并召集有关国家进行讨论，但未有结果，却在讨论过程中暴露出了上下游国家间的矛盾：上游国家虽承认污染对下游产生了影响，并表示可为净化莱茵河水质出资，但同时认为荷兰鹿特丹的废水、海牙及北部大型马铃薯粉厂的排放物都未经处理，它们对莱茵河口及北海也造成了污染。③

随着污染形势的恶化及应对上的乏力，成员国们逐渐意识到在处理莱茵河污染问题上需要有专门的组织进行协调并提供建议。1963年，联邦德国、法国、卢森堡、荷兰及瑞士政府签署了《保护莱茵河免受污染国际委员会公约》（即《伯尔尼公约》），成为沿岸国合作治理莱茵河污染的正式依据。《伯尔尼公约》确认了委员会的法律地位，并建

---

① 即通常所说的“保护莱茵河国际委员会”。参见 ICPR, “History,” http://www.iksr.org/index.php?id = 383&L = 3&Fsize = 5&id = 383&cHash = 455fdab52ce6eafbf6f72632159564bf; “The Rhine River,” http://www.thewaterpage.com/rhine_main.htm。

② 刘佳奇：《莱茵河保护公约的协调机制及其展开》，《云南大学学报法学版》2012年第5期，第95页。

③ 王同生：《莱茵河的水资源保护和流域治理》，《水资源保护》2002年第4期，第60—62页。

立了秘书处。公约规定委员会的任务是：就莱茵河的现状进行调研；提出修复生态的具体措施；准备国际协议以及承担其他部长会议委托的任务。[①]《伯尔尼公约》的签署可谓各国在治理莱茵河污染方面的重大进展，然而，该公约并未规定具体的污染防治方案，其象征意义远大于实际意义，也给成员国继续排污留下了空间。

1971 年秋冬季节，莱茵河的污染程度进一步加剧，大量未经处理的有机废水倒入莱茵河，导致河水氧气含量不断降低，城市附近的河水中溶解氧几乎为零，生物物种减少，干流内鱼虾几乎完全消失，莱茵河最具代表性的鱼类——鲑鱼——开始死亡。河水污染还使得旅游业和葡萄酒业也遭受重创。[②] 面对如此严峻的形势，1972 年，《伯尔尼公约》签署国负责水资源保护问题的部长们举行了首次会晤，他们不仅决定了本国政府的义务，而且确立了委员会的具体职能。1976 年，欧共体签署《伯尔尼公约》补充协议，成为莱茵河治理行动的重要成员，莱茵河治理问题也因此得到了欧洲范围的广泛关注和支持。同年，委员会部长级会议相继通过了《保护莱茵河免受化学品污染公约》和《保护莱茵河免受氯化物污染公约》两份重要文件。在上述具体措施的要求下，沿岸各国开始投入大量的人力、物力和财力对莱茵河进行治理，各国的协调行动逐步走上正轨，其生态环境也得以缓慢修复。委员会于 1977 年首次宣布，鉴于采取了若干恢复性措施，莱茵河含氧量得到提升，有机污染物和苯酚污染物均有所下降，水质已经得到改善。

然而，尽管采取了一系列相关行动，莱茵河的水质也在 20 世纪 80

---

① ICPR, *The Berne Convention*, April 29, 1963, http://www.iksr.org/index.php?id=390&L=3&cHash=455fdab52ce6eafbf6f72632159564bf.

② 《曾经的"欧洲下水道"莱茵河是怎么变清的》，《环球时报》2003 年 11 月 7 日，第 19 版。

年代初期开始有所好转，但物种灭绝和生态退化现象依然严重，这就要求各国采取更加严格的环境标准和更先进的治理技术。在新法规的制定和批准遭遇极大阻力的背景下，1986 年发生了桑多兹（Sandoz）化学公司严重污染事件。该事件造成了正反两方面的影响：一方面，使得刚刚恢复生机的莱茵河环境再度陷于危机；另一方面，也为流域出台更加严格、更具操作性的环保法规提供了客观动因。可以说，该事件在莱茵河治理进程中具有标志性意义。①

1986 年 11 月 1 日深夜，位于瑞士巴塞尔市附近施韦策哈勒（Schweizerhalle）的桑多兹化学公司的一个化学品仓库发生火灾，装有剧毒农药的钢罐爆炸，30 吨杀虫剂混合着灭火用水流入莱茵河，这些有毒物质形成了约 70 公里长的微红色“飘带”向下游流去。翌日，化工厂用塑料塞堵下水道。8 天后，塞子在水的压力下脱落，又有几十吨有毒物质流入莱茵河，造成了二次污染。根据事后统计，此次污染事故造成约 160 公里范围内的多数鱼类死亡，约 480 公里范围内的井水受污染影响不能饮用，在污染带到来时，沿河自来水厂全部关闭，改用汽车向居民定量供水。尤其是德国，由于莱茵河在德国境内长达 865 公里，因而所受损失最大。②

此次事故在欧洲社会引起了轩然大波，沿岸国家及其民众首次意识到运用合作手段保护莱茵河的重要性，来自社会的巨大压力使得莱茵河沿岸国家政府不得不立即采取行动。1987 年 10 月 1 日，保护莱茵河国际委员会各成员国部长会议正式通过“莱茵河行动计划”（Rhine Action

① ICPR, “The Turning Point: the Sandoz Accident,” November 1, 1986, http://www.iksr.org/index.php?id=387&L=3&cHash=455fdab52ce6eafbf6f72632159564bf.

② 《莱茵河受伤》，《国际金融报》2011 年 8 月 15 日，第 8 版。

Programme，RAP)。作为治理莱茵河的长期纲领，该计划的主要目标是在十年内将40种排放的危险化学品数量减半，并将以鲑鱼能够重返莱茵河为检验河流整体生态恢复情况的标准，因此又被称为“鲑鱼—2000计划”。与此同时，部长们强调加强对保护莱茵河国际委员会的承诺和效率。

“莱茵河行动计划”得到了莱茵河流域各国和欧共体的一致支持，其建立在“洁净的河流应该是一个健全生态系统的骨干”的理念基础之上，以生态系统恢复作为莱茵河重建的主要指标，以流域敏感物种的种群表现为标准对环境变化进行评估。水环境改善的目标不是简单用若干水质指标来衡量，而是将目标确定为恢复一个完整的流域生态系统。[①] 事实证明，“莱茵河行动计划”圆满地完成了既定目标。到2000年计划结束时，其所设定的大部分目标已经甚至超额完成，具体体现在：（1）水质得到明显改善，仅有少量污染废水排入莱茵河。1985—2000年期间，通过沉淀方式对大多数污染物点源输入的处理达到70%—100%。市政和工业废水通过污水处理厂进行处理的比例从85%上升至95%。（2）可能释放有毒物质的突发事故的发生率已经大大降低，莱茵河沿岸的企业也已经做好了充分准备，装备了保护莱茵河国际委员会所要求的预防事故发生的相关安全设施。（3）莱茵河的动植物生态环境基本恢复。除了鳗鱼外，莱茵河的鱼类再次可以食用。除了鲟鱼外，原有的63种动（生）物几乎全部重返莱茵河。由于新建了鱼类通道，鲑鱼和鳟鱼等洄游性鱼类可以再次从北海迁徙到莱茵河上游，并在阿尔萨斯和黑森林等部分支流处产卵，但还不能到达巴塞尔。微生物

① 《他山之石：欧洲治理曾被工业时代污染的莱茵河》，《时代周报》2010年8月26日。

（如螺和蚌）的多样性有所增加，尽管多数是低等生物或者新的外来物种。[①] 然而，在取得明显成果的同时，这一阶段莱茵河的污染排放、水体富氧化以及人为污染现象依然严重，氮污染问题仍然存在，主要通过漫反射从农田土壤影响莱茵河支流并达到北海，对一些污染物的治理（如重金属和农药）也尚未达到预定目标。

为了继续推动合作向更高水平发展，沿岸国家认识到需要建立一个新的框架，作为未来合作的平台。为此，德国、法国、荷兰、瑞士、卢森堡及欧盟于1999年4月12日在波恩签署了新的《莱茵河保护公约》。公约确立了未来莱茵河治理所要完成的目标、签约方义务以及委员会的组织形式等。如，在第五条“缔约方的义务”条款中强调：（1）应加强合作，相互通报各自的情况，特别是在各自境内采取的保护莱茵河措施的情况。（2）委员会同意后，各方应对本国境内莱茵河段的生态系统实施国际观测项目和研究工作，并应将工作成果通知委员会。（3）为了确定污染的原因和责任方，各方应进行必要的调查工作。（4）各方应当在各自境内自行采取必要措施，应确保做到a. 对可能影响水质的污水排放，应事先获得排放许可，或遵照限量排放的一般规定；b. 逐步减少有害物质的排放量，直至完全停止排放；c. 遵守排放许可制度或限量排放的一般规定，排放时接受监测；d. 如果有最新改进的技术支持，或应受排国的要求，应定期审查和调整排放许可制度和一般规定；e. 通过管理尽量降低意外事件或事故引发的污染风险，并应在紧急情况下采取必要措施；f. 很可能会对莱茵河生态系统产生严

① Sarah Raith, “The Rhine Action Program: Restoring Value to the Rhine River,” *Restoration and Reclamation Review*, Vol. 4, No. 2, Spring 1999, pp.；ICPR, “Balance of the Rhine Action Programme (1986-2000),” http://www.iksr.org/index.php?id=165&L=3&id=165&cHash=455fdab52c&Fsize=5.

重影响的技术措施应提前送审，确定其符合必要的条件或一般规定。（5）根据第十一条，为了履行委员会做出的决定，各方应在各自境内采取必要措施。（6）如遇可能威胁莱茵河水质的意外事件或事故，或在即将发生洪水的情况下，根据由委员会负责协调的预警和警报计划，应立即通知委员会以及很可能会受影响的缔约方。[①] 作为流域国家合作治理的新制度基础，新的《莱茵河保护公约》的规定更为具体，排放国、受排国和委员会之间的相互监督和制约机制也更为严格。与其他目标相比，维护、改进和推动莱茵河生态系统的可持续发展，保护和改善北海的生态环境是公约的核心内容。

在新公约的框架下，同时在吸取此前取得显著成效的“莱茵河行动计划”的成功经验基础上，流域各国部长于2001年1月签署了“莱茵河可持续发展计划”，即“莱茵2020”计划。该计划是对《莱茵河保护公约》的细化，确定了在未来20年需落实的具体措施。主要包括：逐步恢复莱茵河支流和干流的生态环境，最终将莱茵河之前被割裂的河段和栖息地重新连接起来；推出防洪行动计划以提高防洪减灾水平；进一步改善水质和加强地下水保护，持续监测莱茵河水质。[②] 至此，莱茵河治污的机制框架基本确立。

2013年，保护莱茵河国际委员会就治污效果进行了全面评估，评估从生态环境改善、水质及防洪三个方面进行，并发布了一份评估报告。报告显示，经过沿岸国家以及欧盟逾60年的共同努力，莱茵河治

---

① ICPR, *Convention on the Protection of the Rhine*, IKSR, Bern, April 1999, http://www.iksr.org/fileadmin/user_upload/Dokumente_de/Kommuniques/Convention_on_the_Protection_of_the_Rhine_12.04.99-EN.pdf；水利部国际经济合作技术合作交流中心编译：《国际涉水条法选编》，北京：社会科学文献出版社2011年版，第291—298页。

② ICPR, “Rhine 2020—Program on the Sustainable Development of the Rhine,”IKSR, http://www.iksr.org/en/international-cooperation/rhine-2020/index.html.

理在上述三个方面均取得了令人满意的效果。莱茵河的水质有了明显改善，流域整体生态环境焕然一新。流域人口产生的96%的生活废水都可以由污水处理厂处理，沿岸许多大型工厂也都建有自己的污水处理厂，这些措施使得莱茵河彻底摆脱了“下水道”的恶名。随着水质的改善，莱茵河动物和植物物种的数量有所增加，原有的63种鱼类，除软骨硬鳞类外，已全部重现莱茵河。特别是自2006年以来，鲑鱼、鳟鱼和鳗鱼以及其他洄游鱼类可向上游迁移，最远可到达斯特拉斯堡（法国东北部城市）。莱茵河的漫滩也已经恢复，牛轭湖得以再次与莱茵河及其支流相连，包括其较短的支流的生态结构也得到了极大的改善。此外，莱茵河沿岸建立了新的蓄洪区，以减少洪水的负面影响。报告认为，沿岸国在保护莱茵河国际委员会机制下的合作取得了巨大成功，未来的重点应转移到应对莱茵河的微量污染物问题。[①] 莱茵河的治理成效已经得到了国际社会的广泛认可，保护莱茵河国际委员会也因此成为国际河流治理机制的典范。2014年9月16日，保护莱茵河国际委员会被授予泰斯国际河流奖（Thiess International River Prize），[②] 就是对其作用的一种肯定。以下将以其为讨论对象，分析莱茵河流域国家在治污过程中，为适应权力流散与利益分享的趋势所建立的多层治理机制。

---

① ICPR, “Report Issued by the President of the ICPR, 2012-2013, ”http://www.iksr.org/uploads/media/210__en.pdf.

② 泰斯国际河流奖设立于1999年，最初由国际河流基金会（International River Foundation）设立，现已经发展成为全球最负盛名的环保奖项之一，旨在表彰在河流管理上有突出表现的个人、组织、机构和多方合作组织，同时，也成为世界各地的河流委员会分享知识和经验的重要平台。相关介绍参见其网站http://www.riverfoundation.org.au。

二、莱茵河的多层治理——以保护莱茵河国际委员会为例

鉴于莱茵河对于欧洲国家的极端重要性，除了保护莱茵河国际委员会，沿岸各国还针对具体议题建立了若干治理机制，主要有：（1）为莱茵河流域水文科学机构和水文服务机构合作提供支持的莱茵河流域水文委员会；（2）摩泽尔河和萨尔河保护国际委员会；（3）负责水质监测和饮用水标准化处理的莱茵河流域自来水厂国际协会；（4）康斯坦斯湖保护国际委员会；（5）旨在促进沿岸国家的航运合作、维护莱茵河航道安全的莱茵河航运中央委员会。这些组织虽然任务各不相同，但在实际运作过程中相互交流信息，建立了固定的联络机制，共同为莱茵河的水资源开发利用和保护做出了贡献。然而，无论是从成立时间和议题范围，还是从实际效果和国际影响力来讲，保护莱茵河国际委员会的地位和作用无疑最为突出。以下就将重点围绕该委员会的机构设置及实际成效，分析莱茵河治理过程中所体现的多层次特征。

首先，保护莱茵河国际委员会是一个覆盖全流域、机制建设较为健全的专门的治污组织。如前所述，1999 年 4 月，德国、法国、卢森堡、荷兰、瑞士以及欧盟签署了新的《莱茵河保护公约》，规定了委员会的组织结构及职能。新公约确立的保护莱茵河国际委员会的目标为：确保莱茵河整个流域生态系统的可持续发展；保障莱茵河水源符合饮用水的标准；改善淤泥质量，以便利用或处置疏浚料且不破坏环境；采取全面且对环境友好的防洪措施；改善北海水质，以便与其他保护该海域的措

施相一致。[①]

委员会的最高决策机构是部长会议，每年召开一次，委员会和成员国在此商讨重大问题、为委员会未来发展确立方向和具体任务。除了部长级会议外，其设立的机构还包括：3个常设工作小组和2个项目小组，它们负责委员会决策的起草和解释工作；一个专家小组负责具体工作；一个小型的秘书处（现有12人）负责委员会的日常工作。尽管委员会的主席每三年轮换一次，但秘书长却长期由荷兰人担任，这不仅因为荷兰是最下游的国家，在河水污染的问题上最有发言权，能够站在相对公正客观的立场上说话，更重要的是，处于最下游的荷兰受“脏水”危害最大，对于治理污染最有责任心和紧迫感。委员会大部分工作的开展通过协调小组进行，后者负责起草工作组的指导方针。尽管这些机构的职能不同，但在实际工作中能够相互协调，如，尽管部长会议每年举行一次，但执行讨论的会议一年要开70多次，基本上是一周一次。[②]

其次，成员国在治污中发挥着关键作用。从性质上讲，保护莱茵河国际委员会是一个政府间组织，成员国虽有履行委员会决策的责任和义务，但委员会的决定并不具有法律约束力，也没有惩罚机制，无权对成员国进行惩罚。此外，成员国还要完全负担其代表在委员会活动以及在其领土内开展研究的费用。

然而，尽管保护莱茵河国际委员会并不具有超国家的性质，它所能做的全部事情就是建议和评论，但这并没有削弱其政策效果。委员会不

---

① ICPR, *Convention on the Protection of the Rhine*, IKSR, Bern, April 1999, http://www.iksr.org/fileadmin/user_upload/Dokumente_de/Kommuniques/Convention_on_the_Protection_of_the_Rhine_12.04.99-EN.pdf.

② ICPR, *Convention on the Protection of the Rhine*, IKSR, Bern, April 1999, http://www.iksr.org/fileadmin/user_upload/Dokumente_de/Kommuniques/Convention_on_the_Protection_of_the_Rhine_12.04.99-EN.pdf.

采取投票的方式进行表决，但它会组织所有成员国就某项建议彼此互相讨论，直到达成一致，得出所有成员国一致同意的方案。因此，委员会的所有决定都是被成员国完全支持的。各成员国之间存在着政治互信，羞耻感在各国间起到了至关重要的作用，各国一般都会忠实地履行委员会所提出的建议。每隔两年，委员会还将每个国家实施建议的情况作一个报告，这是对成员国施加的一个无形压力。因此，委员会的工作不会付诸东流，建议100%会被成员国执行，最多只是时间问题。①

再次，委员会与非政府组织、相关专家以及其他流域国家等相关行为体建立了密切的合作关系，这也是多层治理的重要特征。非国家行为体参与治理具有法律基础。如公约第14条明确规定，委员会鼓励“与其他国家、其他组织和非本委员会专家开展合作”，并设立了观察员职位，对委员会工作感兴趣的国家、相关的政府间组织及非政府组织均可加入，委员会应在此框架下与非政府组织就相关问题进行信息交流。如果委员会的决定对后者的影响重大，委员会应在做出决定前与其进行协商，并应在决定做出后尽快通知它们。观察员也可向委员会提供相关的信息或报告，并可受邀参加委员会的会议，但无表决权。此外，委员会可视具体情况向具有良好口碑的非政府组织或专家个人进行咨询，亦可邀请他们参加委员会的会议。

委员会对非政府组织及专家作用的重视为后者参与莱茵河治理提供了便利，也使得治理的社会基础大大增强，这无疑会极大提高治理的效果。有些观察员机构会把自来水公司、矿泉水公司和食品企业组织在一起，他们对水质最敏感，因此成了水质污染的报警器，而容易造成污染

① 王明远、肖静：《莱茵河化学污染事件及多边反应》，《环境保护》2006年第1期，第73页。

的化工企业也希望能够获得与监督方对话和沟通的机会。例如，荷兰的一家葡萄酒厂曾经发现他们取自莱茵河的水中出现了一种从未有过的化学物质，酒厂立即把情况反映到委员会。委员会下设有分布在各国的8个监测站，结果很快查出是法国一家葡萄园喷洒的农药流入了莱茵河。而这家葡萄园最后赔偿了损失。[①]

最后，欧共体（欧盟）的加入也极大提升了莱茵河治理的有效性。早在1976年，欧洲共同体委员会就加入了委员会，在1999年新公约签署时，欧盟同样作为缔约方之一。随着时间的推移，保护莱茵河国际委员会与欧盟整体的水资源保护这两种运行机制逐步实现了合并。如，1993年11月1日《马斯特里赫特条约》正式生效，环境和水资源保护才被欧盟首次确立为主要目标，而委员会在国际水资源保护方面已具有多年经验，因此，当欧盟在起草《欧盟水框架指令》时，莱茵河治理被其作为一个重要案例进行分析。2000年12月22日，《欧盟水框架指令》正式生效，提出要在欧盟范围内实现持续的综合水资源管理，并提出到2015年所有水体的水质都将处于良好状态的目标，这被普遍认为是借鉴并沿用了莱茵河的成功经验。其次，2001年1月，作为非欧盟成员国的瑞士表示，愿意在国内法律的许可范围内，支持委员会中的欧盟成员国在集水区范围内开展协调。此外，在委员会内部建立了一个协调委员会，以便在莱茵河的国际流域执行《欧盟水框架指令》，这为列支敦士登、奥地利和比利时（瓦隆）等非成员国提供了一个新的工作平台。现在，两个框架内的绝大多数问题都是一起讨论，而不再关注于哪个问题应该由哪个机制来处理。当然，有些仅涉及《莱茵河保护

① 王明远、肖静：《莱茵河化学污染事件及多边反应》，《环境保护》2006年第1期，第73页。

公约》或是《欧盟水框架指令》问题仍由各自机制负责，然而，更多的问题可能是重叠或交叉的。[①] 作为区域治理的典范，欧盟的深度参与无疑会增添莱茵河水资源治理的多层次特征，从而使委员会的成员国能够通过更多的渠道进行沟通和协调，以增强治理的有效性。

综上所述，从保护莱茵河国际委员会的机构设置及实际效率来看，莱茵河流域的水资源治理较为成熟，不仅有部长级的决策领导，而且建立了具体负责实施的工作小组，还与非国家行为体和欧盟整体的水资源政策进行了高度整合，从而为莱茵河水资源治理奠定了良好的制度基础。

三、莱茵河水资源治理经验

莱茵河之所以能够建立起覆盖全流域的治理机制，并在实践中取得良好效果，在笔者看来，既与流域国所面临问题的客观属性有关，也与沿岸国家自身的意愿与能力密切相关。

首先，莱茵河面临的主要是污染排放问题，这是一个低政治领域的环境问题，相对来讲敏感性比较低，国家容易在技术层面达成妥协。而澜湄流域所面临的环境问题主要是由水资源开发所引发的，这虽然也是一个非传统安全问题，但因牵涉到国家主权从而具有较强的敏感性，容易形成“零和博弈”，因此上下游国家之间不容易达成妥协。事实上，莱茵河流域治理也曾在起步阶段遇到很大阻碍，各国更为关注本国的经济恢复，从而造成“公地的悲剧”，也可以从另一个方面印证在发展和

① 流域组织国际网、全球水伙伴等编：《跨界河流、湖泊与含水层流域水资源综合管理手册》（水利部国际经济技术合作交流中心译），北京：水利水电出版社 2013 年版，第 19 页。

主权问题上，上下游国家进行合作的困难性。

其次，国家在发展阶段和治理能力上的不同，使得莱茵河和湄公河的治理机制化水平上存在差距。作为老牌工业化国家，莱茵河沿岸国家虽然在二战中受到严重打击，但在美国的援助下经济很快得以恢复并发展，因此，有能力为治污提供相对充裕的资金和技术支持。此外，环保意识在这些国家中具有广泛的群众基础，欧洲“绿党”政治的兴起也为欧洲国家在莱茵河治理方面获得突破提供了政治保证。反观澜沧江—湄公河地区，大部分沿岸国家的经济发展水平较低，且缺乏水资源治理的足够的经济和技术手段。

再次，前两个因素反映到机制建设上，表现为保护莱茵河国家委员会与湄公河委员会两个机构本身在治理能力上的差别。保护莱茵河国家委员会被沿岸国家赋予法人地位，其决定尽管不具有超越国家主权的效力，但其相关数据和科研结论得到沿岸国家的普遍的尊重，其建议也会得以执行。这建立在其相对完善的机制建设以及人员和财务的独立性上。保护莱茵河国际委员会的所有工作人员均来自沿岸国家，且委员会秘书长始终由荷兰人担任，同时体现出平等与尊重的原则。最为重要的是，其所推行的计划所需费用均由各国政府承担，由此保证了委员会决策过程中的独立性。这一点恰恰是湄公河委员会所明显欠缺的。尽管近年来湄公河委员会本地化改革强化了成员国的责任和义务，但由于成员国经济发展水平有限，湄公河委员会的项目资金很大部分仍来源于西方国家的援助，在工作人员招募方面也面临一定困难，主要表现为难以在流域内部招募到高素质的人员，这无疑对湄公河委员会工作的独立性造成了极大的损害。澜湄机制的建立以及在水资源合作领域雄心勃勃的计划，使得湄公河委员会这一下游国家间的水资源合作机构面临更为尴尬的境地。

最后，保护莱茵河国际委员会特别重视非国家行为体在治污方面的作用。由于莱茵河沿岸整体政治发展水平比较高，国内市民社会和国际非政府组织较为活跃，它们经常就莱茵河治理问题发表意见和看法，并积极推动某些项目的达成。《莱茵河保护公约》就与非政府组织的合作做出了专门的规定，并设立了专门的联系机制，双方的合作始终较为顺畅。而在湄公河流域情况就要复杂得多。湄公河委员会仅作为一个国家间组织主要对政府负责，而不直接对大众负责。加之成员国国内的民主化程度不一，市民社会及非政府组织的影响也不尽相同，它们一方面希望在湄公河治理问题上发挥自己的影响，另一方面，在途径和渠道方面难以突破，从而造成双方某种程度上的对立。此外，目前活跃在湄公河流域的非政府组织大多受到西方的资金援助，更增添了复杂性。尽管湄公河委员会已经认识到这一问题并着手加以改进，但在国家利益至上、非政府组织诉求和背景多元化的背景下，这一情况恐怕难以在近期有所改变。

第二节　尼罗河水资源开发治理

不论从历史还是从现实的角度看，尼罗河沿岸国家围绕水资源开发所经历的关系变动与澜湄流域均具有很大的相似性。首先，这两个地区都曾长期沦为西方的殖民地，水资源开发问题不可避免地被打上大国竞争的烙印，且这种影响持续至今；其次，围绕水资源是否开发以及如何开发等问题，两个地区的上下游国家之间的分歧明显，即便在这两个地区都建立了多边合作治理机制以后，矛盾也并未因此完全消除，有时甚至会呈现激化态势。然而，尼罗河水资源治理与澜沧江—湄公河也存在明显的差异，主要体现为上下游国家的利益诉求不同，与澜沧江—湄公河相反，国家综合实力较强且严重依赖尼罗河水资源供应的埃及处于下游，上游国家虽然更希望确保本国的用水权利，但因综合实力较弱，且囿于国内动乱局势。因此，在很长一段时间内在该问题上并不占据主导权。在流域各国均面临迫切的经济发展重任的背景下，尼罗河的水资源治理同样出现了权力流散与利益分享的明显趋势，基于此，我们可以从中获得一些有助于推动澜湄水资源合作的启发。

一、尼罗河流域水资源概况

尼罗河全长 6695 公里，可通航长度为 4149 公里，按长度计为世界第一大河，起源于布隆迪的卡盖拉盆地（Kagera Basin），最后流入埃及三角洲。流域面积约 320 万平方公里，占非洲土地总面积的十分之一，流域人口 4.37 亿，流经十个国家，分别是布隆迪、卢旺达、坦桑尼亚、乌干达、刚果、埃塞俄比亚、肯尼亚、南苏丹、苏丹和埃及。[1] 尼罗河流域不仅拥有深厚的历史积淀，是人类文明的发源地，还拥有独特的自然环境。其包含多种迥异的生态系统，既有大型支流、瀑布、大型湖泊和湿地，也有冲积平原、森林、草原、山地森林生态系统，还有干旱和极度干旱地区（沙漠）。其中，位于南苏丹的苏德（Sudd）沼泽是世界上最大的淡水湿地之一；世界第二大淡水湖——维多利亚湖——则由肯

① Nile Basin Initiative, "The River Nile," http://www.nilebasin.org/index.php/about-us/the-river-nile.

尼亚、坦桑尼亚和乌干达共享。独一无二的生态环境吸引了世界上最大的大型哺乳动物和来自欧亚大陆和非洲等地区的候鸟群，它们每年都会迁徙至此，成为一道世界奇观。

尽管从长度和流域面积来讲，尼罗河都可谓是一条大河，但其流量却仅为世界其他大河——如刚果河、亚马孙河和长江——流量的一小部分。这一方面是由于尼罗河干流本身的径流系数很低（低于5%），另一方面则在于其流域面积的约五分之二都处于干旱和过度干旱状态，对于径流的贡献很少或没有。[①] 尼罗河的水量大部分都来自支流——约60%来自青尼罗河，32%来自白尼罗河，8%来自阿特巴拉河。其中，主要供水支流青尼罗河的水量供应并不稳定。在洪水期，尼罗河水量的90%来自青尼罗河和阿特巴拉河，白尼罗河只占10%；而在枯水期，由于赤道湖泊群的调蓄作用，白尼罗河水量所占比例会上升到83%，阿特巴拉河则几乎断流。从国家的角度看，埃塞俄比亚贡献了尼罗河约85%的径流量，埃及则基本没有贡献。[②]

目前，由于缺乏覆盖全流域的水文、气象、气候、社会经济以及生态系统方面的数据和信息，且受到沿岸国在观测工具、分析系统以及机构能力等方面的限制，导致现阶段人们对于尼罗河在科学层面的认知水平并不高，[③] 对其开发与利用也极为有限。实际上，作为世界上开发程度最低的河流之一，尼罗河流域的开发前景十分广阔：其清洁能源（水电）储藏丰富，区域电力贸易前景乐观；通过改善和扩大灌溉面积

---

① Nile Basin Initiative, “The River Nile,” http://www.nilebasin.org/index.php/about-us/the-river-nile.

② 胡文俊、杨建基、黄河清：《尼罗河流域水资源开发利用与流域管理合作研究》，《资源科学》2011年第10期，第1832页。

③ Nile Basin Initiative, “The River Nile,” http://www.nilebasin.org/index.php/about-us/the-river-nile.

和雨养农业生产，可以提高水资源的利用效率；通过保护和利用指定生物圈的生态旅游，有助于维持生物多样性。此外，尼罗河还长期向沿岸国家提供饮用水、渔业生产、通航、休闲和生态系统维护等方面的关键资源。总之，作为世界上最不发达的地区之一，尼罗河沿岸国家未来经济发展潜力巨大，对尼罗河水资源的利用需求也将逐步提升。然而，与丰富的自然资源相比，尼罗河沿岸国家对水资源的整体利用水平很低，这不仅体现在基础设施建设方面，也体现在治理水平和能力上存在较大差异。总体来讲，两个下游国家（埃及和苏丹）的开发较为充分，而上游国家则相对落后，由此所导致的上下游国家之间的利益差异成为影响尼罗河流域水资源治理的重要因素。

二、沿岸国家围绕尼罗河水资源治理的权力流散与利益诉求

如前所述，受到历史、地理、地缘政治和发展水平等因素的影响，尼罗河水资源利用中存在明显的不对称现象，主要体现为对水量贡献最多的国家利用得最少（主要是位于上游的埃塞俄比亚，也包括一些赤道附近的非洲国家），利用最多的却贡献最少（主要是位于下游的埃及和苏丹）。为了维持对己有利的状况，下游国家（主要是埃及）一直采取水保护主义政策。[①] 这一情况因 1999 年尼罗河流域倡议组织（Nile Basin Initiative，NBI）的建立而得到了改变。尼罗河流域倡议组织是第一个囊括尼罗河所有流域国家的区域性合作组织，作为达成未来尼罗河流域合作框架协定的一个过渡性的机制安排，利益攸关方可以通过这一

① ［埃塞俄比亚］特斯珐业·塔菲斯：《尼罗河流域分水争议解决机制评价》，《人民黄河》2005 年第 11 期，第 74 页。

平台共享信息，就尼罗河水资源及其他相关资源进行共同规划和管理。然而，尼罗河流域倡议组织并未从根本上解决上下游国家间在水量分配这一根本问题上的矛盾，加之上游国家近年来在水资源利用方面的需求增加，导致尼罗河流域倡议组织既未能充分反映各国的权力流散，也无法满足其利益诉求，各国的分歧依然存在，甚至直接影响到合作能否持续。以下将以尼罗河流域倡议组织的建立为时间分界，分三个阶段分析沿岸国家围绕尼罗河水资源开发所展开的互动与合作。

（一）尼罗河流域倡议组织建立之前——下游国家在水量分配中占主导地位

20 世纪上半叶，尼罗河流域水资源的分配及利用主要受英国的主导，有关尼罗河的条约也是在英国的授意下签订的。当时除了埃塞俄比亚以外，尼罗河流域的埃及、苏丹、乌干达和坦噶尼喀（今坦桑尼亚的大陆部分）均为英国的殖民地，英国直接或间接地控制了除埃塞俄比亚以外的大多数尼罗河流域沿岸国家的政治和经济。[①] 其最直接的体现是 1929 年通过的《尼罗河水协定》。1929 年 5 月 7 日，埃及与英属苏丹以换文形式签订了《尼罗河水协定》。该协定规定每年分配 480 亿立方米的水量给埃及，40 亿立方米的水量给苏丹，同时留下了每年 320 亿立方米的水量未进行分配。这一协定实际上授予了埃及和苏丹的“独占性使用权利”，[②] 但当时埃塞俄比亚没有加入这项协议。苏丹独立

① 转引自洪永红、刘婷：《解决尼罗河水争端的国际法思考》，《西亚非洲》2011 年第 3 期，第 13 页。

② *Exchange of Notes between the Government of the United Kingdom and the Egyptian Government in Regard to the Use of the Waters of the River Nile for Irrigation Purposes*, Cairo, May 7, 1929.

后，其与埃及于1959年又签订了一份新的《尼罗河水协定》。该协定规定埃及每年可使用尼罗河的水量为555亿立方米，苏丹为185亿立方米。此外，该协定第五条还规定，当其他沿岸国要求分享尼罗河水量时，两国应就此要求共同进行考虑并达成一致意见。也就是说，上游国家只有得到埃及和苏丹的同意后才能使用尼罗河的水资源。①

从本质上讲，这两份协议都旨在维护下游国家在水资源分配中的主导权，但忽视了上游国家的用水权，损害了其开发权，从而加剧了流域国家间原本就存在的猜疑和不信任。上下游国家对待这两份协议的态度也截然对立。埃及和苏丹坚持其有效性，反对上游国家在未得到两国同意的情况下修建任何水利工程；而上游国家则认为，两项协议并未尊重它们的用水权，因未体现公平原则而不具备有效性。尽管下游国家坚决反对，但1959年的协议仍然得以沿用，并成为日后沿岸国家爆发争端的导火索。

（二）尼罗河流域倡议组织的建立及治理成效

为促进流域国家以合作方式化解争端，尼罗河沿岸国家在20世纪后半期开始尝试建立各种合作机制。这些努力包括：1967年的水文气象计划，重点在湖区开展水文气象调查；1983年至1992年的“Undugu”项目，重点是建立尼罗河流域经济共同体；此外，还有1993年建立的旨在促进尼罗河开发与环境保护技术合作委员会（TECCONILE）。然而，上述机制均因缺乏广泛性（有些沿岸国家没有加入）与综合性

---

① *Agreement between the United Arab Republic of Egypt and the Republic of Sudan for the Full Utilization of the Nile Waters*, Cairo, November 8, 1959.

(如促进尼罗河开发与环境保护技术合作委员会仅关注环境和水质方面的技术合作）而难以取得实际成效。[①]

为了扭转这一局面，尽早建立覆盖全流域的水资源治理机制，1999 年 2 月 22 日，来自布隆迪、刚果民主共和国、埃及、埃塞俄比亚、肯尼亚、卢旺达、南苏丹、苏丹、坦桑尼亚和乌干达十国负责水务的部长在坦桑尼亚首都达累斯萨拉姆召开会议，决定建立尼罗河流域倡议机制，厄立特里亚为观察员。作为一个区域性的政府间合作组织，尼罗河流域倡议组织旨在推动沿岸国家以合作的方式开发尼罗河，以分享社会经济效益、促进地区和平与安全。尼罗河流域倡议组织的成立对于尼罗河流域的水资源治理来讲是一个积极信号，标志着沿岸国开始以跨越边界的视角来考虑尼罗河水资源的管理政策和规划问题，认识到只有开展覆盖全流域的合作，才能确保尼罗河水资源的可持续性发展，这对所有沿岸国家的发展而言都将是一个双赢的选择。以水资源合作为契机，还将有助于推动更广泛的经济区域一体化，促进地区和平与安全。

作为迄今为止第一个也是唯一一个覆盖全流域的地区组织，尼罗河流域倡议组织为尼罗河流域利益攸关方提供了一个合作平台，它们可以借此分享信息、进行联合规划和管理。同时，尼罗河流域倡议组织也是一个过渡性的机构，其最终目标是推动国家间合作框架协议（CFA）的谈判，并最终创设一个常设机构。自 1999 年建立至今，尼罗河流域倡议组织的机制建设可分为以下阶段：1999—2008 年，机制建立及互信

① Dereje Zeleke Mekonnen, "The Nile Basin Cooperative Framework Agreement Negotiations and the Adoption of a ' Water Security' Paradigm: Flight into Obscurity or a Logical Cul-de-sac?" *The European Journal of International Law*, Vol.21, No.2, May 2010, pp.421-440.

建立阶段；2008—2012年，机制强化阶段；2012年至今，巩固成果及提供收益阶段。

从机构设置来看，尼罗河流域倡议组织的主要机构是尼罗河部长理事会和尼罗河技术咨询委员会。其中，尼罗河部长理事会是最高决策机构，由成员国负责水务的部长组成，其职责包括：提供政策指导，确保成员国均遵守尼罗河流域倡议组织的过渡性安排；审批程序和项目；批准工作计划和预算。尼罗河技术咨询委员会负责向部长理事会提供技术咨询等方面的支持，由每个成员国派两名高级官员，共计20人组成。其主要职能包括：就管理和开发尼罗河流域水资源和相关资源向部长理事会提供技术支持和建议；协调尼罗河部长理事会与发展伙伴之间，以及尼罗河部长理事会及其相关方案和项目之间的关系；监督尼罗河流域倡议组织的项目实施活动。此外，尼罗河流域倡议组织还在乌干达首都坎帕拉设置了秘书处（Nile-SEC），负责日常协调工作。

根据规划，尼罗河流域倡议组织逐步开展了两大战略行动规划，即共同愿景计划（SVP）和辅助行动计划（SAP）。共同愿景计划的目标是以公平的方式开发利用尼罗河水资源，以达到社会经济的可持续发展。具体包括：以可持续和公平的方式开发尼罗河流域水资源，以确保各国人民的繁荣、安全与和平；确保水资源管理的效果，对相关资源加以优化利用；确保沿岸国家间的合作和联合行动，谋求双赢；消除贫困，促进经济一体化。共同愿景计划共分8个项目，除水资源管理项目和区域电力贸易项目处于实施阶段外，其他6项皆已完成。辅助行动计划包括东尼罗河辅助行动项目（ENSAP）和尼罗河赤道湖区辅助行动项目（NELSAP）。这种规划方式有助于在全流域的框架下创建有利的合作投资开发环境，从而分区域、分阶段地高效实施项目行动。[①] 此外，尼罗河流域倡议组织在埃塞俄比亚首都亚的斯亚贝巴设立了东尼罗河技术区域办公室（ENTRO），在卢旺达首都基加利设立了尼罗河赤道湖区辅助行动计划协调中心，二者与秘书处一起构成了尼罗河流域倡议组织三个重要的常设机构。

可以说，尼罗河流域倡议组织的成立是尼罗河水资源管理上的历史性转折。在尼罗河流域倡议组织和流域各方的共同努力下，沿岸国家在水资源管理协商合作方面取得了显著成效。沿岸国家在此框架下逐步加强信任，保持持续的合作伙伴关系，实施了一系列水资源开发、管理和生态环境保护的国家间合作项目，致使每年尼罗河灌溉和发电的直接经济效益达 70 亿—110 亿美元（未包括基础设施投入与运作费用）。流域的跨界协商管理在一定程度上使流域沿岸国家资源和社会经济利益得到了有效分配，产生了持续的经济价值。[②] 尼罗河流域倡议组织在总结已有经验的基础上，通过了《尼罗河流域倡议组织总体战略规划 2012—2016》，该战略为尼罗河流域倡议组织在未来五年的发展确立了基本方向和优先发展目标。其确立的尼罗河流域倡议组织发展目标为："以可持续和公平的方式合理利用尼罗河流域水资源，以确保各国人民的繁荣、安全与和平；确保水资源管理的有效性和资源的优化利用；确保沿岸国家之间的合作和联合行动，谋求双赢的效果；消除贫困，促进地区的经济一体化；确保每一个方案都能从计划转化为具体行动。"同时，结合尼罗河流域倡议组织机制本身的发展阶段，该战略特别强调"让

① 李立新、严登华、郝彩莲、耿思敏、尹军：《非洲水资源管理及其对我国的启示》，《水利水电快报》2012 年第 4 期，第 15 页。

② 李立新、严登华、郝彩莲、耿思敏、尹军：《非洲水资源管理及其对我国的启示》，《水利水电快报》2012 年第 4 期，第 15 页。

流域人民享受到切实的治理效果”。[①]

尼罗河流域倡议组织的建立表明，尼罗河沿岸国家认识到了水资源治理中的权力流散与利益分享趋势，主动寻求以合作的方式解决水资源争端。尽管取得了初步的成效，但作为一个过渡性安排，尼罗河流域倡议组织并未彻底解决水份额分配这一根本性问题，因而并不能从根本上化解流域争端，随着经济的发展，各国间利益诉求的矛盾性再次显现。

（三）尼罗河流域倡议组织建立后沿岸国家间的利益冲突

尽管尼罗河上游国家的水资源开发与使用相对较少或几乎为零，但随着政治经济形势的稳定及人口的增长，它们对水资源及电力的需求也日益提高，开始制定或实施尼罗河支流及维多利亚湖等的开发利用计划。如布隆迪、坦桑尼亚、卢旺达和乌干达等合作开发卡盖拉河的水能资源，以带动国民经济发展；肯尼亚和坦桑尼亚计划利用维多利亚湖进行农业灌溉；乌干达拟利用境内维多利亚尼罗河的巨大落差和上游维多利亚湖的径流调节优势条件，开发水能资源。[②] 新的利益诉求的出现，使得尼罗河水资源治理变得更为复杂，其中尤以埃塞俄比亚、苏丹和埃及的互动最具代表性。

埃塞俄比亚素有“东非水塔”之称，扼守着青尼罗河的源头，每

---

① 参见 Nile Basin Initiative, *NBI Overarching Strategic Plan 2012-2016*, http://www.nilebasin.org/images/docs/NBI_overarching%20strategic%20plan_final_abridged%20version.pdf。

② 胡文俊、杨建基、黄河清：《尼罗河流域水资源开发利用与流域管理合作研究》，《资源科学》2011年第10期，第1834页。

年从其境内注入尼罗河的水量占尼罗河总水量的86%。[①] 埃塞俄比亚境内的水电蕴藏量大约为45000兆瓦，目前仅开发了2100兆瓦，开发利用的不到2%，用电人口只有15%。随着20世纪90年代中期政治局势趋于稳定，埃塞俄比亚国内关于加紧开发尼罗河水资源的呼声日益高涨，政府也已着手从青尼罗河引水以发展农业灌溉。2011年3月，埃塞俄比亚政府宣布将在青尼罗河修建“复兴大坝”，并于4月正式开工，建成后将成为非洲最大的大坝之一，年发电量15000吉瓦时。[②] 作为“埃塞俄比亚增长与转型计划”的一部分，复兴大坝将对其国内经济发展、吸引投资和提高居民生活起到极大的推动作用。然而，埃塞俄比亚的这一举动引起了埃及和苏丹的不满和反对。

苏丹地表水资源丰富，但对尼罗河依赖度较高，且同样面临着人口急剧增加和粮食安全问题，需要不断扩大灌溉面积。为此，苏丹在尼罗河上修建了森纳尔、卡欣吉尔拉等一系列水坝，为本国储备水源。沿岸国家中，埃及位于尼罗河最下游，国土大部分都属于雨量稀少的沙漠区。尼罗河在其境内是一条独流入海的长河，两岸皆无支流注入。埃及全国95%以上的生产生活依赖于尼罗河水供应，而能否确保必需的水供应，则有赖于同其上游国家的良好关系和合作。因此，其对上游国家尼罗河水资源开发利用的任何变化，都十分敏感和关切。某种程度上，1929年和1959年的两项协定即是埃及为了保证自身的水安全，寻求与

① 《尼罗河水资源之争的由来》，中国网，2004年3月19日，http://www.china.com.cn/chinese/HIAW/520197.htm。

② 事实上，除了复兴大坝（Grand Ethiopian Renaissance Dam，GERD），埃塞俄比亚还规划了其他若干水电大坝，以扩大国内能源生产，参见《埃塞俄比亚复兴大坝工程》，《水利水电快报》2013年第7期，第14页；［埃塞俄比亚］M. 阿贝贝：《埃塞俄比亚大坝与水电开发的作用》，《水利水电快报》2006年第12期，第21—25页。

苏丹协调合作的成果。[①] 尽管得益于地理位置、经济实力以及技术和人力优势，埃及在尼罗河上完成了许多大型水利工程，如举世闻名的阿斯旺水坝和由此形成的纳赛尔水库，但埃及政府仍无法改变国内缺水及严重依赖尼罗河的状况，其水资源供应安全仍面临极大不确定性。

在上下游国家的利益分歧日趋明显的背景下，各方要求重新分配尼罗河水份额的呼声日益提高，并集中体现在《尼罗河流域合作框架协定》的制定过程中。1997 年，在联合国开发计划署的协助下，尼罗河流域倡议组织各方组织专家起草《尼罗河流域合作框架协定》，以制定一个确保公平、合法利用尼罗河水资源的流域合作制度框架。在协定起草过程中，尼罗河流域倡议组织部长理事会成立了由各沿岸国代表组成的专门的谈判委员会，对协定草案的内容进行对话协商。经过长达近十年的协商，尼罗河流域倡议组织于 2006 年提出了协定的最终草案文本，并于 2007 年提交尼罗河部长理事会审议。与 1929 年和 1959 年协议的最大不同之处在于，新的协定更加注重维护上游国家的使用权益，规定上游的埃塞俄比亚、乌干达、卢旺达、坦桑尼亚和肯尼亚等国均等分享尼罗河水资源，并有权在不事先告知埃及和苏丹的情况下建设水利工程。这将增加上游国家获得的尼罗河水份额，但如果上游国家纷纷建立大型的水利工程，势必会减少埃及与苏丹这两个下游国家的水量，[②] 因此，遭到两国的强烈反对。在随后 2008 年、2009 年的会议上各方分歧依然严重，未取得实质进展。

---

① 曾尊固、龙国英：《尼罗河水资源与水冲突》，《世界地理研究》2002 年第 2 期，第 103 页。

② 洪永红、刘婷：《尼罗河水资源之争非洲的国际法难题》，《中国社会科学报》2010 年 6 月 18 日。

2010年5月14日，坦桑尼亚、乌干达、卢旺达和埃塞俄比亚四国在埃及和苏丹反对的情况下签署了新的《尼罗河流域合作框架协定》。埃塞俄比亚水利资源部长在会后发表声明称，此协定在维护所有流域国家利益的同时并没有损害任何国家，所有流域国家都应该参与协定的签署。肯尼亚和布隆迪随后加入。而埃及和苏丹则仍坚决反对这一“单边行动”。埃及水利资源和灌溉部长阿拉姆立即发表声明，强调没有埃及和苏丹的参加，签署任何有关协议都是违反国际法原则的，也是徒劳无益的。埃及不会遵守这些协定，其对河水问题所持立场是坚定不移的。埃及外交部发言人扎基也发表讲话称，埃及决不签署任何有损其水份额和历史权利的协议，四国签署的协议将使流域国家共同行动面临失败的危险。[①] 鉴于上下游国家因尼罗河水资源争夺而关系恶化，为了缓和矛盾、加强协调，利益冲突最为集中的三方埃及、苏丹和埃塞俄比亚于2012年11月6日在亚的斯亚贝巴签署了一项新的协定。根据该协定，三国决定建立长效合作机制，就更好地共同利用、开发和保护尼罗河水资源进行技术合作，在尼罗河水资源的分配、利用和水利项目上进行友好协商与合作。该机制将取代原“东尼罗河流域专家委员会办公室”，长期运作。[②] 根据这项长效合作机制，三国将继续进行必要的研究和磋商，寻找一个永久性、可持续的合作机制，以促进和确保尼罗河流域国家的深入合作。而水利资源和水利项目联合开发领域的合作，是今后各方合作的重点领域。《埃及公报》对此评论说，当前各方通过可行方案来寻求折中立场，这一立场应既能照顾尼罗河流域其他国家的利

① 《尼罗河水资源争端再起》，《光明日报》2010年5月17日，第8版。

② 《尼罗河水资源纷争有望缓解》，人民网，2012年11月13日，http://world.people.com.cn/n/2012/1113/c57507-19561354.html。

益，也能保证埃及在水资源分配方面的历史性权利。苏丹媒体人士指出，尽管尼罗河沿岸国家存在诸多分歧，解决这些分歧仍需各方不懈努力，但三国签署的尼罗河沿岸国家长效合作机制是一项历史性的突破，它表明埃及、苏丹和埃塞俄比亚的政治关系得到了明显改善，经济、贸易和水资源等领域的合作必将得到加强，三国合作关系将进入一个新时期。①

2014 年，三方在第四轮会谈结束后最终达成了协议，三方决定将聘请一个或多个国际咨询公司对大坝建设的有关问题进行研究，埃及方面表示其是否能最终接受复兴大坝，取决于研究结果，并提出希望埃塞俄比亚能够缩小大坝的规模，从而不影响埃及在尼罗河的水量份额。另外，协议还包括三方各出四名专家组成委员会，对大坝的建设进行监督。2018 年 5 月三方达成共识，同意成立一个由三国代表组成的独立科研团队为大坝提供技术咨询，并决定每 6 个月举行三国代表会议商讨复兴大坝事宜。2019 年 10 月，埃及外长舒克里强调，“埃及完全抵制埃塞俄比亚在未与下游两个国家（埃及、苏丹）达成协议的情况下蓄水和运营复兴大坝，认为埃塞俄比亚明显违反了《原则宣言》（2015 年 3 月埃及、埃塞和苏丹三国共同签署的协议），并警告说大坝将影响地区稳定。舒克里还透露，塞西总统已下令根据国际法采取一切必要的政治措施，以维护埃及的水权。”②

2020 年 1 月 13—15 日，“埃及、埃塞和苏丹的外交部长和水利部长在华盛顿就复兴大坝蓄水和运营达成协议。协议要点包括：（1）复

① 《尼罗河水资源纷争有望缓解》，《人民日报》2012 年 11 月 13 日，第 19 版。

② 《埃及坚决反对埃塞俄比亚复兴大坝单方面行动》，文章来源：中国驻埃及使馆经济商务处，2019 年 10 月 15 日，中国商务部网站，http://www.mofcom.gov.cn/article/i/jyjl/k/201910/20191002905857.shtml。

兴大坝蓄水工程将分阶段进行，且考虑到青尼罗河水文条件及蓄水对下游水库的潜在影响，各方应通过适应性合作方式开展工程。（2）蓄水工程将在雨季进行，通常是7—8月，在特定条件下，9月可继续进行。（3）蓄水工程初始阶段将迅速达到海拔595米，并尽早发电，缓解埃及和苏丹的严重干旱情况。（4）蓄水工程后续阶段将根据青尼罗河的水文条件和大坝水位来确定排水量的机制，该机制可解决埃塞的蓄水目标，也可为埃及和苏丹的干旱期提供电力和缓解措施。（5）在长期运营期间，大坝将根据青尼罗河的水文条件和大坝水位来确定放水量，并为埃及和苏丹的干旱期提供电力和缓解措施。6. 将建立有效的协调和争端解决机制。三国部长同意，埃及、埃塞和苏丹在应对干旱和长期干旱方面负有共同责任。复兴大坝作为跨国跨区域合作，将为区域发展和经济一体化带来重大利益”。①

三、尼罗河水资源治理的经验及启示

尼罗河沿岸国家发展水平整体不高，联合国确认的世界上最贫穷的10个国家中有5个位于此地。贫穷、冲突、干旱和饥荒频发使得尼罗河流域成为世界上因水、食物、贫穷等问题而具有高度风险的五个地区之一。尼罗河流域有50%左右可耕地未得到灌溉，流域国水电开发率仅达到10%，无电人口占85%。因此，“尼罗河流域水资源的合理开发利

① 《埃及、埃塞俄比亚、苏丹就复兴大坝发表联合声明》，文章来源：中国驻非盟使团经济商务处，2020年1月17日，中国商务部网站，http://www.mofcom.gov.cn/article/i/jyjl/k/202001/20200102931424.shtml。

用与管理对流域国经济社会发展和本地区稳定具有重要影响”[1]，尤其是在当前，尼罗河流域国家同时面临着发展经济与水资源供应短缺的双重困境的背景下，如何开发和利用水资源就显得更为关键。在上述分析的基础上，我们可以将尼罗河水资源治理的特点总结为以下方面。

首先，上下游国家在水资源利用问题上呈现出明显的权力流散与利益分享趋势。起初是下游国家掌握了水资源利用和分配的主导权，其间签订的用水协议也旨在保护它们的用水权益。随着上游国家的经济发展逐步走向正轨，尤其是以埃塞俄比亚为代表的上游国家大力发展水利工程，使得权力与利益关系更为复杂，原本就已较为突出的水资源供应不足问题得以放大。如前所述，尼罗河流域的水资源供应短缺，补水措施难以在短期取得显著效果，这造成尼罗河流域各国之间关于水资源分配和利用的争论和冲突时有发生。这些争论和冲突又同各国在意识形态、对外政策方面的分歧交织在一起，使问题更趋政治化、复杂化。[2] 可以说，上下游国家在水资源开发利用上的利益冲突已成为尼罗河流域的主要矛盾。

其次，流域治理的有效性在于其是否能够建立相应的多层治理机制。对匮乏的水资源的分配本身是一个极易引发国家争端的问题。长期以来，尼罗河上下游国家间的矛盾始终未得到妥善解决，其原因就在于合作机制并未完全反映各方的利益诉求。这种状况在埃及、苏丹和埃塞俄比亚三国进行了充分协商之后得到了明显缓解，并形成了反映各方权

---

① 胡文俊、杨建基、黄河清：《尼罗河流域水资源开发利用与流域管理合作研究》，《资源科学》2011 年第 10 期，第 1834 页。

② 曾尊固、龙国英：《尼罗河水资源与水冲突》，《世界地理研究》2002 年第 2 期，第 103 页。

益的合作机制。此外，尼罗河流域倡议组织推出的未来发展战略还特别强调要使流域的居民享受到水电开发的收益，这表明尼罗河流域水资源治理的多层次性将更为明显。

再次，大国在尼罗河水资源治理方面发挥了主导作用。大国对国际事务所发挥的决定性影响已经成为广泛共识，在国际河流合作方面，大国在议题设置、规则制定和机构组成等问题的主导作用同样显著。在尼罗河沿岸各国中，埃及的综合实力最强，是毋庸置疑的大国，加之其极度依赖尼罗河水资源，因此，长期以来，其立场和态度很大程度上左右着流域水资源治理的走向。早期埃及在水资源利用问题上采取单边主义政策，以遏制上游国家水资源利用权的方式确保本国的水量供应，导致尼罗河流域国家间关系的长期紧张。而尼罗河流域倡议组织的建立则表明埃及的态度发生了质的转变，向外界首次证明其通过承认其他流域国家具有谈论和共享尼罗河资源的权利，从对抗和守门员角色转换为建设性的角色。[①] 尽管在尼罗河流域倡议组织建立之后，埃及与上游国家再次爆发了用水权冲突，但最终以协调解决的方式得以缓解。可以说，如果埃及的态度不发生转变的话，[②] 尼罗河难以建立覆盖全流域的水资源协调治理机制，即便建立了这种机制，如果国家，尤其是大国不加以遵守的话，也难以取得实际效果。

最后，对外部援助的依赖性较强。对处于发展中地区的国际河流而言，沿岸国受技术、资金及机构能力等方面的限制，在开展流域管理合

---

① ［埃塞俄比亚］特斯珐业·塔菲斯：《尼罗河流域分水争议解决机制评价》，《人民黄河》2005 年第 11 期，第 74 页。

② 受专业和主题所限，笔者在此无法进一步探究埃及态度转变的主要原因，但从逻辑推演的角度，可以将其归纳为国内和国际两个因素。国内因素在于受近年来政局不稳的影响，难以支撑其在尼罗河流域的强硬立场；国际因素一是在于合作治理已成为国际主流，二是在于上游国家的国力提升，在尼罗河水资源分配博弈中的力量增强。

作方面往往需要外部的援助。如1997年，尼罗河部长理事会呼吁世界银行、联合国和加拿大国际开发署等承担起尼罗河流域合作协调员的角色，并希望它们在制定和实施尼罗河战略行动计划、起草及协商尼罗河流域合作框架协定过程中提供技术和资金支持。而援助方则将签署尼罗河流域合作框架协定和成立尼罗河流域委员会等作为交换条件。因此，援助方在尼罗河流域对话与合作中发挥了一定的推动作用。然而，由于尼罗河流域倡议组织财政主要由援助方提供，造成其独立性不强，受援助方的影响比较大。加上沿岸国政府承诺不足，尼罗河流域倡议组织难以自主制定和实施联合管理战略。这对流域管理合作的有效性造成了一定限制。[①]

由于尼罗河治理问题与澜沧江—湄公河存在一定的相似性，因此，我们可以通过分析前者的治理进程获得启示。对于尼罗河沿岸国家来讲，一方面，由于未来所面临的挑战将日益严峻，因而客观上要求各国加强合作；另一方面，未来能否实现全流域水资源的综合治理，则依赖于国家间能否真正建立信任、加强以尼罗河流域倡议组织为合作框架的机制建设。

首先，流域面临威胁的复杂化为沿岸国加强合作提出了客观要求。具体表现在：第一，受全球气候变化的影响，原本就不稳定的尼罗河水量将变得更加难以预测，有可能会引发长期的干旱或洪水等极端事件，从而给沿岸国家的粮食、水和能源安全产生不利影响。第二，随着近年来国内局势的稳定，尼罗河沿岸国家的经济正在缓慢发展，由此将带来国内人口的高速增长，预计在未来的20—25年，沿岸国家中的七个国

① 胡文俊、杨建基、黄河清：《尼罗河流域水资源开发利用与流域管理合作研究》，《资源科学》2011年第10期，第1837页。

家的人口将增加一倍。[1] 这必然会给尼罗河的生态环境带来巨大负担。第三，作为一条缺水的河流，尼罗河的整体生态环境正日益恶化，如上游的集水区因土地退化面临着土壤流失风险，中部湿地由于农业商业化和土地流转正日益受到威胁，而在最下游的尼罗河三角洲地区则面临海水入侵和土壤盐渍化的危险。显然，上述挑战和威胁均具有跨国界的特性，沿岸国家无法单独应对，这为其在水资源开发与管理领域开展合作提供了可能。

其次，应在加强互信的基础上提高流域的治理水平。信任问题是国际关系研究中的重要视角，是决定国家间关系的主观因素。回顾尼罗河水资源治理的历史可以看出，信任问题始终是阻碍沿岸国关系进展的关键原因，上下游国家间经常会出现相互猜忌的情况，从而导致水资源形势日趋紧张。因此，未来流域各国需要加强沟通与协调，提升互信。在此基础上，还应该加强尼罗河流域倡议组织的机制建设。尽管尼罗河流域倡议组织是一个覆盖全流域的水资源治理机制，但其仍是一个过渡性组织，无法颁布长效的水资源管理法案。此外，尼罗河流域倡议组织还面临着独立性不强、人员能力有待提高等问题。

当然，需要指出的是，尼罗河和澜湄水资源开发也存在一定差异。尼罗河流域国家之间的矛盾主要源于对匮乏的水资源的分配，这是一个极易引发国家争端的因素，而这一问题尚没有成为澜沧江—湄公河流域国家水资源合作的主要关切。从这个角度讲，澜沧江—湄公河国家间的合作应该比尼罗河流域更容易推进，更深入和更能取得实质进展。当

① Nile Basin Initiative, "The River Nile," http://www.nilebasin.org/index.php/about-us/the-river-nile.

前，尼罗河在水资源治理方面取得了实质进展，埃塞俄比亚的水坝建设也得到了相关方面的理解，这无疑为澜湄水资源治理提供了一个正面案例。

第三节　中亚五国的水资源合作

苏联解体后，人们通常将塔吉克斯坦、吉尔吉斯斯坦、哈萨克斯坦、乌兹别克斯坦和土库曼斯坦五国所组成的区域称为中亚。尽管地理上相近，但中亚五国在具有民族、历史及文化等方面共性的同时，也存在政治、经济及地缘方面的竞争，因此，长期以来，该地区呈现出竞争与合作并存的复杂局面。在众多议题中，水资源始终是各国关注的焦点，如何有效利用和管理本地区的水资源成为中亚五国共同面临的迫切任务。

总的来看，中亚五国的水资源治理表现为如下特点：首先，中亚地区的水资源供应并不缺乏，问题的关键在于各国间的分配严重不均。其中，塔吉克斯坦和吉尔吉斯斯坦处于阿姆河和锡尔河等河流的上游，境内水资源储量丰富，下游三国则主要依赖上游水源，尤其是土库曼斯坦和乌兹别克斯坦两国均面临着较为严峻的水资源供应问题。其次，受历史的影响，当前中亚地区的水资源合作面临较大阻碍。在苏联统一领导时期，尚能够对水资源进行统一集中和管理；苏联解体后，由于各国纷纷奉行独立的水资源政策，通常不与邻国协调，从而引发一系列矛盾。尽管迄今为止，中亚国家间并未因用水问题爆发大规模的武装冲突，但多年来各国在如何利用水资源问题上分歧很大，经常会出现上下游相互指责对方用水过量的情况，国家交界地区为此发生了摩擦和争执，成为各国间矛盾滋生的主要诱因之一。① 再次，中亚地区面临着严峻的与水资源有关的生态危机，尤其表现为20世纪下半叶咸海流域爆发的一系列生态和环保问题，表明中亚各国有必要就区域内水资源的利用和生态环境保护等问题展开建设性对话，在协调与合作的基础上共同规划区域内水利资源的开发，以避免矛盾的激化和生态的持续恶化，维护中亚地区的共同利益。最后，尽管中亚五国签署了多项双边及多边水资源协议，并相继建立了“国际水资源协调委员会”和“咸海盆地问题国际委员会”等多边机制，但由于各方对自身利益的过度维护，相互之间缺乏理解和合作，导致这些协调和协议都无法在实际中起到应有的作用。② 由此可以看出，中亚五国的水资源治理态势与澜湄流域存在一定的相似性，以下将在阐述中亚五国水资源概况及其各自利益诉求的基础上，评估当前该地区的水资源竞争与合作，并就未来中亚水资源的发展态势加以分析，以期对澜湄水资源合作提供一些可资借鉴之处。

一、中亚五国水资源概况及各国利益诉求

中亚五国“同饮两江水”——阿姆河和锡尔河，它们也是贯穿中亚五国最主要的两条河流。其中，阿姆河是中亚水量最大的内陆河，全长1380公里，流域面积46.5万平方公里，其河水主要来自高山冰雪融水和上游山区冬春降雨补给。阿姆河沿岸平原广布绿洲，形成了发达的

① 孙长栋：《中亚水资源纠纷何时了》，中国水网，2008年8月5日，http://news.h2o-china.com/html/2008/08/735741217901214_1.shtml。

② 张渝：《中亚地区水资源问题》，《中亚信息》2005年第10期，第9—13页。

灌溉农业区，河流通航里程长，是中亚重要的水运航道。锡尔河是中亚流程最长的内陆河，全长2137公里，流域面积21.9万平方公里。锡尔河河水湍急，水利资源丰富，建有吉尔吉斯斯坦境内的托克托吉尔水电站、塔吉克斯坦境内的凯拉库姆水电站和哈萨克斯坦境内的恰尔达拉水电站。整个中下游河段沿岸有狭窄的绿洲，是哈萨克斯坦重要灌溉农业区之一，灌溉面积达220万公顷。全河部分河段可通航，每年约有4个月的冰期。这两条河流不仅为中亚各国带来了丰富的水利资源，也是中亚国家进行水资源博弈的主要场所。近年来，国际社会不断推动和督促中亚各国加强区域内水资源的开发与合作，来自欧洲的专家还专门编写了锡尔、阿姆河流域水力资源开发及调节机制协议书草案，但遗憾的是，关于该地区水资源统一开发和利用的方案始终未能得到各国政府的一致批准，[①] 各国依然各行其政，其后果不但造成国家间关系的紧张，也使得中亚的生态环境因得不到统筹管理而急剧恶化。

中亚地区在跨界水资源治理问题上进展缓慢的首要原因，在于各国水资源储量的差异，由此导致各方在利益诉求上的竞争与冲突。为了下文论述方便，以水资源储量的多寡和是否依赖国外供应为标准，可将中亚五国分为水资源生产国和水资源使用国两类，[②] 前者包括位于阿姆河和锡尔河上游的塔吉克斯坦和吉尔吉斯斯坦，后者则为下游的哈萨克斯坦、土库曼斯坦和乌兹别克斯坦。以下将按此分类，分析中亚各国在水资源问题上的利益分歧。

塔吉克斯坦是多山和高山之国，蕴藏着大量的冰川和湖泊，淡水资

① 中国驻塔吉克斯坦经济商务处：《中亚水资源浪费严重》，2006年4月19日，http://tj.mofcom.gov.cn/article/jmxw/200604/20060401947154.shtml。

② 这里所说的水资源生产国和使用国只具有相对意义，并不是绝对的。即相对于下游来讲，上游国家更多扮演了水资源的生产和供应角色，反之亦然，这里只是进行笼统的划分。

源极为丰富。塔吉克斯坦境内集中了中亚55.4%的水流量，水电资源总量5270亿千瓦时，居世界第8位；在独联体国家中仅次于俄罗斯，居第2位；如按人均水资源拥有量和单位领土面积保有量计算则位居世界首位。丰富的水利资源储备为塔吉克斯坦建设水电站创造了良好的条件，从20世纪60年代开始，塔吉克斯坦水力资源进入大开发阶段。据统计，“到80年代末，塔人均发电量为3000千瓦时/年，高于当时中欧的平均水平。按每千瓦时创汇1—1.1美分计算，塔水能年均利润可达2.2712亿美元。塔政府曾在20世纪80年代制定了系统的能源发展计划，并提出了年发电量达到868亿千瓦时的目标。然而，苏联的解体和塔独立后多年的内战，导致这些能源计划大多未能实现，罗贡、桑格图德、卡法尔尼冈和舒洛普等业已开工建设的水电站也被迫于20世纪90年代初全部停止。目前，塔年均发电量只相当于20世纪80年代初期水平，水资源利用率仅占实际资源总量的3.4%，发展速度极为缓慢”。[①]

与塔吉克斯坦一样，吉尔吉斯斯坦也是个多山之国，其国土面积的93%为山地，素有“山地之国”之称。吉国水资源十分充足，据测算，其国内水资源总量超过5638亿立方米，人均占有淡水资源超过11万立方米，是中亚五国唯一的水电净出口国。尽管吉尔吉斯斯坦是中亚五国中水资源最为丰富的国家，但相当一部分水源（主要是锡尔河）都被下游所用，如吉尔吉斯斯坦多年平均水资源量约490亿立方米，但直到21世纪，吉国年均引水量仍不到100亿立方米，[②] 加之政府水资源管理能力有限，反而导致国内缺水问题相当严重。

① 中国驻塔吉克斯坦经济商务处：《塔吉克斯坦水力资源开发现状》，2005年4月28日，http://tj.mofcom.gov.cn/article/ztdy/200504/20050400083025.shtml。

② 李湘权、邓铭江、龙爱华、章毅、雷雨：《吉尔吉斯斯坦水资源及其开发利用》，《地球科学进展》2010年第12期，第1370页。

在苏联当时的统一调配下，塔吉克斯坦、吉尔吉斯斯坦两国的水资源主要用于阿姆河和锡尔河下游国家哈萨克斯坦和乌兹别克斯坦的农业灌溉以及对锡尔河和阿姆河中下游地区的供水和发电。根据这一时期的分水协议，吉国的分水额度为20%，邻国为80%。实际情况是邻国使用了 320 亿立方米（76.5%），吉国自身利用了 98.5 亿立方米（23.5%）。[①] 苏联解体后，这一惯例仍被沿用。然而，随着经济的发展，阿姆河和锡尔河流域上下游国家对水资源的需求均出现了大幅提升，在此种情况下，下游无偿用水的局面令塔、吉两国的不满情绪持续增加。曾有学者指出，若按每千瓦时 1 美分的发电收益计算，塔、吉两国的水电可为两国带来近 70 亿美元的巨额盈利。为增加政府财政收入、减少水资源流失、改善能源结构，塔吉克斯坦、吉尔吉斯斯坦两国国内专家呼吁两国建立水电联合体，统一用电和收费标准，吸引更多外资和技术实施水电体系现代化改造，以提高双方水资源的使用效率，增加两国在水电出口问题上的话语权。[②] 近年来，吉尔吉斯斯坦率先向乌兹别克斯坦、哈萨克斯坦等邻国提出以水资源换取天然气、煤炭、石油等能源资源的要求，塔萨克斯坦予以积极响应。[③]

然而，塔吉克斯坦、吉尔吉斯斯坦两国的这一立场遭到了下游三国的强烈反对。尽管具体情况不尽相同，但阿姆河和锡尔河流域下游国家中，除了哈萨克斯坦水资源较为丰富外，其余两国均是极度缺水国，均严重依赖上游的水资源供应，这是三国间最大的共性。即便是水资源总

---

① 李湘权、邓铭江、龙爱华、章毅、雷雨：《吉尔吉斯斯坦水资源及其开发利用》，《地球科学进展》2010 年第 12 期，第 1373 页。

② 中国驻吉尔吉斯斯坦经济商务处：《吉专家建议吉、塔两国改革水电体系，整合水电资源》，2009 年 8 月 14 日，http://kg.mofcom.gov.cn/article/ztdy/200908/20090806459982.shtml。

③ 李湘权、邓铭江、龙爱华、章毅、雷雨：《吉尔吉斯斯坦水资源及其开发利用》，第 1367—1375 页。

量较为充足的哈萨克斯坦，其未来供应形势也并不乐观。哈萨克斯坦农业部指出，受到气候变化及上游用水量增多等方面的影响，最近30年来，哈萨克斯坦全境年均水径流量缩减幅度为25.3千立方米（其中境内河流10.3千立方米、跨境河流15.2千立方米）。照此趋势，预计到2020年，哈萨克斯坦全国水资源下降幅度将达到86千立方米/年。[①] 与此同时，伴随着经济的快速发展和人民生活水平的显著提高，哈萨克斯坦对淡水的需求增长迅速，未来将面临很大的供应缺口。哈萨克农业部水资源委员会主席奥尔马诺夫称，哈在未来20年可能面临严重的水资源短缺。特别是2020—2030年期间，持续的水资源下降可能全面引发国家安全问题。[②] 土库曼斯坦是国土面积仅次于哈萨克斯坦的中亚第二大国，地处中亚西南部，远离高山水源地，境内80%的国土被世界第四大沙漠卡拉库姆沙漠所覆盖，是世界上最干旱的地区之一，尤其是东北部地区缺水严重。土库曼斯坦地表水资源仅占中亚地区的0.5%，在中亚五国中水资源总量最小，约为9.39×10^8立方米。[③]

尽管中亚各国都认可以合作的方式提高跨界水资源的治理水平，但在如何利用水资源问题上，各国却具有截然相反的利益诉求。对于上游水资源生产国而言，水资源是发展经济的重要手段，由于塔吉克斯坦和吉尔吉斯斯坦国内资源匮乏、能源极度紧张，因而，两国希望尽可能开发水利资源，建设水电站，以降低对邻国能源的依赖；而对于下游的水资源使用国来讲，上游国家如果扩大灌溉面积、加强水电能源利用，必

① 中国驻哈萨克使馆经济商务处：《哈萨克未来20年可能面临严重水危机》，2010年9月7日，http://kz.mofcom.gov.cn/article/ddgk/tjsj/zhengcfg/201009/20100907123794.shtml。

② 中国驻哈萨克使馆经济商务处：《哈萨克未来20年可能面临严重水危机》，2010年9月7日，http://kz.mofcom.gov.cn/article/ddgk/tjsj/zhengcfg/201009/20100907123794.shtml。

③ 姚俊强、刘志辉、张文娜、胡文峰：《土库曼斯坦水资源现状及利用问题》，《中国沙漠》2014年第3期，第886—887页。

将减少本国的饮用和灌溉用水，从而恶化现有的水资源供需矛盾。下游国家认为，这不仅是一个经济问题，更是一个关系到国家稳定和人民生活的安全问题，因而提出，塔吉克斯坦和吉尔吉斯斯坦两国在水电站建设问题上不能自作主张。上下游用水利益的不相容性，加之各国目前仍处于转型期，使得水资源很容易成为被打上政治色彩，导致中亚各国在跨界河流水资源治理问题上难以妥协。正如有学者所指出的："中亚地区的水利资源利用问题，特别是共同利用过境河流资源问题，已经成为威胁中亚区域稳定以及中亚各国实际安全的主要矛盾之一。"① 五国在水资源问题上的争端给本已十分复杂微妙的国家间关系增添了新的不确定因素，并呈现出日益明显的政治化趋势，成为阻碍当前中亚经济一体化进程的主要因素。以下将重点分析中亚五国在水资源竞争方面的具体表现。

二、中亚五国围绕水资源开发利用的主要分歧

目前，中亚五国有关跨界水资源的矛盾集中在水电开发、水资源使用费用、水质及环境污染等问题上，主要是指阿姆河和锡尔河上游的塔吉克斯坦和吉尔吉斯斯坦两国与其下游的哈萨克斯坦、乌兹别克斯坦、土库曼斯坦三国之间的争议。

① 伊里旦·伊斯哈科夫，А. Ю. 古塞娃：《中亚地区水利资源利用问题》，《中亚信息》2001年第6期，第1页。

（一）上游水电开发与下游农业灌溉之间的矛盾

苏联时期，为了保证下游的农业灌溉，上游水坝的主要功能被设定为调蓄而非发电。苏联解体后，塔吉克斯坦和吉尔吉斯斯坦均制定了本国的水电大坝建设计划。以下将以塔吉克斯坦罗贡水电站建设为例，分析上下游国家之间的矛盾。

2012 年 11 月，在吉尔吉斯斯坦首都比什凯克召开的欧盟与中亚国家外交部长级会议上，塔吉克斯坦代表团公开表达了本国在地区水资源争端中的立场。其外长扎里菲指出，“塔没有大量油气资源，70%居民在 6—7 个月的寒冷月份长期电能短缺，在此条件下开发水电资源是塔唯一克服能源危机的出路”。[①] 塔吉克斯坦对罗贡水电站的建设就是这种努力的最好体现。罗贡水电站位于塔吉克斯坦共和国瓦赫什河上游，设计总装机容量为 360 万千瓦，年发电量 130 亿千瓦时，建成后将向中亚联合电网送电。罗贡水电站早在 1975 年就开工兴建，但随后由于资金不足和政治因素停建。苏联解体后，塔吉克斯坦将修建罗贡水电站作为发展本国经济、改善能源短缺的重要手段，2004 年《塔吉克斯坦共和国 2015 年前经济发展规划》提出，续建苏联留下来的罗贡水电站。[②] 塔吉克斯坦认为，建造罗贡水电站不仅可以为塔吉克斯坦、阿富汗和巴基斯坦带来收益，还将使乌兹别克斯坦和土库曼斯坦获益。塔吉克斯坦国内相关学者认为，罗贡水电站建成后，乌兹别克斯坦和土库曼斯坦每

① 中国驻塔吉克斯坦经济商务处：《塔外长公开表达本国在地区水资源争端上的立场》，2012 年 11 月 29 日，http://tj.mofcom.gov.cn/aarticle/jmxw/201211/20121108459387.html。

② 中国驻塔吉克斯坦经济商务处：《塔吉克斯坦出台〈塔 2015 年前经济发展规划〉》，2004 年 5 月 20 日，http://tj.mofcom.gov.cn/article/ztdy/200405/20040500223489.shtml。

年可以多获得6亿立方米的水量，足够邻近国家多开发30万公顷土地，大量的水资源也可以用来应对咸海的水资源干涸危机。①

然而，塔吉克斯坦的决定遭到了下游国家尤其是乌兹别克斯坦和土库曼斯坦两国的反对。乌兹别克斯坦担心罗贡水电站的修建会影响到本国的农业发展，且认为建造方案仍存在若干问题，如大坝的安全性以及可能引发的社会和生态后果。2009年4月14日，乌外交部就中亚跨境河流水资源利用问题发表了措辞严厉的立场声明，要求在跨境河流上建设水电站必须与流域内所有国家协商，必须提供国际独立机构的评估鉴定，确保不会对流域水量平衡和生态环境造成损害，不会引发自然灾害。同年11月初，乌兹别克斯坦宣布将从12月1日起脱离中亚统一电力系统。塔吉克斯坦专家认为，乌兹别克斯坦此举具有强烈的政治色彩，乌兹别克斯坦此时宣布退出中亚电力联盟，会使得塔政府早前与土库曼斯坦商定的以2美分的低价购电的协议将因无法经乌兹别克斯坦电网过境中转而成为一纸空谈，乌兹别克斯坦由此可以获得对塔吉克斯坦经济和内政更大的影响力，并借机要挟其他国家以显示自己在中亚的主导地位，而塔本已存在的冬季电力紧缺问题则将更加突出，因此，建议塔政府立即采取反制措施，以迫使乌兹别克斯坦收回退出中亚电力联盟的决定。②

随着事态的发展，塔吉克斯坦和乌兹别克斯坦关于水电开发的矛盾不断升级。2010年2月4日，乌兹别克斯坦总理以致塔总理公开信的方

---

① 中国驻塔吉克斯坦经济商务处：《塔专家认为建造罗贡水电站有利于该地区开发土地资源和解决咸海问题》，中国商务部网站，2011年3月1日，http://tj.mofcom.gov.cn/article/jmxw/201103/20110307422501.shtml。

② 中国驻塔吉克使馆经济商务处：《塔政府评论家建议政府对乌兹别克施压》，中国商务部网站，2009年11月26日，http://tj.mofcom.gov.cn/article/jmxw/200911/20091106637827.shtml。

式再次重申本国立场，称如果本国的立场被忽视，乌方将保留向国际社会和世界经济组织申诉的权利。[①] 乌外交部网站发布了美国专家组关于罗贡水电站的建成对乌兹别克斯坦经济影响的文章。文章引用美方的研究结果表明，随着罗贡水电站的建成、蓄水和投入使用，将造成位于下游的乌兹别克斯坦严重缺水，预计乌国内农业每年将损失6亿美元，将导致国内生产总值下降2%，农业灌溉用地将减少约50万公顷，并造成30万人口失业。[②] 而塔方同样态度坚决。塔总统拉赫蒙于2011年表示，除了建设罗贡水电站外，塔在能源需求快速增加条件下，别无他法。[③] 经过与下游国家及世界银行等国际组织的多次协商，塔方于2010年与世界银行签署协议，同意就罗贡水电站项目开展环境鉴定和技术经济评估，并于2011年选择瑞士的贝利能源公司（Poyry Energy Ltd）为该项目承包人。与此同时，塔政府不断向罗贡水电站增加建设资金投入，并表示一旦这两项鉴定结果公布，将立刻全额拨款。

除了跨界水资源上游塔吉克斯坦的罗贡水电站，同样作为上游国家的吉尔吉斯斯坦也推出了卡姆巴拉金1号水电站建设计划，并同样遭到了哈萨克斯坦和乌兹别克斯坦的一致反对。由此可以看出，在水资源禀赋具有重大差别的情况下，中亚各国很难就水资源利用问题达成一致，这使其成为影响国家间关系发展的重要因素。

---

① 中国驻乌兹别克斯坦使馆经济商务处：《乌兹别克斯坦共和国关于在中亚跨境河流上兴建水电设施的立场声明》（中译本参考译文），文章来源：乌兹别克斯坦外交部网站，2009年4月14日，中国商务部网站，http://images.mofcom.gov.cn/uz/accessory/201006/1276334774855.pdf。

② 中国驻塔吉克斯坦使馆经济商务处：《乌官方称塔若建成罗贡水电站将对其经济造成严重影响》，中国商务部网站，2012年6月27日，http://tj.mofcom.gov.cn/article/jmxw/2。

③ 中国驻塔吉克斯坦使馆经济商务处：《塔对罗贡水电站建设态度坚决》，中国商务部网站，2011年11月23日，http://tj.mofcom.gov.cn/article/jmxw/201111/20111107842909.shtml。

（二）水资源使用费问题

在苏联时期的统一调配下，中亚地区形成了严格的燃料能源与水交换补偿机制，即上游的塔吉两国水资源应优先保障下游国家的农业灌溉，尤其是棉花、小麦和稻米等农作物的用水需求，塔吉两国需从秋冬开始蓄水，待来年春夏农作物生长期再为下游国家供水。作为对上游国家原本用作发电但春夏给了下游国家灌溉的水资源损失的补偿，塔吉两国发电（热电）所需的燃料由下游国家提供，具体分工是：两国所需煤炭和重油由哈提供，所需天然气则由土、乌提供。在这一机制下，中亚国家在苏联时期围绕着水资源利用基本不存在重大矛盾与纠纷。①

五国独立后，经济运行模式开始走向市场化，水换能源机制运行的外在环境发生了质的转变。一方面，以吉为代表的上游国家以立法的形式正式确认了水资源是商品，规定从吉国获得水资源的国家（主要是哈、乌两国）应支付相应费用。此外，吉政府还酝酿制定《水资源出口法》，此法出台后，水将作为商品向邻国哈、乌出口，吉方每年可因此获利约650万美元。② 吉方的这一举动塔方亦有意效仿。另一方面，在国际能源价格节节攀升的背景下，下游国家欲将能源价格与国际市场接轨而不愿继续承担为上游国家提供燃料补偿的义务，且希望上游国家

① 焦一强、刘一凡：《中亚水资源问题：症结、影响与前景》，《新疆社会科学》2013年第1期，第79页。

② 中国驻吉尔吉斯斯坦大使馆经济商务处：《吉尔吉斯酝酿出台水资源出口法》，中国商务部网站，2008年10月20日，http://kg.mofcom.gov.cn/article/jmxw/200810/20081005841474.shtml。

按国际能源价格用外汇直接购买其燃料。[①] 很显然，上下游国家这种强调本国能源自主性的政策取向，无疑会增加中亚地区水资源竞争的复杂性。

（三）水质及相关环境问题

水质总是随着流程的增加而降低，因此，下游国家要求上游国家把水质保持在一定水平上。水质问题不仅存在于中亚上下游国家之间，同样也存在于下游国家之间。如乌兹别克斯坦曾在2000年指责塔吉克斯坦污染跨境河流，导致本国河岸卫生状况十分糟糕，引发传染性伤寒在乌扩散。[②] 而哈萨克斯坦则提出，从乌兹别克斯坦流进本国的水质非常差，含有大量的有害化学成分，严格讲，其水质已同污水无差别，根本就不能用于农业灌溉，而农业灌溉用水的水质直接影响到农作物的产量及质量。[③]

在与水资源相关的环境问题中，咸海污染尤其引人关注。自20世纪五六十年代起，作为咸海主要水源的锡尔河和阿姆河的水资源被过度利用和浪费，致使咸海水量逐步减少到原来的三分之一，湖面更是急剧缩小到过去的四分之一，咸海已从昔日的世界第四大湖降至第六位。干涸的湖床产生了总量达100多万吨的盐尘进入了空气，不仅持续影响着

---

① 焦一强、刘一凡：《中亚水资源问题：症结、影响与前景》，《新疆社会科学》2013年第1期，第79页。

② 杨恕、王婷婷：《中亚水资源争议及其对国家关系的影响》，《兰州大学学报（社会科学版）》第5期，第55页。

③ 伊里旦·伊斯哈科夫、A. Ю. 古塞娃：《中亚地区水利资源利用问题》，《中亚信息》2001年第6期，第4页。

中亚及其周边地区，同时还影响了位于欧洲的阿尔卑斯山脉，从而成为一项具有全球性影响的生态危机。咸海污染还直接引发了沿岸的健康问题，被认为早已灭绝了的一些传染病也猖獗了起来。①

面对咸海生态危机，塔吉克斯坦和吉尔吉斯斯坦两国认为，这是咸海周边国家的事务，所以应该依照谁受害谁治理的原则处理；而哈、乌、土三国则认为，咸海生态危机给整个中亚地区都带来了危害，其根源在于注入咸海的水量减少，所以应该由区域各国共同治理。各国相互指责对方、推卸责任，谁都不愿投资治理咸海生态危机。② 由此导致已有的治理机制——咸海跨国委员会和拯救咸海国际基金会的运行效率低下，咸海生态环境未得到明显改善。2014 年 10 月，美国航空航天局（NASA）拍到中亚哈萨克斯坦和乌兹别克斯坦之间的咸海东部河床已经消失，并预测到 2020 年咸海或将完全消失。③ 这充分说明，中亚国家当前在应对水资源生态危机问题上的落后局面，从而亟须加强合作。

综上所述，水资源对于中亚五国所具有的战略意义以及各国间的用水权益的矛盾，使得水资源问题长期以来成为影响国家间关系的重要因素，并多次引发国家间的冲突。早在 1992 年，中亚五国就围绕阿姆河、锡尔河的水资源开始了争夺。2008 年春，居住在塔吉克斯坦和吉尔吉斯斯坦边界的两国居民因争夺水源而发生冲突，所幸没有动武。而最严重的一次，则是因托克托古拉水库的水量分配产生分歧，

---

① 中国驻乌兹别克使馆经济商务处：《乌兹别克自然环境安全评价》，中国商务部网站，200 年 10 月 22 日，http://uz.mofcom.gov.cn/article/ddgk/200710/20071005166061.shtml。

② 杨恕、王婷婷：《中亚水资源争议及其对国家关系的影响》，《兰州大学学报（社会科学版）》第 5 期，第 55 页。

③ 《咸海东岸 600 年来首次干涸生态危机日益严重》，人民网，2014 年 9 月 30 日，http://world.people.com.cn/n/2014/0930/c157278-25763952.html。

乌精锐空降部队兵临乌—吉边境，向吉方施压。[①] 面对复杂且紧迫的形势，中亚五国尝试以合作的方式应对共同面临的水资源危机。以下将探讨中亚五国在水资源治理合作方面的努力，并分析其无法取得应有成效的原因。

三、中亚五国水资源治理合作及其分析

跨界水资源，由于中亚地区缺乏在历史边界和资源共享方面进行协商的先例，以及苏联时期遗留下来的复杂的历史、政治和地缘等方面的因素，使得中亚国家间因跨界水资源利用及相关环境问题所产生的矛盾格外棘手。苏联解体后，中亚五国就已意识到水资源问题可能会影响到国家间关系的稳定，因此积极谋求通过多边或双边合作的方式解决水资源争端。中亚五国所签订的多边协议和达成的共识如下表 4 所示。

相比多边协议，中亚国家间的双边合作协议数量更多、内容更丰富，相关国家间每年都要签订有关水资源分配和利用的协议。比如，吉哈两国每年都签署《关于利用楚河和塔拉斯河水利设施的协议》，塔乌两国每年都签署《关于利用锡尔河水资源的协议》。[②] 总之，中亚五国并非在水资源治理上无所作为，而是积极探索各种形式的合作。特别值得一提的是中亚五国建立的水资源跨国协调委员会，以及应对咸海危机的努力。

---

① 孙长栋：《中亚水资源纠纷何时了》，中国水网，2008 年 8 月 5 日，http://news.h2o-china.com/html/2008/08/735741217901214_1.shtml。

② 张宁：《中亚国家的水资源合作》，《俄罗斯中亚东欧市场》2005 年第 10 期，第 34 页。

表 4　中亚五国签署的跨界河流多边协议和共识

日期	签署国	协议名称
1992 年 2 月 18 日	哈吉乌塔土	《关于共同管理国家间水源的水资源利用和保护的合作协议》，即《阿拉木图协议》
1993 年 3 月 26 日	哈吉乌塔土	《关于解决咸海及其周边地区危机并保障咸海地区社会经济发展的联合行动的协议》
1995 年 3 月 3 日	哈吉乌塔土	《关于咸海流域问题跨国委员会执委会实施未来 3—5 年改善咸海流域生态状况兼顾地区社会经济发展的行动计划的决议》
1995 年 9 月 20 日	哈吉乌塔土	《努库斯宣言》，即《咸海宣言》
1997 年 2 月 28 日	哈吉乌塔土	《阿拉木图宣言》
2008 年 9 月 18 日	哈吉乌塔土	《中亚国家间水协调委员会章程》

资料来源：笔者根据相关资料整理。

早在 1992 年，中亚五国代表就签订了《关于共同管理国家间水源的水资源利用和保护的合作协定》，其中明确认可各方在水资源利用方面享有同等的权利，对保证水资源的合理利用和保护负有同等的责任；共同利用所有国家的水利生产潜力；成立国家间水协调委员会，负责研究并确定每个国家及整个地区每年的用水限额。[①] 1993 年 3 月 23 日，中亚国家领导人根据上述协议决定成立了“水资源跨国协调委员会”。该委员会由中亚五国各派一名代表组成，在协商一致的基础上对该地区的水资源的利用和分配进行管理和协调。委员会下设秘书处、科技信息中心和两个水利联合体（由苏联时期的阿姆河流域水利管理委员会和锡尔河流域水利管理委员会发展而来）。委员会的任务是制定和协调各

① 该协定的相关条款参见水利部国际经济技术合作交流中心编译：《国际涉水条法选编》，北京：社会科学文献出版社 2011 年版，第 535—537 页。

个国家的用水限额及大型水库管理制度，确定每年注入咸海的水量；负责水利设施设备的管理和维护；为各个国家提供合理的水资源政策建议，协调各国立场和利益，共同开发咸海流域的水资源；建立信息数据库；发展水利科技，提高用水效率和普及节水措施；防止并处理水灾和水污染；开展国际交流合作等。[①] 随后，为了进一步规范委员会的职能和程序，中亚五国于2008年通过了工作章程。

除了水资源利用领域，咸海危机是中亚地区面临的又一大难题。为了更好地治理咸海生态危机，1993年3月，中亚五国首脑在哈萨克斯坦的克孜勒奥尔达举行会议，成立了咸海流域问题跨国委员会，并建立了拯救咸海国际基金会。1995年9月，在联合国倡议下，中亚国家和有关咸海流域可持续发展问题的国际组织在咸海南部的努库斯市举行了会议，中亚五国元首出席并签署了《努库斯宣言》（即《咸海宣言》），就治理咸海进一步达成一致。1997年2月，在阿拉木图召开了中亚地区首脑会议，发表了《阿拉木图宣言》。联合国、世界银行及其他国际组织派代表参加了会议。会议决定，将拯救咸海国际基金会与咸海流域问题跨国委员会合二为一，成立了新的拯救咸海国际基金会，基金会主席由中亚五国领导人轮流担任。由于咸海危机的影响已远远超出了区域界限，成为一项世界性议题，因此，获得了国际社会的广泛关注，联合国、世界环境组织、世界银行和欧盟等国际机构和其他国家多次召开以咸海为主题的会议，研究讨论咸海的现状和未来。[②]

然而，通过前文的论述可以看出，中亚地区已经建立的机制并未发

① 张宁：《中亚国家的水资源合作》，《俄罗斯中亚东欧市场》2005年第10期，第33页。
② 参见杨恕、田宝：《中亚地区生态环境问题述评》，《东欧中亚研究》2002年第5期，第51—55页。

挥应有的作用，中亚国家间因水资源利用和环境问题所产生的矛盾依然尖锐，咸海生态危机也并未得到明显改善，反而更加恶化。出现这种情况的主要原因在于，水利资源对于中亚国家经济而言至关重要，如何共同利用水资源已不仅是一个经济、生态问题，而是一个具有政治意义和决定国家间关系的战略性问题。当前中亚各国在共同利用水资源问题上的矛盾是由历史和现实的诸多因素积累造成的，综合来看，主要包括以下两个方面：第一，中亚地区的水资源主要用于国民经济的骨干部门，即农业灌溉和能源发展（水力发电），而这两个行业又分属于不同的国家，因此，水源分配问题直接关系着每个国家的经济命脉。在这种情况下，要较合理地解决水源分配、使中亚每个国家的经济利益均不受损害，从操作层面来讲本身就是一件十分困难的事情。第二，中亚国家独立后，虽然在经济上存在较强的相互依赖关系，但在政治上的互不信任，加之国内政治斗争的需要，促使中亚各国政府倾向于把灌溉水短缺问题以及电能、天然气、石油产品等动力资源紧张问题过度“安全化”，视为邻国对本国国家利益和国家安全的直接威胁。总之，中亚国家之所以在跨界水资源合作方面举步维艰，是主客观因素共同作用的结果，因此需要五国在提升互信的基础上，继续推进合作机制的构建。

四、未来发展

由于上下游用水利益难以调和，加之国家间缺乏政治互信，导致中亚地区尽管不乏水资源合作机制，但实际效果不明显，水资源问题依然严峻，并成为影响国家间关系和未来地区格局走势的重要影响因素。中亚国家独立之后，因政治、经济等原因，都倾向于走中亚地区一体化的道路。但是，一体化进程的前景在很大程度上将取决于各国能否较好地管控和解决跨界水资源领域的矛盾。正如来自中亚地区的专业人士所指出的，如果水资源分配问题得不到有效解决，中亚国家其他地区问题，包括中亚区域经济板块，将难以形成。① 中亚国家未来围绕水资源问题的互动将如何发展？

首先，供应不足与因管理不善而造成的浪费严重现象并存，使得未来中亚地区的水资源供应形势不容乐观。21 世纪初叶，中亚国家每年人均用水 2800 立方米，远远低于每人 7342 立方米的世界平均水平，也低于每人 3000 立方米的缺水上限。② 据估计，到 2020 年，中亚地区的总人口将增至 6000 万，在水资源不增加的情况下，每人的年均耗水量将减少到 1600~1700 立方米；到 2050 年，中亚地区的总人口将增至 1 亿，而由于冰川减少、植被破坏严重和使用不合理造成浪费等原因，该地区的水利资源将有可能比现在减少 10%—15%，人均耗水量将大大降低。因此，如何合理利用水资源，保护和改善自然环境，有效抑制浪费等，是目前中亚各国所面临的严重问题。③ 为此，各国间只有继续加强合作，才是解决这一问题的根本途径。

其次，积极开展水资源外交，提高国家间互信是破解当前合作困境的必要条件。有学者指出，取得关于共同利用水利资源的合理方法方面

---

① 中国驻塔吉克斯坦经济商务处：《水资源分配问题将影响中亚国家的区域合作》，中国商务部网站，2009 年 4 月 10 日，http://tj.mofcom.gov.cn/article/jmxw/200904/20090406163104.shtml。

② 释冰：《浅析中亚水资源危机与合作——从新现实主义到新自由主义视角的转换》，《俄罗斯中亚东欧市场》2009 年第 1 期，第 25 页。

③ 中国驻塔吉克斯坦大使馆经济商务处：《中亚国家将面临严重的水资源危机》，2003 年 1 月 15 日，http://tj.mofcom.gov.cn/article/jmjg/zwqtjmjg/200301/20030100063068.shtml。

的共识，但它能够迅速激起激进民族主义情绪，迅速带上民族政治色彩。[1] 对于中亚国家而言尤其如此。事实证明，尽管建立了若干规章制度乃至合作机制，但由于各国间在合作中过于强调本国利益的维护，对于他国的诉求存有质疑，因此这些合作机制并未发挥应有的作用。由此，中亚国家需要继续加强沟通，尽快建立水资源领域的政治互信，使已有的合作机制尽快落到实处。

最后，中亚地区水利资源紧缺问题已引起世界上其他国家的注意和重视，除了在此地区具有传统影响力的俄罗斯之外，西方一些国家也在积极考虑在中亚地区投资建设有关水利设施，帮助该地区合理规划和利用水资源。如针对中亚国家矛盾最为突出的罗贡水电站建设问题，美国参议院在 2011 年的一份报告中称，美国参议院支持有效利用中亚地区的水资源，认为罗贡水电站的建造和投入使用可以解决塔的许多经济问题，并可向阿富汗和巴基斯坦出售电能，因而塔建造罗贡水电站的方案是“适时的”。[2] 美国的这一表态，不仅表明其试图插手该地区的水资源事务，而且其立场和政策无疑将会使原有的矛盾趋复杂化。

由上分析可以看出，与其他地区相比，中亚地区的水资源治理合作并不令人乐观，水资源竞争的政治色彩更为突出，加之复杂的历史和地缘政治等因素的影响，使得各国间矛盾的解决愈加困难。中亚地区的水资源竞争也会对中国产生一定影响。如哈萨克斯坦曾表示，由于中国在境内大力开垦新的灌溉耕地，使得额尔齐斯河和伊犁河下游的哈境内水

---

① 伊里旦·伊斯哈科夫、A. Ю. 古塞娃：《中亚地区水利资源利用问题》，《中亚信息》2001 年第 6 期，第 1 页。

② 中国驻塔吉克斯坦大使馆经济商务处：《美国参议院支持塔建造罗贡水电站》，中国商务部网站，2011 年 3 月 1 日，http://tj.mofcom.gov.cn/article/jmxw/201103/20110307422500.shtml。

量减少，造成了哈萨克斯坦水资源的困境，并将引发生态灾难，使巴尔喀什湖干涸和周围地区沙漠化。[①] 2010 年 6 月，中哈双方就跨境河流水质保护协议的文本草案交换了意见，并同意继续对协议文本进行讨论。哈方表示，"由于中国并未加入赫尔辛基公约，而哈萨克、俄罗斯和乌兹别克是公约成员国，所以，与中国的谈判并非一帆风顺"[②]。由此可见，在中亚地区水资源竞争日益凸显的背景下，中国也将无法独善其身，应加强与中亚各国在水资源利用方面的合作，为中国及地区发展营造积极的周边环境。

① 中国驻哈萨克斯坦大使馆经济商务处：《哈萨克斯坦农业部长称中国造成哈水资源缺乏》，2009 年 4 月 1 日，http://kz.mofcom.gov.cn/aarticle/jmxw/200904/20090406141959.html。

② 中国驻哈萨克斯坦大使馆经济商务处：《中哈就签订跨境河流水质保护协议进行磋商》，2010 年 6 月 29 日，http://kz.mofcom.gov.cn/aarticle/jmxw/201006/20100606995030.html。

第八章　澜湄水资源合作的未来：从多元参与到多层治理

前文对多元行为体参与澜湄水资源治理进行了梳理和分析，并分析了其他国际河流在推动多层治理方面的经验及挑战，那么，澜湄流域水资源合作能否从“多元参与”走向“多层治理”？本章拟从理论和实践两个方面对这一问题进行探讨。

第一节　澜湄水资源多层治理的理论依据及适用性

与国外相比，国内学界对于多层治理的研究并不多见。[①] 从理论上讲，多层治理源于治理和全球治理；从实践上讲，则直接来源于欧洲一体化的发展，即多层治理是在治理和全球治理理论不断发展和完善的背景下，用以解释欧洲一体化，尤其是欧盟决策机制的学说。当前学界对

---

① 国内相关研究参见朱贵昌：《多层治理理论与欧洲一体化》，济南：山东大学出版社 2009 年版；雷建锋：《欧盟多层治理与政策》，北京：世界知识出版社 2011 年版；陈志敏：《全球多层治理中地方政府与国际组织的相互关系研究》，《国际观察》2008 年第 6 期，第 6—15 页；杨紫翔：《多层治理理论的亚洲经验：以大湄公河次区域治理中的亚洲开发银行为例》，《理论界》2014 年第 7 期，第 42—45 页等。

于多层治理的研究也大多局限于欧盟。然而，作为一个以欧洲政治为主要研究对象的概念，多层治理能否被用来解释和分析澜湄水资源开发与治理问题？如果答案是肯定的，那么在多层治理框架下，澜湄水资源治理主要表现为哪些特点？本节将就上述问题展开讨论。首先将就多层治理的理论内涵及体系架构进行宏观上的探讨，简要梳理从治理到全球治理再到多层治理的发展脉络，随后将阐述多层治理理论的主要内容，在此基础上构建符合澜湄流域自身特点的多层治理框架。

一、多层治理的理论与实践

如前所述，多层治理理论的提出是治理（全球治理）理论和欧洲一体化发展的共同结果，其中，治理与全球治理概念为多层治理奠定了理论内核和知识储备，而欧洲一体化的推进则为多层治理提供了实践基础。

（一）理论基础：治理与全球治理的主要内容

就提出的时间顺序而言，治理和全球治理在前，多层治理在后，后者是从前者发展而来的，三者在内涵上具有很大的共通性。因此，在论述多层治理的含义之前，有必要首先就治理和全球治理的提出及其内涵进行简要梳理。当前，治理和全球治理已成为政界和学界的广泛用法，但各方出于不同的学术背景和实际需要，对于它们的界定并不统一。鉴于学界对于该问题已多有探讨，在此不再一一展开，而是仅选取有代表性的观点。

1989年，世界银行在一份报告中首次使用了“治理危机”（crisis in governance）的说法，指出治理就是“为了发展而在一个国家的经济与社会资源的管理中运用权力的方式”,[①] 从而首次将现代意义上的治理概念引入到国家治理中来。[②] 此时，治理仅仅是指一个或某些国家政府（主要指发展中国家）管理不善的状况，尤其是用来描述后殖民地和发展中国家混乱的政治状况。也就是说，治理在刚刚被提出时仅限于一国内部，并不具有国际含义。[③]

然而，治理概念甫一问世，就得到了国际关系学者，尤其是西方学者的广泛关注。在他们看来，治理理念能够很好地概括冷战结束后国际政治经济格局所发生的巨大变化，更能为找到应对之策提供理论指引。冷战结束后，大国间爆发战争的可能性不断降低，合作成为主流。与此同时，各类非传统安全问题频发，成为国际社会面临的共同威胁。传统上，在国际社会无政府状态下，国家对国际事务的管理主要遵循两种路径，一是霸权稳定论所主张的由霸权国提供公共产品；二是（新）自由制度主义所主张的由国家通过制度性合作管理共同事务。而当国际局势不断发展，国际社会所面临威胁的性质发生了重大变化时，这两种传统路径极易出现失灵的情况，在这种情况下，“治理”的空间便出现了。[④] 治理理念在国际关系层面得以扩展，“全球治理”理念应运而生，它既是国际政治发展变化的必然结果，也是学者主动思考应对之策的产物。

---

① 周言：《以西方为中心的“全球治理论”》，《光明日报》2001年2月27日，第12版。

② 邵鹏：《全球治理：理论与实践》，长春：吉林出版集团2010年版，第40页。

③ 朱贵昌：《多层治理理论与欧洲一体化》，《外交评论》2006年第6期，第49页。

④ 参见杨晨曦：《东北亚地区环境治理的困境：基于地区环境治理结构与过程的分析》，《当代亚太》2013年第2期，第87页。

根据联合国全球治理委员会的定义，治理是指各种公共的或私人的机构管理其共同事务的诸多方式的总和。它是使相互冲突的或不同的利益得以调和并采取联合行动的持续过程。治理既包括有权迫使人们服从的正式制度和规则，也包括各种人们同意或认为符合其利益的非正式的制度安排。① 这一定义因具有极强的代表性和权威性而被广泛引用。全球治理理论的创始人之一詹姆斯·N. 罗西瑙（James N. Rosenau）则认为，治理是一系列活动领域里的管理机制，它们虽未得到正式授权，却能有效发挥作用。罗西瑙将治理定义为一种由共同目标支持的活动，这些管理活动的主体未必是政府，也无须依靠国家的强制力量来实现。他认为，与统治相比，治理是一种内涵更为丰富的现象。它既包括政府机制，同时也包含非正式、非政府的机制，随着治理范围的扩大，各色人等和各类组织得以借助这些机制满足各自的需要，并实现各自的愿望；治理是只有被多数人接受或者至少被它所影响的那些最有权势的人接受才会生效的规则体系。② 由上述定义可以看出，治理是对传统的统治理念的超越，正如中国学者俞可平所指出的，“治理与统治的最基本、乃至最本质的区别在于，治理虽然需要权威，但这个权威不一定是政府机关；统治的主体一定是社会公共机构，但治理的主体可以是公共机构，也可以是私人机构，还可以是两者的联合。治理是政治国家与公民社会的合作、政府与非政府的合作、公共机构与私人机构的合作”。③ 治理的中心特点表现为“私人机构和非政府组织在治理的创建和执行方面

---

① Commission on Global Governance, *Our Global Neighborhood: The Report of the Commission on Global Governance*(Oxford: Oxford University Press, 1995), pp. 2-3.

② 参见［美］詹姆斯·N. 罗西瑙：《没有政府的治理》（张胜军、刘小林等译），南昌：江西人民出版社 2001 年版。

③ 俞可平：《全球治理引论》，《马克思主义与现实》2002 年第 1 期，第 22 页。

所起到的重要作用”；同时，这些非国家治理主体逐步联合而生成的全球公民社会（global civil society）也成为全球事务管理的重要因素。治理主体的多元化及其跨国网络（跨国公民社会）的结成，是当前全球与地区治理的重要特征。[①] 结合当前国际政治的现实，我们可以将全球治理的内容概括为以下三个方面：一是国家仍是国际事务的主要行为体；二是国际机制的功能和作用的发展；三是非政府行为体参与国家及国际决策制定和执行过程。[②]

当前，治理和全球治理理念已被各国政府所接受，并被越来越多地提上国际组织和各国政府的议事日程，成为影响各国政府和国际组织决策的重要实践性议题。[③] 可以说，我们已经进入“治理时代”。正是在这一背景下，在欧洲一体化的实践基础上，学者们提出了多层治理理念，后经不断完善和补充，其解释范围不断扩大，逐渐被应用于其他国际事务中。

（二）实践基础：欧洲一体化的发展

当前，欧盟已经发展成为世界上地区一体化程度最高的国家集团。自欧洲一体化肇始直至欧盟的成立，学界就对其显示出了极大的研究兴趣，对欧洲共同体/欧盟发起的原因、发展的动力和性质等进行了全方位的考察，并逐步发展出新功能主义、现实主义、自由政府间主义等一

---

① 杨晨曦：《东北亚地区环境治理的困境：基于地区环境治理结构与过程的分析》，《当代亚太》2013 年第 2 期，第 88 页。

② Philippe Sands, “International Law in the Field of Sustainable Development,” *British Yearbook of International Law 1994*, Vol.65, No.1, pp. 355-356.

③ 张胜军：《为一个更加公正的世界而努力——全球深度治理的目标与前景》，《中国治理评论》2012 年第 3 辑，第 70—99 页。

体化理论，特别是在标志着一体化重启的《马斯特里赫特条约》签署后，人们对一体化的解释更趋多样化，出现了各种理论学说相互融合的综合性解释方案，研究的领域也转向了对欧盟政治实体的具体运转、政策的制订与实施的研究。其中最引人注目的就是欧洲一体化的治理理论。与一般治理和全球治理理论相比，欧洲治理理论较为完备成熟，且与欧洲一体化的实践比较吻合，因而具有较强的理论说服力。治理理论不仅在欧洲学者中间产生了很大影响，而且还被欧盟的官方机构所认可和采纳，已成为欧盟的官方语言。① 如，2001 年 7 月，欧盟委员会为此专门发表了《欧盟治理》的白皮书，提出了“善治”的四项基本原则——公开、参与、责任性和一致性，呼吁欧盟机构应该在上述原则下加强机制建设，并提出欧盟治理应该推广到全球层面的愿景。② 在欧洲治理这一总题目下，学者们提出了一系列诸如“多层治理”（multi-level governance）、“集体治理”（collective governance）、“复合治理”（complex governance）、“网络治理”（network governance）、“超国家治理”（supra-nation governance）、“新治理”（new governance）等新概念。③

在着手完成内部市场和吸收希腊、葡萄牙、西班牙入盟的背景下，欧共体委员会和欧共体议会在 1988 年赢得了成员国政府对结构政策（structural policy）④ 进行改革的支持。改革主要从两方面进行：一方面，成员国政府同意将援助不发达地区的结构基金增加一倍，以便对新

① 朱贵昌：《多层治理理论与欧洲一体化》，济南：山东大学出版社 2009 年版，第 20 页。

② Commission of the European Communities, *European Governance: A White Paper*, No. 25. 7, Brussels, 2001.

③ 朱贵昌：《多层治理理论与欧洲一体化》，济南：山东大学出版社 2009 年版，第 20 页。

④ 为了解决欧盟内部地区发展不平衡问题，尤其是东扩后新老成员国的发展差距问题，欧盟成立了地区委员会，专门负责协调地区发展，其中一个最重要的手段就是成立结构基金。

加入的贫困成员国和受内部市场冲击的地区给以资金支持；另一方面，为了更有效地使用这些资金，发挥结构基金的作用，成员国政府尽管有些不情愿但还是接受了欧盟委员会的建议，同意基金由包括中央政府、地方政府和超国家行为体即欧盟委员会所组成的伙伴关系来管理，而不是像过去那样单纯由成员国政府自己管理。学者们正是在研究欧盟结构政策的发展尤其是该政策治理的伙伴关系原则的基础上，提出并发展了“多层治理”的概念。[①]

二、多层治理的主要内容及特征

最早系统提出多层治理概念的是盖里·马科斯（Gary Marks）、里斯贝特·胡格（Liesbet Hooghe）和克米特·布朗克（Kermit Blank）。1996年，三人在欧洲的《共同市场研究》杂志上发表了名为《20世纪80年代以来的欧洲一体化：国家中心治理与多层治理比较》一文，从而首次将多层治理概念引入欧洲一体化讨论。随后，三人用多层治理理念来解释各方围绕结构基金管理权的互动，以及决策权向欧盟机制和次国家权威两个向度的拓展，指出“一体化是一个政体创建的过程。在这一过程中，权威和对政策制定的影响被多层政府分享——次国家的、国家的和超国家的，等等。在国家政府是欧盟政策制定者的同时，控制权已从它们手中滑向了超国家机制。国家已丧失了一些它们早先的对其各自领土上的个体的权威控制。简言之，政治控制的中心已发生了变化，国家主权被欧盟成员国间的集体决策和欧洲议会、欧盟委员会及欧

① 朱贵昌：《多层治理理论与欧洲一体化》，济南：山东大学出版社2009年版，第25页。

洲法院的自治角色所稀释"。[①] 他们认为，国家和次国家两种行为体以及国家权力让渡的向上和向下两种趋势，共同决定了欧盟政治发展的形态。在欧盟出现的重叠和多层的决策网络中，次国家行为体是重要的行为体，而国家不再是当然的中心，也不再存在一个单一的核心。在政策贯彻落实阶段，次国家行为体的作用尤为显著。[②]

除了重视非国家行为体的作用外，马科斯、胡格和布朗克还特别强调治理的相互联系性。三人指出，"在成员国政府偏好的形成过程中，成员国政府依然是重要的舞台。多层治理模式反对这样的观点，即次成员国行为体只能在国家范围内发挥作用。相反，次成员国行为体的活动既在成员国层面，也在超国家层面，成员国政府共享而不是垄断、控制许多它们特定管辖权内的活动"。[③] 因此，"多层次"意味着在不同管辖权层面活动的行为体之间的相互依赖——地方、区域、成员国、超国家，而"治理"则指的是非等级制的决策形式的重要性不断增加，如包含公共机构以及私人行为体的动态网络。[④] 由此，马科斯和胡格指出了多层治理体系最重要的两方面特征，一是"决策权由不同层面的行为体共同行使，而不是为国家政府所独占"；二是"政治领域是相互联

① Gary Marks, Liesbet Hooghe and Kermit Blank, "European Integration from the 1980s: State-Centric v. Multi-level Governance," *Journal of Common Market Studies*, Vol. 34, No. 3, September 1996, pp. 341-378.

② Gary Marks, Liesbet Hooghe and Kermit Blank, "European Integration from the 1980s: State-Centric v. Multi-level Governance," *Journal of Common Market Studies*, Vol. 34, No. 3, September 1996, pp. 341-378.

③ Gary Marks, Liesbet Hooghe and Kermit Blank, "European Integration from the 1980s: State-Centric v. Multi-level Governance," *Journal of Common Market Studies*, Vol. 34, No. 3, September 1996, pp. 17-27.

④ 贝娅特·科勒-科赫、贝特霍尔德·里滕伯格：《欧盟研究中的"治理转向"》，《欧洲研究》2007年第5期，第28页。

系而非彼此隔离的”。[①] 即多层治理意味着欧盟成员国中央政府决策权力向欧盟超国家机构的向上让渡，向地方政府的权力下放，以及由此而来的超国家行为体、成员国政府及次国家行为体对欧盟事务和政策制定的共同参与，以形成能够使各方满意的决策的政治实践。[②]

在马科斯、胡格和布朗克三人研究的基础上，不断有学者对多层治理理论进行完善与发展，使之逐渐得到学界的认可。除了上文提到的两个特点外，学者还提出多层治理体系具有动态性的特征，即人们不能准确界定各层级在欧洲治理中的功能，因为它会随着时间和政策领域的不同而变化。也就是说，多层治理的参与主体和层级会因为它们所面临的政策任务和治理形式的不同而有所变化。[③] 欧盟多层治理的体系架构如下图 2 所示。

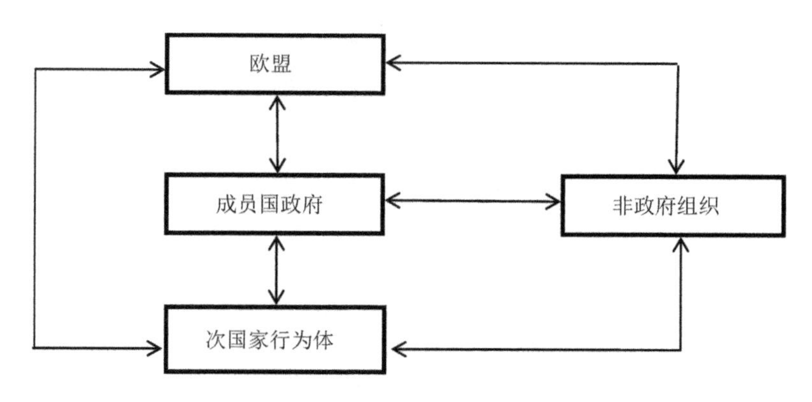

图 2　多层治理的体系架构

资料来源：蓝玉春：《欧盟多层次治理：论点与现象》，《政治科学论坛》2005 年第 24 期，第 54 页。

① 雷建锋：《欧盟多层治理与政策》，北京：世界知识出版社 2011 年版，第 36 页。

② 雷建锋：《欧盟多层治理与政策》，北京：世界知识出版社 2011 年版，序言，第 5 页。

③ 王再文、李刚：《区域合作的协调机制：多层治理理论与欧盟经验》，《当代经济管理》2009 年第 9 期，第 48—53 页。

三、多层治理理论在澜湄水资源合作中的适用性

尽管多层治理理念发源于欧洲，但近年来有越来越多的学者将其引入国际关系研究领域，解释力日益受到学界的认可。[①] 多层治理之所以能够突破欧盟的局限，成为一个广泛适用的理念，原因在于其不但能够反映全球范围内权力流散的新趋势，而且能够为各行为体在国际事务治理中谋求利益分享提供理论支持。因此，多层治理既适用于探讨和比较世界其他地区所出现的一体化或者地区化发展趋势，也可以解释多种行为体在具体国际事务中的互动。前者如拉美和亚洲等发展中地区建立的区域合作组织，尽管其具体形式和发展程度不同于欧盟，但它们均代表了各自地区合作的最高程度，且合作领域涵盖经济、政治、安全、文化等多个方面。后者如在应对全球气候变化和恐怖主义等非传统威胁中，以非政府组织为代表的非国家行为体的影响力不断提升，它们的活动不仅表明各政府间相互依赖的加深，而且对解决各种新威胁具有重要作用。[②]

多层治理主要包括两种类型（见表5）。第一种类型是民族国家的内部治理，关注的核心是中央政府与地方政府的关系，等级性比较强，

---

① 相关研究参见 Miranda A. Schreurs, "Multi-level Governance and Global Climate Change in East Asia," *Asian Economic Policy Review*, Vol. 5, No. 1, June 2010, pp. 88 – 105; Claudia Pahl-Wostl, Joyeeta Gupta, and Daniel Petry, "Governance and the Global Water System: A Theoretical Exploration," *Global Governance*, Vol. 14, No. 4, October-December 2008, pp. 419 – 435; Katarina Eckerberg and Marko Joas, "Multi-level Environmental Governance: A Concept under Stress?" *Local Environment*, Vol. 9, No. 5, October 2004, pp. 405–412; Matthias Finger, Ludivine Tamiotti, and Jeremy Allouche, eds., *The Multi-governance of Water: Four Case Studies*(NY: State University of New York Press, 2006)。

② Gary Goertz, "Regional Governance: The Evolution of a New Institutional Form," Paper presented at the American Political Science Association, San Diego, 2011.

倾向于意见表达和政治竞争。第二种治理存在的范围比较广，从各种各样的国际组织、国际体制到跨边界地区都能发现这种治理模式。[①] 它是一种多中心的治理，等级性比较弱，是一种工具性安排，基于自愿和功能性的目的，便于成员的加入和退出，强调问题的解决和效率，并尽量避免冲突。本研究所讨论的澜湄水资源多层治理属于第二种类型。

表 5　多层治理的类型及倾向性

类型	
类型Ⅰ	类型Ⅱ
多种任务治理	具体任务治理
治理层面排斥不重叠	治理层面交叉重叠
治理层面数量有限	治理层面数量不受限制
治理体制稳定持久	治理体制灵活易变
倾向性	
内在的共同体	外在的共同体
发言	退出
冲突表达	冲突避免

资料来源：Gary Marks and Liesbet Hooghe, "Constructing Visions of Multi-level Governance," in Ian Bache and Matthew Flinders, eds., *Multi-level Governance*(Oxford: Oxford University Press, 2004), pp. 17–27。

由上表可以看出，多层治理分析框架对于分析澜湄水资源问题具有较强的适用性与解释力。首先，多层治理是一个包括不同机构、行为体、资源、规则和机制的持续互动的治理进程，这实际上是一种利益攸

① 朱贵昌：《多层治理理论与欧洲一体化》，济南：山东大学出版社 2009 年版，第 36—38 页。

关方的方法（stakeholder approach）。[1] 它确保具有不同关注的行为体进入政策制定过程，从而通过多种利益攸关方的参与过程创造公共物品。[2] 这不仅与澜湄水资源治理中的权力流散趋势相吻合，而且能够确保各利益攸关方参与政策制定。其次，多层治理的总体目标是通过应用可持续的自然资源管理方式避免资源冲突，[3] 这也符合澜湄流域国的共同利益。再次，围绕水资源治理，各行为体形成了一个议题网络，国家虽然仍具有最高权威，但这种权威受到了来自超国家机构、国内团体和非国家行为体的巨大挑战。最后，决策的过程是非封闭性和动态的，相关行为体可以根据议题的不同决定是否参与以及参与方式，同时，各个行为体在其中所发挥的作用也会有所不同。因此，对于澜湄流域来说，多层治理理念不仅可以全面反映澜湄水资源权力流散与利益分享的特点，而且能够有效弥补当前区域合作机制的不足，为我们找到一种行之有效的治理模式提供了理论框架。

在多层治理架构中，最关键的是要建立一个具有广泛代表性和权威性的协调机制，将政府、国际组织、非政府组织的活动纳入一个统一的治理网络中。在多种行为体共同参与的情况下，决策权由不同层面的行为体共享，而不是由成员国政府垄断，治理的进程不再排外性地由国家来引导，多种行为体之间的关系是非等级的。不同层面的影响力因问题的不同而有所差异。不同层面上的行为体和决策方式也不相同。同时，

---

① Mathias Finger, Ludivine Tamiotti and Jeremy Allouche, eds., *The Multi-Governance of Water: Four Case Studies*(NY: State University of New York Press, 2006), p. 4.

② See Samuel Hickey and Giles Mohan, eds., *Participation: From Tyranny to Transformation? Exploring New Approaches to Participation in Development*(London: Zed Books, 2005).

③ Oliver Hensengerth, "Transboundary River Cooperation and the Regional Public Good: The Case of the Mekong River," *Contemporary Southeast Asia*, Vol. 31, No. 2, 2009, pp. 326-349.

各个层面之间并不是彼此分离的，而是在功能上相互补充、在职权上交叉重叠、在行动上相互依赖、在目标上协调一致的，由此形成了一种新的集体决策模式。根据澜湄流域权力流散与利益分享的特征，其多层治理结构应当包含以下四个层次：一是流域国家之间的合作，二是区域性水资源合作机制，三是区域内国家与区域外国家的协调机制，四是非国家行为体（非政府组织、市民社会）的参与机制，见图3。

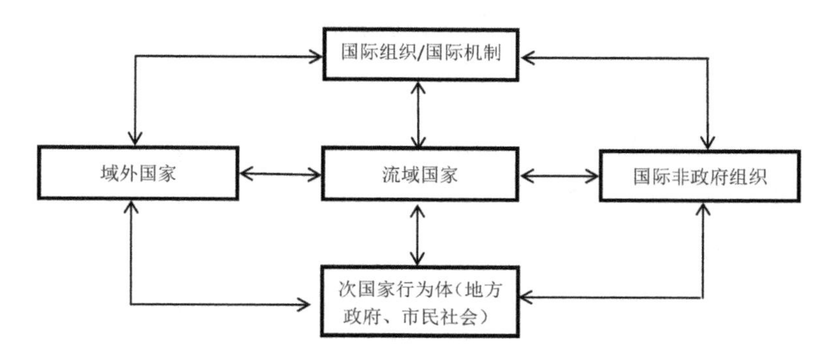

图3　澜湄水资源多层治理的体系架构

资料来源：作者自制。

第二节　中国的澜湄水外交：从“有限合作”到“全面参与”

在国际河流或跨界水资源的国际合作中，上游国家往往倾向于采取不合作或低层次合作的政策，以保证本国的水资源开发与使用权。如前文所述，在澜湄水资源合作中，中国长期以来采取“积极但有限参与地区合作”的原则，较好地平衡了“维权”与“维稳”两大目标。但随着形势的发展，澜湄水资源治理中出现了一系列新的趋势和挑战，如域外国家的介入、新的治理理念的普及以及中国周边外交的新要求等，对中国的澜湄水外交提出了更高要求。2015 年澜湄合作机制的启动标志着中国开始全面参与澜湄水资源治理，如何全面规划和设计澜湄合作框架下的水资源合作，深化中国同流域国家的友好关系，成为一项重要而紧迫的课题。本章着重分析了中国全面推进澜湄水外交的动力，并尝试提出中国澜湄水外交的未来发展方向和政策重点。

长期以来，中国与下游流域组织湄公河委员会保持着较为良好的合作关系，在澜湄水资源管理中实行的是一种以技术合作和信息交换为主的“有限合作”方式。20 世纪 90 年代以来，随着澜湄水问题的日益升温，围绕上游水坝的生态影响问题，引起了来自政府、科学界、国际关系学者以及媒体人士的广泛关注，讨论的焦点集中在澜沧江水坝是否会对下游湄公河的水量产生显著影响，并进而破坏下游渔业和农业生产的生态基础，损害流域国家的生态安全、经济安全以及流域居民的生计。一个新的趋势是澜湄水资源问题已超越水问题本身，而表现为对流域可持续发展的综合关注。

如果说，中国过去在澜湄资源管理合作中所奉行的“积极但有限参与地区合作”原则在一定程度上表现出中国对开展深度合作的动力不足的话，那么随着中国“一带一路”的推进，以及澜湄水资源开发治理领域出现的新趋势和新情况，中国原有的政策所面临的困难与阻力会日益增大，或不足以应对未来水资源治理领域可能会出现的潜在风险。因此，需要重视“维稳”问题，对现有政策加以调整，[①] 特别是要探索参与流域治理的有效途径，创新水外交理念和实践，加强中国在澜湄水资源治理方面的主动性和掌控力，避免在突发事件发生时陷于被动局面。

很长一段时间以来，中国与湄公河下游国家在水资源领域的合作并没有被视为一项优先的外交议题，与下游国家的机制化合作主要由水利部牵头，且主要集中于有限的水文资料的信息分享和技术合作层面。随着这一问题日益受到流域各国关注，它已经超越了水问题本身，而演变成为一项关乎战略、经济、安全等方面的综合性议题，[②] 其外交色彩不断浓厚，与中国周边外交的联动性亦有所增强。为此，本节引入“水外交”概念，认为应从战略和外交层面对中国与湄公河流域国家的水资源合作进行整体规划，做到未雨绸缪。

“水外交”作为一个严格意义上的概念，目前并没有一个完整和权威的界定。有国外学者指出，水外交主要关注的是建立在科学基础上和敏感社会约束范围内的广泛的水问题的解决方案，包括环境政策、水管理战略以及工程解决方案，等等。有国内学者将“水外交”定义为“一国政府为确保跨界水资源开发与合作中的利益，通过外交方式（其

① 郭延军：《中国参与澜沧江—湄公河水资源治理：政策评估与未来走势》，载复旦大学中国与周边国家关系研究中心编：《中国周边外交学刊》2015 年第 1 辑，北京：社会科学文献出版社，第 160 页。

② 郭延军：《湄公河水资源治理的新趋向与中国应对》，《东方早报》2014 年 1 月 17 日。

中涵盖技术和社会层面的举措）来解决跨界水合作问题的行为”①。笔者认为，水外交可从广义和狭义两个层面理解。广义上指的是国家以及相关行为体围绕水资源问题展开的涉外活动，狭义上指的是国家以及相关行为体围绕跨界水资源或国际河流水资源问题展开的涉外活动。据此，水外交大致可分为两类：一类是为实现水目标本身而开展的外交活动；另一类是为实现其他外交目标（包括政治、经济和军事）而开展的与水相关的外交活动。中国开展的周边水外交兼有这两个目标。

水外交概念的应用，意味着水资源问题在外交议程上的重要性进一步提升，水外交的主体和客体都将随之发生调整。在主体方面，最显著的变化是作为外交政策执行机构的外交部门，将在水外交政策的制定和实施过程中发挥主体作用；在客体方面，水外交也将超越单纯的水资源问题，不仅扩展到与水资源相关的议题，如环保、农业、渔业等，而且水资源问题也将成为服务其他外交目标的有效工具。

一、中国澜湄水外交政策调整的动力

在跨界水资源开发问题上，影响流域上下游国家开展合作或是不合作（包括冲突）的因素有很多。曾有学者对流域国家的政策取向建立

---

① 有关水外交的定义，参见 Shafiqul Islam, “Water Diplomacy Welcome,” http://sites.tufts.edu/waterdiplomacy, September 2010; Indianna D. Minto-Coy, “Water Diplomacy: Effecting Bilateral Partnerships for the Exploration and Mobilization of Water for Development,” SSRN Working Paper Series, February 2010；张励：《水外交：中国与湄公河国家跨界水合作及战略布局》，《国际关系研究》2014 年第 4 期。此外，联合国曾于 2014 年专门开设了一次关于水外交的基础培训课程。具体参见 United Nations Institute for Training and Research, “Introduction to Water Diplomacy online course,” October, 24, 2017, https://www.unwater.org/introduction-water-diplomacy-online-course/。本文中所指水外交是狭义上的定义。

了一项指标体系，其中列举了若干项影响因素，包括国家的经济规模和人口数量、国家间总体关系、国家间相对实力、基础设施开发和制度建设、地理临近程度、气候、降雨量和水的可利用性、农业和能源的依存度、政府类型等。[①] 除上述因素之外，本章认为，流域国家所处地理位置（上游/下游）也是影响流域国家水资源政策取向的重要因素。据此，本节将国家规模（相对实力）和地理位置作为两个重要变量来分析澜湄流域国家的政策取向。通过对南亚地区跨境河流的考察，可以清楚看到这两个变量与国家政策取向之间的相关性。印度作为南亚最大、实力最强的国家，通过与上下游国家签署有区别的双边协定，而不是流域范围的制度性框架，来维护自身的权益。例如，对于处于马哈卡利河（Mahakali）上游的尼泊尔，印度与其签署了《马哈卡利河条约》，用以推进一体化的水资源管理；而与处于恒河（Ganges）下游的孟加拉国，印度与其签署的《恒河条约》，则只是关注分水问题，条约适用范围大为缩小。[②] 印度凭借其压倒性的实力，分别与上游的尼泊尔和下游的孟加拉国签署了条约，而这两个条约中内容和规定都明显有利于印度。

这一案例对于支持国家规模/地理位置与政策取向之间的关联性无疑是有用的。进一步分析，不同的政策取向会辅之以不同的政策工具，政策的收益和风险也会随之体现，从而决定着国家是否需要调整政策，

① Shira Yoffe, Aaron T. Wolf and Mark Giordano, "Conflict and Cooperation Over International Freshwater Resources: Indicators of Basin at Risk," Paper No. 02036 of the Journal of the American Water Resources Association, October, 2003, pp. 1109 - 1126, https://doi.org/10.1111/j.1752-1688.2003.tb03696.x.

② Salman SMA and Uprety K., "Hydro-Politics in South Asia: A Comparative Analysis of the Mahakali and the Ganges Treaties," *Natural Resources Journal*, Vol. 39, 1999, p. 295; Naho Mirumachi, Mark Zeitoun and Jeroen Warner, "Transboundary Water Interactions and the UN Watercourses Convention: Allocating Water and Implementing Principles," in *The UN Watercourses Convention in Force: Strengthening International Law for Transboundary Water management* (New York: Earthscan, 2013), pp. 352-364.

见表6。[①]

表6　流域上下游国家（大国/小国）开展合作的动力

国家规模/地理位置	政策取向	政策工具	收益	风险	进一步合作的动力
大国/上游	不合作		保证自身开发权	下游反对、制衡或引发冲突；外部压力；有损大国形象	适应国际河流管理新趋势；应对下游的联合；减少水问题国际化的冲击；上游开发告一段落；实现更大外交目标
	低合作	有限的信息分享；技术交流与合作	保证自身开发权；避免或减少同下游冲突；改善大国形象	下游不信任；影响上下游国家整体关系	
	中/高合作	充分的信息分享；与下游国家签署协定或条约；建立合作机制；推进一体化管理	增进与下游互信；改善国际形象；促进流域整体保护	开发权受到制约	

① 为方便本文分析，这里只选取大国在上游、小国在下游这种情况，对大国和小国的定义则是基于领土大小和相对实力而作出的。

续表

国家规模/地理位置	政策取向	政策工具	收益	风险	进一步合作的动力
小国/下游	不合作		保证自主开发权	无法约束大国在上游开发；面临经济、环境、安全的诸多挑战；容易引发与上游国家矛盾甚至冲突	国际河流管理新理念和新实践；保护下游生态和环境；域外国家的支持；环境非政府组织的活动；下游小国间的联合（机制的建立）；政治上牵制上游大国
	低合作	有限的信息分享；技术交流与合作	增加信息透明；获得大国技术支持	不足以缓解“不合作”状态下的各种担忧和挑战	
	中/高合作	充分的信息分享；与上游国家签署协定或条约；建立合作机制；推进一体化管理	促进经济发展；降低生态环境的不确定性；缓解安全担忧	限制自身水资源开发；合作被大国主导	

资料来源：作者自制。

如表6所示，根据合作的紧密程度，国家在跨界水资源管理上大致有三种政策取向：不合作、低合作和中/高合作。[①] 位于上游的大国，如采取不合作政策，除了可最大限度保证自身开发权益外，面临的风险则比较大，甚至有可能导致与下游国家的冲突。因此，在一般情况下，

① 有学者把流域国家间的互动分为低冲突/低合作、低冲突/中合作、低冲突/高合作、中（高）冲突/低合作几种类型。参见 Mark Zeitoun and Nsho Mirumachi, “Transboundary Water Interaction I: Reconsidering Conflict and Cooperation,” *International Environment Agreements: Politics, Law & Economics*, Vol. 8, 2008, pp. 297-316, https://core.ac.uk/download/pdf/2767624.pdf。

不合作的政策并不是上游大国的优先选择。低合作的领域一般集中在有限的信息分享和技术交流与合作等方面，对于上游大国来说，低合作可以在保证自身开发权的前提下，通过开展信息和技术层面的合作，尽量避免和减少同下游国家的矛盾和冲突，但有限的合作也会造成下游国家的不信任，从而亦可能影响上下游国家间的整体关系。在上下游关系因水资源问题受损，同时，上游大国又有意愿改善关系的情况下，中/高层次的合作则有可能成为上游国家的政策选择，这意味着合作层次的明显提升。例如，充分的信息分享；上下游国家协定或条约的签署；全流域合作机制的建立；一体化管理等政策工具的使用等。从政策收益和风险来看，中/高层次的合作对于上游大国来说，似乎收益只是关乎与下游重建相互信任以及改善或提升国家声誉等非物质性利益，而风险则直接影响到其水资源自主开发权这一关乎经济发展甚至国家主权的重要问题。那么，上游大国为什么要推动中/高层次的合作呢？其动力何在？一般来说，促使上游大国推动进一步合作的动力有很多。例如，适应国际河流管理新趋势；应对下游的联合；减少水问题国际化的压力；上游开发告一段落；实现更大外交目标，等等。当然，让上游大国最终做出与下游开展更高层次合作的决定也并非易事，是上下游国家充分博弈的结果。

对处于下游的小国来说，采取不合作或低合作政策显然都不符合其利益诉求，与上游达成中/高层次合作是它们始终追求的目标。尽管中/高层次的合作也会在一定程度上限制其自身水资源开发，而且建立的合作机制或组织很有可能被上游大国所主导，但这些与现实的经济、生态、安全关切相比，并不足以削弱小国推动更紧密合作的决心。从上表8中可见，下游小国经常得到来自包括域外国家、环境非政府组织以及国际组织等各方面的支持，使它们有更大的动力敦促上游大国开展更高层次的合作。如果下游国家间建立起流域治理机构或组织，则可能更多地以“一个声音”对外，向上游大国施加压力，努力劝说其接受流域一体化治理理念甚至加入流域一体化组织，尽管很多时候下游国家对流域一体化管理也存在抵触。[①] 除此之外，在域外国家介入的背景下，推动流域一体化管理也可能成为下游小国牵制上游大国扩展影响力的政治工具。

对于中国来说，推动与下游在水资源领域开展更紧密合作的动力主要体现在以下方面。

（一）适应国际河流管理的新趋势

2012 年，美国一本名为《水外交：以谈判方式管理复杂水网络》的书中提出一种新的水外交框架，系统论述了水外交的理念和实践，在水外交领域产生了广泛影响，其中很多新观点可以视为未来水外交的发展方向。[②] 笔者认为，未来水外交应当重视以下五个新的趋势。[③]

第一，网络化。强调构建开放和灵活的水外交框架，通过构建广泛的水外交伙伴关系，由各领域专家组成网络化的研究和实践模式，为水外交提供更多专业化指导和建议。例如，2012 年，美国宣布建立新的

① 湄公河委员会作为湄公河流域唯一的一个从事水资源治理的政府间组织，正是发挥着这一作用。但是由于该组织的西方背景，一直未能成功邀请缅甸和中国成为其正式成员。同时，其四个成员国内部对于推进水资源开发治理一体化的行动也存在严重分歧，严重影响了其治理成效。

② Shafiqul Islam and Lawrence E. Susskind, *Water Diplomacy: A Negotiated Approach to Managing Complex Water Networks*, RFF Press Water Policy Series(New York: Routledge, 1 edition, June 22), 2012.

③ 相关论述参见郭延军：《“一带一路”建设中的中国周边水外交》，《亚太安全与海洋研究》2015 年第 2 期，第 81—93 页。

伙伴合作关系，应用与水问题有关的经验应对全球的水资源挑战。该伙伴关系将汇集在水资源问题上具有不同经验和知识的遍布全球的30多个机构、院所和维权组织。[①]网络化带来的直接结果就是水外交的研究和实践更为开放化、专业化和科学化，水外交的主体和议题也将因此而处于一个不断变化的过程之中，其中，非政府组织在水外交领域快速增长的影响力值得关注。（2）共享化。在自身没有权利去挑选较大利益的情况下，利益均分（或至少是利益共享）就是优选策略。[②] 在跨界水资源管理领域，“利益分享”概念逐步被各方接受，成为指导水外交实践的重要理念，[③] 并且在理论和实践层面不断得以丰富。[④] 2009年，世界银行公布了新的水电政策，利益分享成为此轮水电开发投资浪潮中的核心概念。[⑤] 2011年，在湄公河委员会发布的一份指导文件中指出，在流域管理和发展可持续的河流基础设施方面，利益分享已被广泛视为一个能够促进合作的有力和实用的工具。[⑥] （3）安全化。2009年联合国《世界水资源发展报告3：变化中世界的水资源》指出，水问题将严重

---

① 《国务卿克林顿增强美国解决世界用水难题的承诺》，美国驻华大使馆新浪博客，2012年3月22日，http://blog.sina.com.cn/s/blog_67f297b00102dzmz.html。

② 赵汀阳：《每个人的政治》，北京：社会科学文献出版社2010年版，第26页。

③ 世界水坝委员会编：《水坝与发展：决策的新框架》（刘毅、张伟译），北京：中国环境科学出版社2005年版，第184、186页。

④ 参见 Marwa Daoudy, “Benefit-sharing as a Tool of Conflict Transformation: Applying the Inter-SEDE Model to the Euphrates and Tigris River Basins,” *The Economics of Peace and Security Journal*, Vol. 2, No. 2, 2007, pp. 26-32; Tesfaye Tafesse, “Benefit-Sharing Framework in Transboundary River Basins: The Case of the Eastern Nile Subbasin,” Conference Papers, No. 1, 2009, International Water Management Institute, pp. 232-245; Oliver Hensengerth, Ines Dombrowsky and Waltina Scheumann, *Benefit-Sharing in Dam Projects on Shared Rivers* (Bonn: German Development Institute, 2012), p. 1。

⑤ The World Bank Group, *Directions in Hydropower*, The World Bank Working Paper No. 54727, March 1, 2009, http://siteresources.worldbank.org/EXTENERGY2/Resources/Directions_in_Hydropower_FINAL.Pdf.

⑥ MRC, “Knowledge Base on Benefit Sharing,” *MRC Initiative on Sustainable Hydropower*, Vol. 1, 2011, p. 7.

制约21世纪全球经济与社会发展，并可能导致国家间冲突。[①] 近年来，围绕国际河流跨界水资源的合理利用、公平分配、协调管理与可持续开发等问题出现了诸多争议或争端，成为影响国家间关系的重要变量，也促使国家更多地从安全角度重新审视水外交。2012年2月，美国国家情报委员会发布了《全球水安全：情报界评估》报告，得出的所谓“关键性结论”认为：为争夺水爆发战争的危险将在下一个10年增加。[②] 美国前国务卿希拉里·克林顿也指出，“水对全球和平、稳定与安全是一个必不可少的组成部分”[③]。水外交的安全化趋势势必进一步提升水问题在国家安全议程中的重要性。（4）法律化。近年来，国际法和国际仲裁在水外交领域重新获得重视。2014年5月，越南签署《国际水道非航行使用法公约》，成为该公约的第35个签约国，也意味着该公约于2014年8月正式生效。2015年10月，《跨界水道与国际湖泊保护与利用公约》扫除了“全球化”的最后一道程序障碍，正式向欧盟之外的所有联合国成员开放，从而成为跨界水资源领域第二部全球性公约。未来不能排除有些国家将法律手段引入包括澜湄水资源在内的中国周边跨界水资源问题中。（5）一体化。理论上讲，沿岸国之间的水资源治理水平，由低到高分别为：建立信息共享和交流机制；谈判达成双边或多边水条约；建立局部流域管理机构，单纯进行水量分配，或者联合进行水利工程开发；在条件成熟时再达成全流域条约，建立和运作全流域管理机构，最终实现一体化管理。越来越多的国家相信，通过

---

① UNESCO&WWAP, *UN World Water Development Report 3: Water in a Changing World*, 2009.

② U.S. National Intelligence Council, *Global Water Security: The Intelligence Community Assessment*, February 2, 2012.

③ 《国务卿克林顿增强美国解决世界用水难题的承诺》，美国驻华大使馆新浪博客，2012年3月22日，http://blog.sina.com.cn/s/blog_67f297b00102dzmz.html。

合作与协商，逐步实现一个兼顾各国国家利益的公正合理的全流域条约，最终建立一个覆盖全流域的水资源治理机构，是解决流域水争端的最佳途径。①

（二）推进“一带一路”建设的新要求

2013 年 10 月，中国国家主席习近平在出访东南亚国家期间，提出与东盟国家共建“21 世纪海上丝绸之路”的战略构想，得到国际社会高度关注和有关国家积极响应。② 2015 年 3 月正式发布《推动共建丝绸之路经济带和 21 世纪海上丝绸之路的愿景与行动》，详细阐述了“一带一路”建设的总体规划和具体合作领域。对于中国的“一带一路”建设，国际社会尤其是东盟沿线国家既抱有很高期待，同时也存在一些疑虑。③ “一带一路”能否顺利推进，很大程度上取决于中国与沿线国家政治互信的建立，而政治互信的建立又取决于中国与沿线国家之间的安全争议或冲突能否得到有效缓解或最终解决。然而，我们看到，除了在南海主权问题上存在争议外，中国还与中南半岛有关国家在流域水资源治理方面存在矛盾。如果处理不好，或将成为中国推进“一带一路”

---

① 何艳梅：《中国跨界水资源利用和保护法律问题研究》，上海：复旦大学出版社 2013 年版，第 40 页。

② 《和平合作开放包容互学互鉴互利共赢——推进“一带一路”建设工作领导小组负责人就“一带一路”建设有关问题答记者问》，人民网—人民日报，2015 年 3 月 30 日，http://finance.people.com.cn/n/2015/0330/c1004-26767655.html。

③ 参见 Akhilesh Pillalamarri, “Project Mausam: India’s Answer to China’s ‘Maritime Silk Road’,” *The Diplomat*, September 18, 2014, http://thediplomat.com/2014/09/project-mausam-indias-amnswer-to-chinas-maritime-silk-road/；赵亚赟：《俄罗斯智库专家对丝绸之路经济带的看法》，《经略简报》2014 年第 79 期；曾向红：《中亚国家对“丝绸之路经济带”构想的认知和预期》，《当代世界》2014 年第 4 期，人民网，http://world.people.com.cn/n/2014/0409/c1002-24857680.html。

建设中的障碍。

东盟已于2015正式宣布年底建成共同体。马来西亚外长指出，东盟共同体的成立不意味着东盟共同体建设进程的结束，而只是开始。[①]未来东盟共同体建设的一个重点任务就是缩小地区内发展差距，特别是缩小“老东盟”与“新东盟”国家之间的发展差距，能否尽快实现这一目标，是东盟共同体建成后能否具有活力、可持续性和凝聚力的重要因素。湄公河次区域五国经济社会发展相对落后，均面临着经济社会发展的紧迫任务。

作为“一带一路”建设的重要方向，澜沧江—湄公河次区域已成为中国推行周边外交新理念和“建设中国—东盟命运共同体”的“实验田”，[②]而水资源问题则是澜沧江—湄公河次区域合作中的核心议题之一，也将成为未来中国推进周边外交战略、塑造周边环境进程中的重要抓手。

积极开展周边水外交，对推进“一带一路”建设具有重要的意义和作用。一是可以缓解中国与周边国家在跨界河流管理方面的矛盾和争端，促进政治互信，从战略上巩固与重要节点国家（如哈萨克斯坦）的关系，为“一带一路”建设营造良好的周边政治环境。二是有助于形成“河海”良性互动关系，推动南海等领土、领海主权争端的解决。“双轨”思路明确了东盟作为一个整体在维护南海问题上的重要作用，因此中国与东盟将加速“南海行为准则”（COC）的磋商进程。[③]以水

---

① 《马来西亚外长宣布东盟共同体正式成立》，人民网，2015年12月31日，http://world.people.com.cn/n1/2015/1231/c157278-27999510.html。

② 参见刘稚：《大湄公河次区域合作发展报告（2014）》，北京：社会科学文献出版社2014年版，第22页。

③ 《中国—东盟高官磋商：同意早日达成“南海行为准则”》，新华网，2015年6月4日，http://news.xinhuanet.com/world/2015-06/04/c_1115517662.htm。

资源合作推动与中南半岛国家的政治互信，无疑将为中国在南海外交上争取到更多东盟国家的支持。三是通过水资源领域合作，打造新的经济增长点，促进区域互联互通建设。水资源领域敏感程度相对较低，更容易达成合作。中国可以充分利用自身在地缘、经济和技术等方面的优势，为周边国家提供更多水资源类公共产品，[①] 与周边国家就构建水资源合作机制展开务实合作。四是把水资源管理与国家的长远发展计划有机结合，有助于提升国家能力建设，[②] 更好地应对水资源合作领域中安全与发展的矛盾，实现安全与发展两大议题的有机统筹。

（三）缓解水资源问题国际化的新压力

定量研究发现，外部力量介入对中国整体跨界河流问题的影响作用有限，[③] 但具体到澜湄水资源问题，其国际化程度远远超过中国其他跨界河流，外部力量的介入程度和影响也远超中国其他跨界河流。而且，域外国家的介入，无论从目标、政策还是具体措施和项目上已不仅仅局限在水资源问题上，而是以水资源问题为切入点，以此实现更大的外交目标。如果将水资源问题置于更大范围的外交视域中，我们不难发现，域外国家的综合性介入使得水资源问题趋于复杂化，并且成为域外国家借此向中国施压、制衡中国在湄公河次区域影响力的重要途径。

美国自2009年启动“湄公河下游行动计划”以来，在水资源问题

① 李志斐：《水问题与国际关系：区域公共产品视角的分析》，《外交评论》2013年第2期，第108—118页。

② Andrea K. Gerlak, “One Basin at a Time: The Global Environment Facility and Governance of Transboundary Waters,” *Global Environmental Politics*, Vol. 4, No. 4, November 2004, pp. 108-141.

③ 李志斐：《中国跨国界河流问题影响因素分析》，《国际政治科学》2015年第2期，第90页。

上频频出招，公开向中国施加压力。如前所述，经过几年努力，一个美国主导的制度化、网络化、多层次和长期化的战略布局已经形成。美国一方面在水资源问题上对中国进行指责和施加压力，导致水资源问题进一步政治化、安全化和国际化，另一方面以水资源为切入点，加强在湄公河地区的制度化存在，对冲中国在该地区的影响力。如果不对这一趋势进行应对，将对中国周边外交产生负面影响。

二、中国全面参与澜湄水外交的政策方向及重点

为应对上述趋势，更好地推进中国同湄公河国家的合作，必须拿出制度性解决方案，并使之与改善宏观战略格局、湄公河委员会规程以及各利益攸关方对地区合作的态度和行为的努力结合起来。从目前的发展现状及未来趋势看，水资源治理已经超越了水问题本身，表现为一种对地区可持续发展的关注。中国参与水资源治理的方式也应从有限的技术合作扩展为全面性参与，以更好地适应流域水资源治理的需要。全面参与的重要表现应以水资源为合作切入点，但又要超越单纯的水资源议题，从战略层面探索、规划中国与湄公河次区域国家的合作路径。

2015 年 11 月，中国在澜湄水外交方面取得重要进展，其标志性事件是澜湄合作首次外长会议的召开。各方同意从互联互通、产能合作、跨境经济合作、水资源合作、农业和减贫合作五个方向优先推进，提供政策、金融、智力三个方面的重要支撑，以项目为主导，着重抓好落实。水资源合作与互联互通（如湄公河航道整治）、产能合作（如水电开发）、农业（如湄公河三角洲农业发展）、减贫（如湄公河沿岸渔民脱贫）等几个重点领域密切相关，因此，中方强调将水资源合作打造

成澜湄合作的旗舰领域，通过合作促发展、惠民生。2016年3月23日，首次澜湄合作机制领导人会议在中国海南开幕，来自中国和湄公河五国的领导人出席会议，共商合作大计。李克强总理出席会议并发表重要讲话。会议还签署了《三亚宣言》和《澜湄国家产能合作联合声明》等重要文件，对澜湄合作的政治架构、合作领域和发展方向都做了详细的规定，可以说为澜湄合作勾画了一幅美好的蓝图。本次澜湄合作领导人会议的召开，标志着该机制的进一步完善，有关项目也将随之进入落实阶段。澜湄合作虽然起步较晚，但与本地区其他合作机制相比，合作层次更高、领域更广、机制更完善、项目更接地气。① 而澜湄合作机制最大的优势在于：它是第一个完全由流域内国家组建的合作平台，更能反映本地区各国的利益诉求，因此，其发展前景也被各方普遍看好。

澜湄合作机制的顺利启动标志着中国开始全面参与澜湄水资源合作，水外交将成为中国参与澜湄合作的亮点和着力点。为此，中国应全面和系统规划未来澜湄水外交政策的方向和重点，真正把水资源合作打造成中国与湄公河国家合作的典范。

（一）加强政治互信，缓解下游国家担心

政治互信低仍是当前和未来澜湄水资源合作中面临的障碍。下游国家的主要担心包括：中国建立澜湄合作机制的目的在于分化海上东盟和陆上东盟国家；中国的澜湄合作机制很可能会取代湄公河委员会等现有合作机制，从而使中国在流域水资源管理方面的主导权进一步提升；澜

① 郭延军：《【专家看博鳌】澜湄领导人会议助推中国—东盟合作迈向新台阶》，中国日报网，2016年3月24日，http://www.chinadaily.com.cn/hqgj/2016-03/24/content_24075609.htm。

湄合作机制通过为下游国家提供发展项目支持，会让下游国家对中国的依赖程度进一步加深；中国通过一揽子的合作项目，目的是淡化和弱化水资源问题的重要性；等等。这些表现出下游国家对中国日益增长的影响力的担忧。如何通过澜湄合作机制减少或消除他们的担心，进而增进政治互信而不是加深政治猜疑，是中国应该着力解决的问题。

（二）倡导和践行新的合作理念和路径，探索可持续的水资源治理模式

随着中国在澜沧江“维权”任务（水电开发）基本告一段落，下一步澜湄水资源合作的重点应转移到“维稳”上来，即通过实施更为积极的水外交政策，全面参与地区合作，充分考虑和尊重流域各国的利益诉求，与下游国家开展流域性水资源管理合作，促进同下游国家关系的巩固和发展，为推进中国周边外交奠定坚实的地区基础。全面参与的水外交政策需要在理念和实践方面有所创新，而澜湄合作机制正是实现外交创新的有效平台。

中国传统哲学强调“己所不欲，勿施于人”，主张在与他人交往中不把自己不喜欢的事物强加于别人，体现的是一种自律的哲学倾向，但同时也是一种以自我为中心的价值评判标准，因而具有一定的局限性。中国著名哲学家赵汀阳先生曾对此进行过改良，提出“人所不欲，勿施于人”的理念。[①] 尽管只有一字之差，但意思却有很大区别。“人所不欲”则更加重视他人对事物的价值判断，是一种超越“自我中心”

---

① 赵汀阳：《每个人的政治》，北京：社会科学文献出版社 2010 年版，第 26 页。

主义的哲学观念。“一带一路”提出的共商、共建、共享的理念，表明中国绝不是将自身战略强加于别国，而是在相互尊重的基础上共同探索合作的最优模式，实现共同发展。“一带一路”所倡导的这些原则，正是在实践层面对这一哲学思想改良的最好呼应，也应成为中国在推进澜湄合作中所秉持的理念。

澜湄合作能否成为一个高效、可持续的合作平台，关键在于合作项目的有效落实。在水资源项目设计和执行中，应充分尊重和了解所在国家和地区的现实需求、合作意愿、传统文化，根据各国经济和社会的发展水平和结构性特点，因国、因地施策，重民生，促可持续发展和能力建设。例如，在参与湄公河水电开发项目中，不应一味“求大”。大型水电项目往往同时伴随着更高的政治、经济风险以及生态代价，21 世纪初以来，老挝、泰国等流域国家均已进入新一轮水电开发的热潮，但一个明显的趋势是这些国家不再单纯追求“高峡平湖”的大型水坝，而是更加倾向于发展“低坝”或“无坝”水电站，尽管后者产生的经济效益不及前者，但却是实现“环境友好型”水电开发的有效替代方案。对于拥有众多支流、水资源极其丰富的湄公河来说，这一替代方案具有广阔的发展前景，[①] 理应成为中国未来参与湄公河水电开发合作的重要方向。

① 笔者 2014 年在老挝调研时，老挝有关人士反复强调水电开发的这一新趋势，并希望中国能够重视这一趋势并抓住其中商机。

（三）加强与现有合作机制和利益攸关方的沟通与协调，推进水资源治理伙伴关系建设

东南亚民主化浪潮的发展使更多利益攸关方的诉求得以充分表达，它们参与政策过程的积极性也日益高涨。政府必须正面行为体以及利益诉求的多元化所带来的挑战，积极调整政策，才能获得更多选民的支持。在这一背景下，长期以来中国与东盟国家在合作中形成的那种“政府—政府”的模式日益暴露出其局限性，在某些条件下增加了国家间合作的不确定性。因此，需要更加重视“自下而上”的过程，与有关行为体建立起稳定的伙伴关系，让更多利益攸关方参与决策过程，增加决策过程的科学性和透明度，从而确保合作的顺利推进。

第一，澜湄合作机制要处理好同大湄公河次区域经济合作机制和湄公河委员会等地区机制之间的关系，避免功能重叠和恶性竞争。大湄公河次区域经济合作是亚行主导的区域性经济合作平台，自 1992 年成立以来就致力于推动大湄公河次区域的经济发展，其合作领域十分广泛，涉及贸易投资、农业、互联互通等九大优先领域，在促进大湄公河次区域发展积累了丰富经验，中国也在其中发挥着积极的作用。但长期以来，除水资源之外，澜湄合作机制和大湄公河次区域经济合作机制的合作领域高度重合，且很难加以区分。湄公河委员会是下游国家唯一一个专门从事水资源管理的区域性政府间国际组织。尽管其能力和影响力饱受诟病，但它在澜湄水资源管理方面仍发挥着独特的作用。近年来，湄公河委员会不断加强自身能力建设，力争在流域水资源管理中发挥更为

重要的作用。[①] 缅甸也正在考虑加入，如缅甸加入，将进一步提升湄公河委员会的影响力。中国虽然不是湄公河委员会成员国，但也与其保持着长期友好合作。澜湄合作机制的建立，在功能定位和合作领域上难免与现有机制产生重合，从而可能造成机制之间的竞争和资源浪费，影响澜湄合作机制的成效，因此与现有机制建立对话和协调就显得尤为重要。

第二，要建立和完善利益攸关方与社会行为体的参与和协商机制。尽管非国家行为体仍处于政府决策的“体制外力量”,[②] 但近年来非国家行为体以及地方社区的作用越来越多地被包括世界银行在内的国际开发援助机构所认可，并被视作项目能否顺利推进的关键因素。[③] 在水资源管理领域，通过构建各种利益攸关方的参与机制，推动伙伴关系建设，尤其应通过建立公私部门的良好合作关系，是确保公众参与和利益分享机制具有可持续性的关键。在构建利益分享机制时，应特别重视加强与非政府组织和当地居民的沟通和联系。通过召开研讨会、情况通报、联合研究等方式加强与环境非政府组织的经常性联系，在条件成熟时建立可以与非政府组织的制度化沟通渠道，争取有利于流域发展的政策和舆论环境，构建有效的公众参与机制。[④] 另外，水坝所在地居民的

---

① 特别是在有关水资源的知识产生和知识搜集方面，湄公河委员会具备很强的权威性。参见 Ben Boer, Philip Hirsch, *The Mekong: A Social-Legal Approach to River Basin Development*(New York: Routledge, 2016) , p. 112。

② 非政府行为体更多地通过运用网络、科学和媒体的支持来提出倡议、影响和参与决策。参见 Yumiko Yasuda, Rules, *Rules, Norms and NGO Advocacy Strategies: Hydropower Development on the Mekong River* (New York: Routledge, 2015) , p. 15。

③ Tun Myint, *Governing International Rivers: Polycentric Politics in the Mekong and the Rhine* (Northampto: Edward Elgar Publishing, Inc. , 2012) , p. 2.

④ 有效的公众参与机制包括四个不可分割的方面：信息汇集、信息传播、协商和公众参与决策过程。参见 Tun Myint, *Governing International Rivers: Polycentric Politics in the Mekong and the Rhine* (Northampto: Edward Elgar Publishing, Inc. , 2012) , p. 218。

利益诉求应得到尊重，并将其纳入水电开发的利益补偿机制中，这是水电开发项目得以顺利推进的重要保证。

第三，要充分发挥企业作用。美国众多的非政府组织是其对外援助的重要助手，日本也有国际协力机构这样的专门性海外援助机构。与美、日相比，中国的对外援助机制尚待完善，且短期内很难建立起与美、日类似的制度或框架。但中国也有自身的优势，随着中国企业走出去步伐的加快，东南亚成为越来越多中国企业海外投资的首选目的地。[①] 实现由政府主导到政府引导，进而建立一种以企业为主体的市场化运作模式，应当成为中国在与流域国家开展包括水资源在内的项目合作的努力方向。当然，政府要与企业建立良好的合作关系，使之服务于国家外交，需要新的理念和政策创新。

著名亚洲智库“全球明天协会”的首席执行官纳伊尔（Chandran Nair），提出了一种亚洲“合理分享式繁荣”（fair-shares prosperity）方案，用于促进亚洲社会进步。即通过对私人和公共资本的有效分配，创造积极的影响，并同时获取经济回报。它也常常被叫作“影响投资”（impact investing），这种投资主要帮助创立能够满足社会基本需要的商业和经济活动。这些商业形式常被宽泛地归为“社会企业”（social enterprises）。[②] 英国社会企业联盟为社会企业提供了一个更为简单的定

① 《东盟已成为中国企业海外投资的首选目的地》，2012 年 4 月 12 日，中国新闻网，http://finance.chinanews.com/cj/2012/04-12/3815610.shtml。

② ［马来西亚］钱德兰·纳伊尔（Chandran Nair）：《设计亚洲的合理分享式繁荣》，耶鲁全球，2012 年 5 月 31 日，http://yaleglobal.yale.edu/cn/content/。

义，“运用商业手段，实现社会目的”。[①] 社会企业不同于我们所说的企业的社会责任，前者是一种公司化形式，后者仅仅是出于企业自愿。社会企业不是纯粹的企业，亦不是一般的社会服务，社会企业透过商业手法运作，赚取利润用以贡献社会。它们所得盈余用于扶助弱势社群、促进小区发展及社会企业本身的投资。这些投资有两条核心原则：一是致力于通过投资实体经济，从而达到基本需求的满足；二是不因利益最大化而外包生产成本、贬低资源价值。它的发展目标之一是要成立一批目标明确、拥有可持续发展战略的社会企业。引导建立社会企业的关键在于政策激励，比如通过信贷支持、税收减免、新兴产业补贴等，对于那些关注环境保护、经济适用房、社区发展、缩小发展差距、弱势群体以及避免无节制资源滥用的经济活动给予支持。如果中国能够通过政策创新和激励机制，引导和鼓励部分投资次区域和东南亚的国内企业向社会企业的方向发展，不但有利于规避中国对外投资、政府援助以及项目合作中的政治风险，而且有助于加强对企业行为的监管，规范企业的对外投资行为，促进企业的社会化转型，使之在经济活动中更加关注环境和社会公平，改善中国企业在海外的形象，从而也提升中国的国际形象。

（四）在澜湄合作框架内实施差异化政策，促进水资源双边合作

从制度设计来看，澜湄合作属于“1+5”的多边合作。尽管下游国

---

① 关于社会企业的论述，参见：Rob Paton, *Managing And Measuring Social Enterprises*(London: Sage Publications Ltd, 2003)；Roger Spear and Chris Cornforth, “The Governance Challenges of Social Challenges: Evidence from a UK Empirical Study, ”*Annals of Public & Cooperative Economics*, Vol. 2, 2009, pp. 247-273; Xiaomin Yu, “The governance of social enterprises in China, ” *Social Enterprise Journal*, Vol. 3, 2013, pp. 577-583。

家积极推动同中国在水资源领域更为紧密的合作，但它们的具体利益诉求和关注点却也不尽相同，甚至也有个别国家对中方主导的这一机制尚存疑虑，或直接影响到澜湄合作的整体推进。从合作领域来看，有些本属于双边合作的内容，放在澜湄合作这一多边框架内也显得没有必要。因此，协调好双边与多边的关系，在很大程度上决定着澜湄合作的成效。首先，在推进“1+5”项目合作的同时，重视双边项目合作，不但更容易推进，也可以为推动“1+5”合作发挥示范作用。例如，在首次澜湄领导人会议上，确定了近百项“早期收获”项目，其中很多都属于双边项目。对于这些项目，可以采取灵活和差异化的政策，使有些项目更早落地，让有关国家更早受益。其次，在水资源项目设计时，多从流域一体化管理的视角出发，优先选择一些流域国家共同关注的问题，如水生态保持等。通过推动多边项目的发展，增强澜湄机制的生命力，避免多边机制的双边化。

以越南和柬埔寨为例。越南关注湄公河三角洲的农业生产，作为东南亚地区最大的平原和鱼米之乡，湄公河三角洲的农业产值占国内农业总产值超过1/3，占全国稻谷产量超过1/2，而多年来，因旱季湄公河水量减少而引发的海水入侵现象日益严重，对越南的农业生产带来了巨大损失。2016年3月，越南遭遇严重旱情，湄公河三角洲近40%面积的13个省市中的9个已受到海水入侵影响，近20万公顷的水稻和果园受到不同程度的损失，超过1.5万户家庭缺乏生活用水。为此，越南政府颁布了应对湄公河三角洲海水入侵的紧急应对措施，力争使损失减少到最小。[①] 为缓解越南和柬埔寨旱情，中方决定打开云南景洪水电站闸

① 《越南政府总理对湄公河三角洲海水入侵紧急应对措施作出批示》，越南通讯社，2016年3月15日。

门，对湄公河下游国家实施应急补水，得到了越、柬两国的欢迎和支持。[①] 而且，中国提出建立澜湄水资源合作中心，共享河流信息资料，共同保护沿河生态资源，让澜湄沿岸民众更好地“靠水吃水”。[②] 这一举措增加了流域各国进行水资源管理的透明度，为未来合作提供了机制化保障，也会使得有关中国欲谋求“水上霸权”的担忧逐步得以化解。

柬埔寨最为关注的是渔业生产。洞里萨湖是东南亚最大的淡水湖泊，是湄公河的天然蓄水池。每年枯水季节，湖水经洞里萨河流入湄公河，补充了湄公河水量的不足；当雨季来临，湄公河暴涨的河水又经洞里萨河倒灌入湖中，从而减轻了湄公河下游的泛滥。它也是柬埔寨最重要的渔业产地，被称为“生命之湖”。伴随人口的快速增长，工农业的迅速发展，导致湖泊水生生态系统的破坏，湖水水质下降等问题日益突出。因此，亟待加强洞里萨湖水生生态系统保护，实现湖区经济、社会、生态的可持续发展。洞里萨湖综合治理已被提上日程。中国如果能够在澜湄合作框架下帮助柬实现这一目标，无疑将成为澜湄机制下双边合作的典范。

（五）推动建立水文信息共享机制，充分照顾中下游国家的利益，缓解各国的担忧

自湄公河委员会成立以来，中国在与湄公河委员会和下游国家信息

① 《柬外交部欢迎中国对湄公河补水》，《柬华日报》2016 年 3 月 16 日；《越南欢迎中国及早实施向湄公河开闸放水计划》，《越南新闻》2016 年 3 月 15 日。

② 《澜湄合作五个“什么”》，中国外交部网站，2016 年 3 月 17 日，http://www.fmprc.gov.cn/web/zyxw/t1348356.shtml。

共享方面一直保持较为良好的合作，但是，现有十分有限的共享信息并不足以消除下游国家的担心。澜湄机制建立以来，中国在信息共享方面更加积极，将其视为构建流域水资源一体化管理的重要基础。而这对于加强上下游国家间的政治互信也十分重要。以小湾水电站为例，该库已在2009年9月25日投产发电，拥有近300米的世界最高的双曲拱坝，装机容量仅次于三峡。以当地平均径流计，如果全部拦蓄，从空库到蓄满库容也需要四个半月以上的时间。反过来，在自然流量相当于年平均径流一半的枯水期释放库水使下游流量补充到年平均径流的水平，那么在满库容初始状态下，这种“影响”就可以持续达10个月之久。[①] 因此，问题的关键不是有无影响，而是中国应该让下游国家相信，中国不会为了自身利益而做出有损下游利益和安全的行为。这涉及国家间关系的一个基本问题，即政治互信。作为培养政治互信的一种手段，加快建立水文信息共享制度势在必行。2019年，澜湄水资源合作联合工作组共同签署了中方直接向湄公河5国报汛的备忘录。[②] 此外，在中国景洪水电站调度发生重大变化情况下，中方工作组及时向下游国家工作组通报相关水情信息，得到下游国家高度评价。联合工作组正在积极研究进一步完善洪旱灾害和突发水情信息的共享机制。

---

① 秦晖：《湄公河枯水：呼吁建立信息共享与多边协商机制》，《经济观察报》2010年4月16日。

② 《澜湄合作第五次外长会联合新闻公报》，中国外交部网站，2020年2月21日，http://search.fmprc.gov.cn/web/ziliao_674904/zt_674979/dnzt_674981/qtzt/kjgzbdfyyq_699171/t1748082.shtml。

（六）加强水外交理论的研究与创新，特别应重视国际水法的理论与实践研究

国际社会对利益分享、国际水法等新的水外交理念的逐步接受和日益重视，为中国水外交提出了更大的挑战和更高的要求。为了更好地推进水外交，应对这些新的理念，对国际水法的理论和实践进行深入研究必不可少，而且要做到未雨绸缪。以《国际水道非航行使用法公约》生效为例，中国在1997年联大表决时，考虑到其中若干核心条款，如争端解决的强制调查程序等可能会损害国家主权，因此投了反对票，至今中国未加入这一公约，也就是说，该公约对中国没有约束力。

尽管如此，也不能忽略《国际水道非航行使用法公约》生效带来的影响。[①] 首先，它是迄今为止调整国际淡水资源利用与保护领域最为全面的国际条约。《国际水道非航行使用法公约》融入了国际习惯法的相关规则，同时吸收了国际淡水资源开发与保护方面的双边或区域条约的实践经验，确立了公平合理利用、不造成重大损害、国际合作等国际基本原则。在实践中，这些原则已成为国际司法机构在审理相关案件中的依据。中国应重视《国际水道非航行使用法公约》对国际司法实践的影响力。其次，在国际水域立法和国际水道实践方面，在《国际水道非航行使用法公约》出台前，有些国家在谈判和签署双边或多边国际水道协议时就参考和借鉴了国际法委员会起草的建议条款和公约草案。在《国际水道非航行使用法公约》生效以后，《国际水道非航行使

---

① 参见李伟芳：《〈国际水道公约〉生效中国如何应对》，《法制日报》2014年8月26日，人民网，http://legal.people.com.cn/n/2014/0826/c188502-25536989.html。

用法公约》作为框架性协议对区域立法及双边立法的指导作用将会进一步加强。中国应重视《国际水道非航行使用法公约》作为框架性协议对区域立法及双边立法的指导作用。最后，中国应关注周边国家对《国际水道非航行使用法公约》的态度。曾投弃权票的乌兹别克斯坦也在2007年9月加入了《国际水道非航行使用法公约》。越南的加入加速了《国际水道非航行使用法公约》生效的进程，且越南也成为澜湄流域唯一加入该公约的国家。未来是否会有更多与中国存在跨界水资源争端的周边国家加入该公约，需要进行预先研判。

（七）以实践推动理论创新，构建水资源预防性外交机制

跨界水资源开发与治理既是一个经济问题，又是一个典型的非传统安全问题，需要通过合作来共同应对。在推进水外交的过程中，中国既有成功经验，也有失败教训。例如，在解决湄公河航运安全方面，2011年湄公河“10·5”中国货船遇袭事件发生后，中老缅泰四国共同启动了湄公河联合巡逻执法机制，共同防范、打击和制止湄公河流域违法犯罪，应对突发事件，维护航运安全。截至2020年3月，四国已成功开展了91次联合巡逻执法。[①] 这一机制开创了中国与周边国家执法安全合作的新模式，不但在维护湄公河流域稳定方面发挥了积极作用，而且促进了中国与湄公河下游各国的互联互通。但是，在缅甸密松水电站问题上，由于中方在大坝设计和工程建设中没有充分考虑当地居民的利益补偿和生态保护问题，引发当地政府和民众的抵制，最终成为迫使吴登

① 《第91次中老缅泰湄公河联合巡逻执法启动首次采用远程视频系统指挥》，2020年3月24日，新浪网，http://news.sina.com.cn/o/2020-03-24/doc-iimxxsth1505071.shtml。

盛政府叫停这一项目的重要原因。[①] 密松水电站 2009 年 12 月动工，2011 年 9 月被叫停，密松水电站项目成为中国企业在缅投资的一个分水岭。统计数字显示，中国对缅投资从 2010 年的 83 亿美元降至 2013 年的 2000 万美元。更严重的是，密松水电站问题逐渐演变为一个敏感的政治性话题，成为中缅关系发展史上的一个标志性事件。

以上正反两个事例表明，水资源领域需要建立预防性外交机制。中国和流域国家虽然在水资源预防性外交领域进行了一些尝试和努力，并取得了积极效果，但基本还属于单一问题导向的预防性机制建设，针对某个问题的成功经验并不必然适用于其他问题，且缺乏理论指导。在"全面参与"澜湄水外交的背景下，各种水资源及相关问题的关联性有所增强，针对某一问题的预防性外交机制不足以应对可能出现的综合性风险。因此，流域国家有必要探讨推进制度导向型的水资源预防性外交建设，结合本地区在水资源治理实践中形成的成功经验，逐步在预防性外交的理念、目标、适用领域/问题、行为规范以及操作程序等理论方面形成地区共识，建立适合澜湄水资源治理实际的预防性外交理论和实践体系，这将不但有助于提升澜湄水资源治理的成效，而且也可以为亚太地区的预防性外交理论和实践积累经验。

从"有限合作"到"全面参与"，澜湄合作机制只是中国参与流域水资源治理的一个新起点，未来需要关注的问题和挑战还有很多，其中一个不得不直面的问题就是如何塑造合作的规范和文化，实现流域水资源的善治。对于流域国家来说，由于长期以来在经济、技术发展和社会、环境公平方面存在的明显分歧、政治体制的制约以及由此形成的思

---

① 参见秦晖：《密松之惑（中）》，《经济观察报》2012 年 2 月 13 日，第 46 版。

维惯性，要实现严格意义上的由国家和多种非国家行为体参与的跨界水资源有效治理仍有很长的路要走。[①] 在这一进程中，决策机构和政策制定者都需要不断调整和学习，努力减少或消除这些分歧带来的对跨界水资源治理的负面影响，并最终找到一个各方均接受的治理方案，而澜湄合作机制无疑为实现这一目标提供了一个良好的平台。

第三节　湄公河国家对建立流域治理机构的认知

澜湄合作机制成立以来，在政治安全、经济和可持续发展、社会人文等三大支柱领域取得了令世人瞩目的成就，打造了“高效务实、项目为本、民生为先”的澜湄模式。[②]

新机制往往是在其成立之初更有活力，但要保持它的可持续发展，需要提升它的制度化水平。澜湄合作在未来一段时期内的深度和广度取决于其制度化水平和各国对起核心作用的机制安排所让渡权力的程度。[③] 澜湄合作能否有机会由一个多边倡议向一个次区域国际组织演化，首先需要成员国强有力的政治支持，其次便是不断发展完善的制度保障。执行机制的欠缺将呈现制度性、体制性的缺陷，很多合作倡议将

---

① Mark Everard, *The Hydro-politics of Dams: Engineering or Ecosystems?*(New York: Zed Books, 2013), p. 242.

② 《外交部就李克强总理出席澜沧江—湄公河合作第二次领导人会议并访问柬埔寨举行中外媒体吹风会》，中华人民共和国中央人民政府网站，2018 年 1 月，http://www.gov.cn/xinwen/2018-01/04/content_5253293.htm。

③ 刘卿：《澜湄合作进展与未来发展方向》，《国际问题研究》2018 年第 2 期，第 43 页。

受阻或无法落实。[①] 健全执行机制将是未来澜湄合作的重点工作内容之一。

各国为加强内部部门协调，促进合作项目落地，纷纷成立了本国的澜湄秘书处或协调机构。但这些以国别为基础的执行机制统筹协调能力不一，无法以澜湄流域的整体视角进行统一规划，更无权制定保障本地区合作的法律法规。[②] 澜湄合作机制也因为缺乏主体身份，而难与其他区域组织开展更为平等和顺畅的协调与合作。

在此背景下，李克强总理在参加于2018年1月10日在柬埔寨金边举行的澜沧江—湄公河合作第二次领导人会议时"倡议建立六国秘书处（协调机构）联络机制，适时成立国际秘书处"。[③] 本节拟对成立澜湄合作国际秘书处的必要性和可行性加以探讨，基于舆情分析和充分调研梳理湄公河国家对此提议的态度和反应。

一、各方态度和反应

2018年，笔者就澜湄合作面向湄公河国家学者和官员进行了书面和口头访谈，并做了相关国家的国内舆情调查。湄公河国家对组建澜湄合作国际秘书处的态度和看法，大体可以概括为三点：组建澜湄合作国际秘书处已具备良好的合作基础；组建国际秘书处具有较高的必要性；组建国际秘书处也面临着一些制约因素。

---

① 陈铁水：《GMS 执行机制的选择与构建》，《经济问题探索》2007年第7期，第88—93页。

② 刘卿：《澜湄合作进展与未来发展方向》，《国际问题研究》2018年第2期，第43页。

③ 澜沧江—湄公河合作中国秘书处：《李克强在澜沧江—湄公河合作第二次领导人会议上的讲话》，2018年1月11日，http：//www.lmcchina.org/zyxw/t1524913.htm。

（一）组建国际秘书处已具备良好的合作基础

湄公河国家普遍认为，澜湄合作自成立以来，在次区域发展方面取得了许多实实在在的成果，为六国民众带来看得见、摸得着的福祉，而中国在推动澜湄合作进程中发挥了重要作用。这为组建澜湄合作国际秘书处打下了良好的合作基础，营造了愉快的合作氛围。

1. 澜湄合作已取得良好成效

湄公河国家普遍认为，澜湄合作是对中国—东盟合作的有益补充，有助于促进成员国的经济和社会发展，特别是推动缅、老、柬等欠发达国家的发展，缩小东盟新老成员国之间的发展差距，实现地区互联互通，加深各国民众间相互了解，从而使澜湄国家建立更加紧密的关系，最终在本地区实现一个面向和平与繁荣的命运共同体。澜湄合作对于该本地区的经济增长和民众福利有着“直接且显著的影响”。[①]

柬埔寨官员和学者认为，澜湄六国可通过各领域的深入合作，增强政治互信，协同经济发展，进而促进地区和平与稳定。澜湄合作基于开放精神，具有高度包容性，在各国领导人强有力的政治支持下，以具体的项目为导向，推动各国彼此交流、共同发展，塑造了各国强烈的主人翁意识和共同体认同。[②] 因此，澜湄合作可以更有效地应对跨国问题，

---

① 刘传春：《中国对外合作机制的身份认同功能：以澜湄合作机制为例的分析》，《国际论坛》2017 年第 11 期，第 35—40 页。

② 《柬埔寨国务兼外交国际合作部大臣布拉索昆畅谈澜湄合作》，中国外交部网站，2018 年 3 月，http://swedenembassy.fmprc.gov.cn/web/wjb_673085/zzjg_673183/yzs_673193/xwlb_673195/t1545772.shtml。

如气候变化、自然灾害、跨境传染病、跨国犯罪等非传统安全挑战。澜湄合作因而可以被看作为南南合作的新实践，有利于实现《联合国2030年可持续发展议程》中所确立的目标。对柬埔寨自身而言，澜湄合作提升了产能，促进了贸易与投资便利化，促进柬埔寨融入本地区乃至世界的多边合作机制，对提升柬埔寨国际地位有积极作用。正如柬埔寨政府顾问索西潘纳所言，澜湄合作将加强、巩固并对接柬埔寨与其他东南亚伙伴之间的合作。索西潘纳同时指出，湄公河流域五国都是东盟的成员国，而任何加强东盟成员国之间合作的框架都会加强东盟自身，澜湄次区域机制能够大力支持东盟的区域合作进程。①

缅甸官员高度评价澜湄合作对缅甸经济与社会发展的积极作用，认为澜湄合作机制将东盟各国更紧密地联系在一起，使东盟的工作更有成效，尤其是澜湄合作进程所着力促进的民间交流对东盟共同体的建设至关重要。在当前美、日对缅态度阴晴不定的背景下，昂山素季政府在罗兴亚难民问题上遭受西方重压，积极寻求与中国合作，希望澜湄合作能为缅国内发展提供大量项目与资金支持。缅甸精英认识到需要和次区域国家加强互联互通，将湄公河流域打造为新的经济增长中心。在首批澜湄合作专项资金资助的132个项目中就有10个在缅甸境内。时任缅甸联邦议会人民院（下院）前议长的吴温敏承诺将继续积极参与澜湄合作，促进睦邻友好，增强互信，互利共赢。②

越南十分重视并积极参与澜湄合作，尤其关注水资源治理问题。越政府提议在未来五年（2018—2022）澜湄合作应重点加强湄公河水资

① "Cambodia and China 60 Years on," *The Myanmar Times*, January 5, 2018, https://www.mmtimes.com/news/cambodia-and-china-60-years.html.

② Kavi Chongkittavorn, "Mekong: riding dragon or hugging panda?" *The Myanmar Times*, January 8, 2018, https://www.mmtimes.com/news/mekong-riding-dragon-or-hugging-panda.html.

源的有效保护、管理和利用，促进可持续发展。虽然水资源治理是澜湄合作的一个主要目标，但澜湄合作的内容远远超出了水资源治理的范围，延伸至互联互通、跨境经济、产能和农业减贫等领域。越南政府对以上各领域合作均有着浓厚的兴趣和较高的期待。越南总理阮春福提出，澜湄合作不仅应重视水文气象统计和信息共享，加强合作抗击旱涝灾害，还应该进一步促进成员国间商品、服务、资本及人员的流动，支持成员国利用第四次工业革命促进其工业化进程，提高人力资源质量，加强农业研究和技术转让，推动高科技有机农业的发展等等，对澜湄合作寄予厚望。① 越南官方智库学者也充分认可澜湄合作取得的成绩，认为该合作机制发展较快，获批项目数量大幅增加，但因机制成立时间较短，还未能对越南国内产生重大的社会经济影响。②

老挝精英则希望与其他澜湄国家共同建立一个稳定、发展、公平、合理的澜沧江—湄公河地区新秩序，实现更高水平、更加广泛而深入的合作。老挝同时也是推动“一带一路”倡议在湄公河次区域落地的积极响应者和重要合作伙伴。③

澜湄合作设想最初由泰国提出，中国推动建立澜湄机制以后，泰国政府表示支持，认为澜湄合作将推动湄公河次区域的可持续发展，同时也希望本国在这一机制中发挥更大作用。自机制成立伊始，泰国便积极提出早期收获项目，推动澜湄合作向新领域拓展。然而，泰国拥有强大的公民社会和众多非政府组织，意见较为多元。泰国学者和媒体普遍较为关注水资源治理和生态问题，有舆论认为澜湄合作中的基础设施建设

---

① “PM concludes trip to attend Mekong-Lancang Summit,” The Voice Of Vietnam Online, January 11, 2018, http://english.vov.vn/diplomacy/pm-concludes-trip-to-attend-mekonglancang-summit-366451.vov.

② 观点摘自越南学者的访谈记录，访谈及问卷整理时间为 2018 年 5 月 23 日。

③ 观点摘自老挝学者的访谈记录，访谈及问卷整理时间为 2018 年 5 月 23 日。

项目对环境因素考虑太少，而这些都和澜湄国家人民的生活息息相关，对澜湄合作的负面看法突出。[①]

2. 中国作用得到广泛认可

湄公河国家都十分重视发展与中国关系，认可中国在澜湄合作中的积极作用，但个别受访人士也表达了对中国在湄公河流域影响力不断增强的担忧。

柬埔寨积极评价中国贡献，认为中国通过塑造共同愿景，强化政治意愿，推动制度建设以及提供资金支持的方式大力推进了次区域合作进程。柬埔寨学者表示，澜湄合作机制已经获得了来自本地区国家和国际社会的认可，体现了中国外交关系的纵深发展，以及中国希望同湄公河下游五国一同构建人类命运共同体的决心。[②] 老挝认为，在发展澜湄合作过程中应更加注重发挥中国的作用。中国有着更为丰富的发展经验和发展基础，在区域内能够形成良好的示范效应和统筹效应。[③]

越南和泰国舆论对中国角色评价则更为多元。积极观点认为，澜湄合作推动中国更加负责任地参与澜湄流域共同治理和推进本地区可持续发展议程，同时也为所有沿岸国家将发展承诺付诸实践提供了平台。越、泰受访者认为中国应当发挥领导作用，促进澜湄合作机制下的各方合作，制定有效措施，实现可持续发展。[④] 消极观点则认为澜湄合作各

---

① Maureen Harris, "Can regional cooperation secure the Mekong's future?"*Bangkok Post,* January 10, 2018, https://www.bangkokpost.com/opinion/opinion/1393266/can-regional-cooperation-secure-the-mekongs-3 future.

② May Kunmakara, "Sok Siphana discusses the Lancang-Mekong Cooperation, "*Khmer Times*, January 10, 2018, https://www.khmertimeskh.com/50100905/sok-siphana-discusses-lancang-mekong-cooperation/.

③ 观点摘自老挝学者的访谈记录，访谈及问卷整理时间为 2018 年 5 月 23 日。

④ 观点分别摘自泰国学者与越南学者的访谈记录，访谈及问卷整理时间分别为 2018 年 5 月 17 日和 2018 年 5 月 23 日。

成员国仅关注短期利益，并不能解决下游国家对粮食安全和生态问题的迫切关注，甚至怀疑澜湄合作背后的目的是加强湄公河国家对中国建设大坝、贸易走廊和互联互通等项目的支持。[①] 例如，因为南海问题和历史因素而对中国抱有一定戒备的越南就对中国在上游建水坝的问题多有龃龉。越南国家湄公河委员会前副总书记陶重赐（Dao Trong Tu）声称："中国在湄公河上游修建水坝是因为中国喜欢用水发电，而不是用来平衡湄公河的水位，这也是为什么湄公河水位纯粹取决于中国电力需求的原因。"[②] 有泰国分析人士甚至呼吁下游国家要尽量摆脱中国影响，避免中国将澜湄合作当作修建大坝的谈判筹码，避免将湄公河自然资源政治化，因为湄公河下游国家"在地缘政治上无法对抗中国"。[③] 有观点认为，老挝和柬埔寨两国对中国的外资投入、援助和贸易合作有很大的依赖性，因此"不愿意在水电站问题上破坏与中国的良好经济和政治关系"。[④] 与学者及媒体的批评声音不同，泰国和越南或许实际上准备在上游水坝建成后，从地区电力贸易中获利，因而在相关政府声明中措辞谨慎。[⑤] 受访的柬埔寨和泰国学者都强调要确保参与国在合作中能

---

① Maureen Harris, "Can regional cooperation secure the Mekong's future?" *Bangkok Post*, January 10, 2018, https://www.bangkokpost.com/opinion/opinion/1393266/can-regional-cooperation-secure-the-mekongs-future.

② 戴永红、曾凯：《澜湄合作机制的现状评析：成效、问题与对策》，《国际论坛》2017 年第 4 期，第 1—6 页。

③ KANDAL, "Power stacked against South-east Asia's poor as China dams Mekong," *The Straits Times*, January 8, 2018, https://www.straitstimes.com/asia/se-asia/power-stacked-against-south-east-asias-poor-as-china-dams-mekong.

④ 屠酥、胡德坤：《澜湄水资源合作：矛盾与解决路径》，《国际问题研究》2016 年第 5 期，第 51—63 页。

⑤ 屠酥、胡德坤：《澜湄水资源合作：矛盾与解决路径》，《国际问题研究》2016 年第 5 期，第 51—63 页。

得到同等的利益，六国都应有权表达自己的诉求。[①]

一些在域内外有较大影响力的非政府组织，如国际河流组织，一方面认为“中国应当发挥领导作用，促进澜湄合作机制下的各方合作，制定有效措施，实现可持续发展”，另一方面却宣扬中国将可能凭借其主导地位和相对影响力，把自身利益置于有正面意义的澜湄合作之上。[②] 这种“喜忧参半”的观点在各国民间有一定的市场。

（二）组建国际秘书处具有必要性

湄公河国家赞赏澜湄合作注重行动力、重在高效务实的工作风格，认为澜湄合作处于初始阶段，如何有效加强澜湄国家间协调，如何处理好澜湄合作机制与湄公河委员会等其他区域性机制的关系，是目前面临的现实挑战。澜湄合作国际秘书处可在加强各方协调与督促项目执行方面发挥重要作用。

1. 加强澜湄国家间协调

澜湄国家认为，澜湄合作仍处于初始阶段，如何有效加强各国间的协调，推动项目落实是澜湄合作面临的挑战。因此，加强制度建设是确保项目顺利落地并且可持续的重要途径。柬埔寨学者指出，澜湄项目审批速度很快，但对项目的质量和影响把控不够，还存在一些漏洞，如缺乏环境和社会影响评估，透明度和问责制不到位，尤其是民众在决策过

① 观点分别摘自柬埔寨学者与越南学者的访谈记录，访谈及问卷整理时间分别为 2018 年 5 月 21 日和 2018 年 5 月 17 日。

② 戴永红、曾凯：《澜湄合作机制的现状评析：成效、问题与对策》，《国际论坛》2017 年第 4 期，第 1—6 页。

程中的参与度不够。[①] 老挝受访者认为澜湄合作机制尚缺少综合性合作平台，亟须建立更为完备的信息交流体系和沟通平台，以能有效应对突发事件和保障长期利益。[②] 受访的缅甸官员及泰国学者都提到加强澜湄合作公众认知度的重要性。民众如果不能有效参与进程，对澜湄合作可能会积累负面情绪。澜湄各国应加强公共关系运作，寻求民众的理解和支持。

对于六国已分别设立的国家秘书处或协调机构，各国对其促进并协调各国项目实施的作用予以肯定。柬、缅两国官员对国家秘书处或协调单位的评价比较积极，认为尽管每个国家都有自己的合作条件及规则，但澜湄合作采取了灵活的方法，能够使六个国家照顾到彼此的需求和期望，项目协调较为顺利。[③]

但也有一些国家学者认为国家秘书处还不足以应对澜湄合作的协调难题。有泰国学者表示各国的秘书处运作基本良好，但在细节方面，合作仍然受到一些因素的限制，协调各方利益往往比较困难。政治上，各国政府政治议程不同，在一些问题上可能存在分歧。以泰国为例，维护政权稳定是泰国政府的工作重点。如果澜湄合作框架中的某些工作要求与此冲突，泰国可能就不会积极地支持协调工作，其他国家可能也会如此。经济上，各国发展不平衡，都在追求自身国家利益。因而有必要加强沟通协商，充分了解对方的利益诉求，以实现有效的合作，不能为了

---

① Andrew Nachemson, "Analysis: Cambodia signing up for Chinese billions—at a price," *The Phnom Penh Post*, January 12, 2018, https://www.phnompenhpost.com/national/analysis-cambodia-signing-chinese-billions-price. (last accessed on April 1, 2019)

② 观点摘自老挝学者的访谈记录，访谈及问卷整理时间为2018年5月23日。

③ 观点分别摘自柬埔寨学者与缅甸外交部官员的访谈记录，访谈及问卷整理时间分别为2018年5月21日和2018年5月23日。

速度草率制定项目计划。[①] 柬埔寨学者认为，在项目执行过程中，不仅国家之间可能有利益冲突，具体的执行机构之间或个人之间也可能存在利益冲突，项目负责单位或负责人缺失主人翁精神和责任感，这成为项目顺利推进的障碍，甚至衍生出腐败问题。[②] 此外，各国国家秘书处也面临能力和资源瓶颈。例如，缅甸澜湄国家秘书处设在外交部东盟司内，仅有5—7名工作人员，该处不仅负责澜湄合作，还要处理其他次区域合作事务，人力不足且资源有限，甚至缺少参与澜湄有关会议的差旅费用。[③] 柬埔寨国家秘书处工作人员在外语能力，书写提案和实施项目能力等方面也有待提升。[④]

正如受访的新加坡学者和越南学者所言，国家秘书处在项目选择阶段往往可以胜任，但因为缺乏具体领域的技术知识，在项目实施过程中往往难以起到协调和监管作用。实际操作中，各国国家秘书处都要将技术工作分配给各部委的技术部门，因而只是一个政治机构，并不能担负有效监管和实施项目的职能。[⑤]

2. 协调与其他区域机制的关系

缅甸官员及越南政府智库学者认为此区域各合作机制均有自己的特点，澜湄合作机制应形成独特的工作风格，愿景以及使命。[⑥] 老挝认

---

① Wang Yan, "Can the countries of the Mekong pioneer a new model of cooperation?" Mekong Eye, March 15, 2018, https://www.mekongeye.com/2018/03/15/can-the-countries-of-the-mekong-pioneer-a-new-model-of-cooperation/.

② 观点摘自柬埔寨学者的访谈记录，访谈及问卷整理时间为2018年5月23日。

③ 观点摘自缅甸外交官员访谈记录，访谈及问卷整理时间为2018年5月23日。

④ 观点摘自柬埔寨学者的访谈记录，访谈及问卷整理时间为2018年5月23日。

⑤ 观点分别摘自新加坡学者与越南外交部官员的访谈记录，访谈及问卷整理时间均为2018年5月23日。

⑥ 观点分别摘自缅甸学者与越南外交部官员的访谈记录，访谈及问卷整理时间分别为2018年5月21日和2018年5月23日。

为，开展澜湄合作要处理好与“一带一路”倡议的关系，即在发展澜湄合作机制的过程中，应当注重树立长远的思维，让每一项合作举措切合“一带一路”倡议的远景发展。[①] 此外，还要处理好与东南亚其他非中国参与的区域性合作组织的关系，即在保障自身机制有效发展的前提下，注意平衡各合作机制间的利益关系，真正实现协调稳定有序的区域发展体系。缅甸总统吴温敏也提出，澜湄合作机制和“一带一路”倡议在实施的过程中，都应尊重包括东盟在内的本地区现有机制的运作程序。[②]

柬埔寨认为澜湄合作并非是对大湄公河次区域合作或恒河—湄公河倡议等合作机制的替代，而是对其他合作机制的补充，开放性与包容性是澜湄合作机制的特点。柬方认为跨境问题治理不能仅靠一国之力，也不是一个机制就能解决的。各次区域合作机制之间可以相互协调。例如，湄公河委员会拥有多年经验，具备大量的技术知识，但缺乏政治影响力。而澜湄合作具有政治影响力，二者可以相互补充。[③]越南副总理范平明也表示澜湄合作机制是一个公开的合作平台，不仅会补充次区域现有的合作框架，也会进一步促进区域合作。澜湄合作各方应加强机制间合作，尤其是与大湄公河次区域合作以及湄公河委员会的协调，以形成联动效应。他还特别提出澜湄合作机制与湄公河委员会应加强合作，以帮助各国共享信息，开展研究，提高治理水平。[④]

---

① 观点摘自老挝学者的访谈记录，访谈及问卷整理时间为 2018 年 5 月 23 日。

② Kavi Chongkittavorn, “Mekong: Riding Dragon or Hugging Panda?” *The Myanmar Times*, January 8, 2018, https://www.mmtimes.com/news/mekong-riding-dragon-or-hugging-panda.html.

③ 观点分别摘自柬埔寨学者访谈记录，访谈及问卷整理时间为 2018 年 5 月 21 日。

④ “Vietnam values Mekong-Lancang cooperation—The Mekong-Lancang Cooperation leaders’ meeting opened in China’s Hainan province on Wednesday,” VOV World (VOV5) of the Voice of Vietnam, March 26, 2016, http://vovworld.vn/en-US/news/vietnam-values-mekonglancang-cooperation-421298.vov.

与官方普遍积极的态度不同，湄公河国家民间对机制间的竞争有不少忧虑的声音。有柬泰媒体舆论认为澜湄合作机制与湄公河委员会之间可能会存在竞争关系。两个机制的关注范围不同、对成员约束力也不同。相较于湄公河委员会，澜湄合作机制可能会对澜湄水电开发及其他基础设施项目产生“更大的影响”。在此方面，湄公河委员会有所谓“合作，协商和协议”机制，对成员国有一定约束作用，但中国却并非为其正式成员。有分析人士担心新兴的澜湄合作会让中国不受任何限制地参与到澜湄流域大坝的开发当中。①

泰国总理巴育也强调澜湄合作机制与湄公河委员会“需要加强对接，以便更快更彻底地交换信息”。② 有泰分析人士甚至表示，湄公河委员会框架中的下游国家应向中国和缅甸施加更多影响，促成它们签署1995年《湄公河协议》，使湄公河委员会能够有效管理湄公河流域的用水和环境问题。泰国国家湄公河委员会技术顾问指出，在水资源管理方面，澜湄框架下的水资源治理机制将与湄公河下游国家已有机构的职能重叠，而职能重复只能让中国占据更多主导地位。③

2018年，湄公河委员会秘书处时任首席执行官范遵潘（越南）表示，湄公河委员会和澜湄合作机制各方应坚持开放与合作的原则，加强机构间合作。中国虽然不是湄公河委员会成员，但仍与湄公河委员会保持良好关系，近些年合作更加密切。对湄公河的科学认识是双方合作的

① Wang Yan, “Can the countries of the Mekong pioneer a new model of cooperation?” Mekong Eye, March 15, 2018, https://www.mekongeye.com/2018/03/15/can-the-countries-of-the-mekong-pioneer-a-new-model-of-cooperation/.

② “Mekong leaders fail to raise environmental concerns at summit in Phnom Penh,” The Nation Thailand, January 11, 2018, http://www.nationmultimedia.com/detail/breakingnews/30335955.

③ SuPalakGanjanakhundee, “Multiple Mekong forums risk igniting rivalry,” TheNationThailand, January 3, 2018, http://www.nationmultimedia.com/detail/asean-plus/30335230.

基础。然而，范遵潘也指出，双方合作仍有待加强，他希望能与中国加强合作，消解外界对于两大机制相互竞争的怀疑。[①] 有湄公河委员会官员进一步指出，澜湄合作机制将会为湄公河委员会创造机遇，深化其与中国及缅甸的关系，湄公河委员会二十余年的工作经验也会为澜湄合作提供借鉴。[②]

（三）组建国际秘书处所面对的制约因素

虽然各方总体上对成立澜湄合作国际秘书处持积极态度，认识到其必要性和可行性，但依然存在着一定的制约因素。随着制度化水平的提升，成员国之间利益差异性也将可能被放大，域外国家也将对澜湄合作投入更多关注，甚至暗中阻挠合作进程。

1. 各成员国的利益不同

对于经济基础薄弱，社会发展长期滞后的湄公河五国来说，参与澜湄合作的动机既有交集，又各有侧重。例如，越南希望能在水资源合作方面取得实质性进展；柬埔寨和老挝为了吸引来自中国的投资并扩大出口市场；泰国是次区域合作的积极推动者，除了经济利益以外，还期待在次区域权力结构中扮演更重要的角色；缅甸希望获得更多的外部支持以促进民族和解和国内经济建设。[③] 这些不同的利益动机导致各国对于

---

① "Mekong River Commission Reaches Out to China to Avert Dam Damage," *Chiang Rai Times*, May 4, 2018, https://www.chiangraitimes.com/mekong-river-commission-reaches-out-to-china-to-avert-dam-damage.html.

② Pratch Rujivanarom, "Mekong River conference hears of determination to work with LMC," The Nation Thailand, April 3, 2018, http://www.nationmultimedia.com/detail/national/30342299.

③ 卢光盛、熊鑫：《周边外交视野下的澜湄合作：战略关联与创新实践》，《云南师范大学学报（哲学社会科学版）》2018年第2期，第27—34页。

澜湄合作的发展方向和制度化水平有不同的倾向性。

例如，有泰国学者认为没有必要建立新的国际秘书处。其认为，如果湄公河委员会等旧机制存在问题，泰国应当解决这些问题，而不是建立一个新的机制。建立新的机制会在管理方面造成混乱，并与之前的合作谈判冲突。如果一定要建立新机制，必须要证明它足够创新，能够解决之前机制的问题。① 越南学者认为，目前阶段首先需要关注的是如何加强国家秘书处的能力，以加强各国内部的协调。六国国家秘书处将合作解决涉及两个及以上国家的项目实施问题。随着六国国家秘书处协调机制的发展，越南可以从中获得经验并决定是否有必要设立国际秘书处。② 此外，缅甸官方态度较为模糊，表示目前尚无必要，但未来可适当考虑。③ 如果各国对澜湄合作在次区域合作中的定位不能达成共识，国际秘书处的建立只能是远景规划，很难转化为现实。

2. 来自域外国家的阻力

东亚地区内部地缘关系相对较为复杂多变，域外干扰因素进一步加大了区域内部合作的不确定性，特别是域外大国暧昧不明的态度更是对现有的澜湄合作构成了干扰。

东盟中非湄公河国家对澜湄合作抱有疑虑。例如，新加坡在中国—东盟中心开展的活动中避免使用湄公河国家概念，试图弱化澜湄合作在中国—东盟合作框架中的影响。④ 长期为湄公河下游国家（尤其是越南）提供政策咨询的某新加坡学者表示，澜湄合作在减贫和基础设施建设领域意义重大，弥补了其他次区域合作机制的不足，但必须保证澜

① 观点摘自泰国学者访谈记录，访谈及问卷整理时间为 2018 年 5 月 21 日。
② 观点摘自越南学者访谈记录，访谈及问卷整理时间为 2018 年 5 月 23 日。
③ 观点摘自缅甸官员访谈记录，访谈及问卷整理时间为 2018 年 5 月 23 日。
④ 观点摘自新加坡学者访谈记录，访谈及问卷整理时间为 2018 年 5 月 23 日。

湄合作不能以将某些国家排除在外为代价，生态保护也需进一步加强。新加坡学者认为，是否有必要设立国际秘书处取决于对其功能的界定，成立国际秘书处存在一定风险，因为国际秘书处可能会被一个或两个主要参与国主导。①

美日等域外大国的干扰分散了湄公河国家的注意力，越缅两国的不确定性最为突出。特别是美越两国积极发展战略伙伴关系，在南海问题上共同制衡中国，中越关系时而受到冲击。2017 年以来，虽然南海总体局势基本稳定，中越关系恢复较好水平，但美国并不会放弃越南作为其东南亚政策的重要抓手。越南参与澜湄合作的前景仍存在不确定性。②

缅甸自 2010 年以来实行政治经济民主化。美、日等西方国家加大对缅甸的拉拢，企图破坏中缅间的传统友谊。尽管昂山素季在 2016 年 9 月出访中国时明确表示，“缅甸坚持独立和中立的外交政策，不会在中美之间采取立场”，但其政府在参与中国主导的合作项目时还是体现出犹豫与反复，例如密松水电站问题。③

泰国、柬埔寨等国近年来内政不甚稳定，西方国家通过操纵代理人和支持反对派加大对湄公河国家内政的干预。一旦政局发生剧烈震荡，中泰关系、中柬关系必然经受严峻考验，也将影响到澜湄合作机制化发展。

澜湄合作未来要向深度和广度发展，必然需要强有力的制度保障。

---

① 观点摘自新加坡学者访谈记录，访谈及问卷整理时间为 2018 年 5 月 23 日。

② 戴永红、曾凯：《澜湄合作机制的现状评析：成效、问题与对策》，《国际论坛》2017 年第 4 期，第 1—6 页。

③ 戴永红、曾凯：《澜湄合作机制的现状评析：成效、问题与对策》，《国际论坛》2017 年第 4 期，第 1—6 页。

澜湄机制建立以来，虽然各国已成立国别秘书处或协调机构，但是受能力和资源所限，并未能发挥出应有的统筹规划与协调落实效用。澜湄国家有必要探讨组建澜湄合作国际秘书处的必要性和可行性。通过对湄公河国家主流媒体进行舆情分析，并通过访谈、问卷等形式对湄公河国家官员和学者进行意见调查，了解到各国普遍认同澜湄合作已取得良好成效，且中国在澜湄合作中的领导作用受到广泛认可，这为组建国际秘书处夯实了基础。各方认为，国际秘书处将有利于加强澜湄国家间的协调与合作，并将更加理顺与其他区域机制的关系，最终形成合力，促进次区域的整体发展。然而，组建国际秘书处的动议也将受制于各国不同的利益偏好和来自域外国家的挑战，需要循序渐进，量力而行。

第四节　推动构建澜湄水资源多层治理机制

在权力流散的背景下，中国在湄公河流域的水资源开发面临着更为复杂的局面，如果处理不好，不但会影响到中国的既定开发计划，而且会对中国同流域国家的友好关系造成负面影响。

具体来讲，中国面临的挑战至少来自以下方面：（1）社会层面。针对中国在澜沧江的水电开发，下游非政府组织时常指责中国拦水建坝不但改变和破坏了流域生态环境，还给下游的渔业、农业等民生问题带来了消极影响，甚至有非政府组织指责中国可能将大坝作为“水武器”来达到控制下游国家的目的。非政府组织利用其网络化的传播手段，大肆宣传其观点，有些被歪曲的事实对各国政府和民众起到了误导作用，不但给中国外交造成了巨大压力，也抹黑了中国的形象。（2）科学层面。针对中国做出的水坝建设和运行的环境影响评估，外界仍有不少质疑的声音。除此之外，流域有关国家对待同一个科学问题往往会基于国家利益考量而得出不同结论。如何达成水资源治理中关键问题的科学共识，是中国需要着力解决的问题。（3）制度层面。中国作为上游国家，自1996年成为湄公河委员会的对话伙伴国以来，一直与该组织保持着较为良好的合作关系，但这种基于技术合作为主的低水平合作，已不能适应流域治理的新形势。随着流域治理整体观的不断强化，下游国家对中国在上游活动的信息公开、制度化合作等有了更高的期待。中国未来如何在澜湄合作框架下推动流域制度化合作，也是需要认真思考的问题。（4）大国关系层面。域外国家的介入使得水资源治理问题更趋复杂，中国能否与域外国家加强协调，避免或减少同域外国家的恶性竞争，同样是未来面临的一大挑战。换句话说，中国面临的挑战主要来自如何与众多利益攸关方建立一种稳定和有效的利益分享机制，而这已被广泛视为湄公河可持续水电发展不可分割的组成部分。①

国际流域的整体性，决定了流域各国在流域开发中享有共同利益，寻找到利益的共同点，是水资源开发具有可持续性的重要保障。对于中国来说，构建利益分享机制，对各方实现其利益诉求都是有利的。对于流域居民，尤其是直接受影响的当地居民来说，利益分享机制有助于保证他们在决策过程中发出声音，并使他们成为水电项目的优先而非最后一个受益者，从而使他们成为水电开发的支持者而不是反对者。对于下

① 在1995年湄公河下游四国签署的协议中就提出了平等与合理利用、不造成损害以及航行自由三项水资源治理的主要原则，这是利益分享理念的早期体现；在2011年湄公河委员会通过的《流域发展战略》（BDS）中，提出了多行为体参与的整体流域发展计划，表明流域国家对构建利益分享机制更加重视。参见 MRC, "*Knowledge Base on Benefit Sharing*," p. 29; Mekong River Commission, *Basin Development Strategy*, Vol. 1, January 2011。

游国家政府来说，利益分享机制是一个有效的政策工具，有助于在水电项目规划、建设及运行中更好地实现社会、经济与环境的包容与平衡发展。对于水电站的开发商和运营商来说，利益分享有助于规范其行为并提升其与当地社区处理关系的能力，这对于建立企业和民众之间良好的社会关系十分重要。对于潜在的水电投资者来说，上述良好基础的建立可以有效降低投资风险，增强投资者的信心，对于推动水电发展无疑具有积极意义。[①] 更为重要的是，通过利益分享机制建立起来的利益攸关方之间的良性互动，对于中国有效应对权力流散带来的诸多挑战具有重要的意义。

澜湄合作机制建立以来，水资源合作作为优先领域之一，受到中国和流域国家的高度重视，涉水合作机制和合作规划不断完善，为实现更加有序、高效的流域水资源治理提供了平台和可能性。澜湄合作机制的一个重要原则就是鼓励多方参与，体现在政策层面，中国积极探索建立流域利益分享机制，处理好与市民社会及非政府组织、国际组织以及域内外国家的关系，努力将自身的国家利益与流域各国利益更好地结合起来，构建可持续发展的水资源治理模式，实现全流域的可持续发展，应成为流域各国努力的方向，也是未来实现流域水资源善治的必由之路。

首先，重视与社会行为体的互动，寻求在价值层面达成谅解。

在以 GDP 增长为主要经济衡量指标的背景下，国家尤其是地方政府，往往在发展与环保之间倾向于前者，而忽视对环境及自然资源的保护，进行的经济合作与资源开发可能对环境造成不可逆转的影响。非政府组织更加关注环境公共利益，可以有效弥补政府在这方面的不足，在

① MRC, “Knowledge Base on Benefit Sharing,” *MRC Initiative on Sustainable Hydropower*, Vol. 1, 2011, pp. 28-29.

开展独立研究、保护环境等方面的努力应当得到承认和鼓励，并将其纳入次区域多层治理的机制化框架中。

包括非政府组织和市民社会组织在内的社会行为体往往通过一种网络化的行动，用“科学的”证据来建构话语，强调河流之于生态、民生、安全等方面的“价值”，在尽可能广的范围内形成一个认知共同体，并进而对水资源开发中的相关问题做出价值判断，从而占据道义制高点，呼吁或迫使政府改变决策。非政府组织在东南亚地区的活动非常活跃，影响也很大。例如，自20世纪八九十年代以来，由于泰国市民社会的长期反对，导致泰国多年来未在国内修建新的大型水坝。从积极的角度看，这些非政府组织及其非正式的网络植根于本地区，是通过一种“自下而上”的进程，鼓励地方和本地区公众的参与，来弥补现有地区机制的不足，从而试图寻求水资源开发中出现的一系列特定问题的解决方案。[①] 对于政府来说，如何利用其正面作用并与其形成良性互动，塑造其价值判断，或至少达成某种谅解，是政府在水资源开发中面临的一大挑战，也是实现区域水资源开发善治的客观要求。要实现这一目标，应从以下三个方面做出努力。

一是建立和完善利益攸关方与社会行为体的参与和协商机制。非政府组织、当地民众等多元利益攸关方的存在意味着利益的多元化和差别化。在水资源治理中，应改变传统的由国家主导的垂直化的管制模式，采取一种包括各种利益攸关方参与的平行化的治理模式。利益攸关方和社会行为体的广泛参与对于地方层面利益分享的执行非常重要，不但可

① Philip Hirsch, “IWRM as a Participatory Governance Framework for the Mekong River Basin?” in Joakim Ojendal, et al., eds., *Politics and Development in A Transboundary Watershed: The Case of the Lower Mekong Basin*(Dordrecht: Springer, 2012), pp. 69-155.

以大幅提高利益分享进程和机制获得成功的可能，也是机制保持长期有效性以及水电项目取得成功的关键。通过构建各种利益攸关方的参与机制，推动伙伴关系建设，尤其是实现公私部门的良好合作关系，是利益分享机制具有可持续性的重要保证。[①] 2009 年，中国国家发展改革委在北京召开了一个关于湄公河流域的会议，允许境外一些非政府组织到场旁听并提出质疑。这是一个积极的信号，但仍需要努力建立一种制度化的沟通与协作渠道。

在流域层面，积极推动澜湄合作机制与湄公河委员会的沟通与协调，为社会行为体参与水资源治理提供更多制度化平台。湄公河委员会较为重视决策过程的社会参与。早在 2008 年，在芬兰和日本的资助下，湄公河委员会就在老挝举办过“水电项目地区利益攸关方研讨会”，希望借助会议逐步改变自己此前单纯与政府部门开展对话的角色，转而作为协调方推动不同层次的利益攸关方开展对话，并直接与私营部门或民间社会团体讨论具体问题。湄公河委员会表示，这种转变是地区水电计划顺利实施的关键，以后还将以多种形式促进社会团体的参与。湄公河委员会对社会参与的重视还体现在其更加强调水电开发进程的“利益分享”，湄公河委员会于 2011 年就“利益分享”的理念和主要内容进行了详细阐述，明确了国家和地方共同分享水电开发收益的原则。[②] 由此，社会团体不仅可以事先与政府、施工方以及湄公河委员会讨论水电项目的影响，而且还能在具体项目的收益分配中拥有更大的发言权。湄公河委员会还建立了区域洪水论坛（Flood Forum），并将其作为一个分

① 郭延军：《湄公河水资源治理的新趋向与中国应对》，《东方早报》2014 年 1 月 17 日，第 A14 版。

② MRC, “Knowledge Base on Benefit Sharing,” *MRC Initiative on Sustainable Hydropower*, Vol. 1, 2011.

享经验和信息的平台，协调国家决策部门、科研机构、国际组织和民间社会组织的洪水管理活动；发布年度洪水报告（Annual Flood Report），自2005年以来，该报告每年向社会提供湄公河下游洪水泛滥的简要描述。澜湄机制下也于2018年成立了“澜湄水资源合作论坛”，每年召开一次，加强包括非政府组织在内的多方对话。

二是重视水坝所在国与所在地居民的利益分享。水电开发地一般处于贫困边远地区，当地居民对生活环境改变的适应能力有限，而下游国家的国家治理能力亦有待提高，且常常面临地方（民族）冲突等棘手问题，使得当地居民的利益难以得到有力保障，甚至会由于利益分歧导致尖锐的对立。例如，在缅甸密松水电站事件上，克钦地方势力的坚决反对是最终迫使吴登盛政府叫停这一项目的重要原因。当前，中国积极参与湄公河水电开发，在水电项目的规划、建设和运行中，必须充分考虑对当地环境和居民生产生活产生的负面影响，并建立完善的利益补偿机制，从而保证水电开发项目的顺利推进。[①] 目前，下游国家对水坝所在地居民意见的关注也逐步走上正轨。例如，2018年初，泰国与老挝就湄公河北本水电项目举行首次对话会，来自泰国和老挝两国国家湄公河委员会秘书处的官员与泰国自然资源和环境部、老挝能源和矿业部的代表回应了当地民众对项目开发可能对周边环境产生潜在影响的担忧。当地社区、非政府组织和居民纷纷称赞其为“一个历史性时刻”。[②]

三是要有重点、有选择地培育中国的社会组织。目前，中国的社会组织，尤其是国际非政府组织还相对薄弱，已不能适应中国周边外交社

---

① 老挝有识之士指出，西方公司在水电开发中只关注环境保护，对移民安置等民生问题关注很少，这正是中国可以充分发挥优势的方面。来自笔者2014年9月对老挝外交研究院院长的访谈。

② 《老挝与泰国就续建北本水电项目展开对话》，《国际河流资讯》2018年第2期，第3页。

会化转型的需要。[①]

在中国国内层面，应通过构建包括非政府组织在内的社会组织的参与机制，实现政府与社会组织的良好合作关系。截至 2020 年 4 月，中国境内社会组织的数量已达到 87 万多家，其中在民政部登记的社会组织数量为 2277 家。[②] 从分布来看，东南沿海经济发达省份较为集中，说明社会经济发展程度越高，社会组织就越发达，社会组织对于社会经济发展的支撑作用就越强。社会组织在水资源领域发挥的作用也越来越大，例如，“自然之友”等国内 19 家环境非政府组织曾在 2013 年共同发布《中国江河的“最后”报告——中国民间组织对国内水电开发的思考及“十三五”规划的建议》，其中提出了政府撤销或搁置一些水电项目，并且提供了很多科学依据。[③]

推动与社会组织（非政府组织）的伙伴关系建设，是实现利益分享并保持其可持续性的重要保证。[④] 在澜湄合作框架下，笔者多次参与中国环保部门组织的与国内外非政府组织的对话，其中也包括关于澜湄水资源合作的讨论，非政府组织的特定视角、专业知识和国际视野可以为政府制定政策提供专业建议和政策启示。更为重要的是，通过这种对话机制，政府的“朋友圈”可以不断扩大，这是推动决策更加科学化和专业化的重要途径。中国应不断完善相关制度，为政治上可靠、专业

---

① 有学者指出，国际政治社会化趋势使中国外交的对象不仅包括他国政府，也包括各种政治势力组成的“世界社会”。中国在外交姿态、心态和理念上应更加开放包容，与各国的各种政治势力都发展外交关系，推进立体外交。参见《环球时报年会之七：未来十年的中国外交转型》，环球网，2013 年 1 月 4 日，https://opinion.huanqiu.com/article/9CaKrnJyr0L。

② 中国社会组织网，http://data.chinanpo.gov.cn/，登录时间：2020 年 4 月 2 日。

③ 李波等：《中国江河的“最后”报告——中国民间组织对国内水电开发的思考及“十三五”规划的建议》，2013 年 12 月。

④ 郭延军：《湄公河水资源治理的新趋向与中国应对》，《东方早报》2014 年 1 月 17 日，第 A14 版。

上过硬的非政府组织提供更多发展空间，并鼓励非政府组织逐步建立广泛的海外活动网络，使之成为中国外交的得力助手。这些非政府组织所编制的网络系统，在信息搜集和反馈、专业知识咨询、加强多层次社会交往并建立多渠道接触机制等方面，都能起到积极作用。[①] 同时，鉴于中国国内非政府组织“走出去”还需要较长一段时间，可考虑与境外非政府组织加强合作，选择和支持一批立场中立、观点客观的社会组织，促进知识生产和知识共享，力争在科学层面达成更多共识。在条件成熟时，可以考虑与境外非政府组织建立制度化联系，为澜湄水资源合作提供智力支撑和民意支持。需要注意的是，对于不同性质的非政府组织应区别对待。部分环境非政府组织，包括一些比较激进的环境非政府组织以及“反坝组织”开展的活动，其背后可能隐藏着政治因素，在建立机制化联系过程中，应对这类组织予以警惕。

其次，与国际组织建立更为密切的合作关系，寻求在科学层面达成共识。

在澜湄水资源的开发和利用及其影响方面，当前还存在大量的科学争论。虽然有关国家和非政府组织进行了大量研究，但在很多情况下，各国出于维护自身利益的考虑或政治目的，对其他国家或非政府组织得出的结论并不完全认可（而无论其是否客观）。缺乏科学层面的共同认知，不但造成各国在水电项目的设计和建设中难以达成或遵守统一的标准，而且给决策者制定科学有效的政策增加了难度，甚至会导致国家间的相互猜疑和指责。

如前所述，本地区活跃着大量国际组织和国际机构，既有世界银行

---

① 朱锋：《2012：新周边外交元年》，《财经》杂志 2012 年 1 月 29 日。

这样的全球性组织，又有亚洲开发银行这样的区域性组织；既有湄公河委员会这样的专门性组织，又有大湄公河次区域经济合作这样的综合性合作机制。一般来说，这些政府间国际组织在对待科学问题方面会更严肃、更客观、更具说服力。澜湄流域在生态上是一个整体，河道一半在中国境内，在修建大坝的过程中各国应通力协商，联合开展大坝建设对生态环境影响的研究与评估，“把开发与保护资源和环境联系起来，从一个大区的角度进行设计和开发”。[①] 2000—2006 年，世界银行和全球环境基金会等联合资助了湄公河委员会 1600 多万美元，用于开展下游四国的水利用研究，而中国在上游地区类似的研究还没有。[②]

为改变这一状况，中国应与该区域的国际组织建立更为密切的合作，尤其应加强联合研究的力度，积极开展关于大坝建设的环境影响联合评估，力争在有争议的科学问题上做出更具权威性的解释，改变中国在科学领域的被动局面，推动区域科学共识的达成，为水资源开发奠定知识基础。

2018 年，湄公河委员会举行了战略与伙伴关系、流域规划、环境管理、数据、建模和预测四个专家组的首次会议。专家组的目标是加强区域和国家两级的合作模式：湄公河委员会秘书处和国家各级机构、其他机构和组织。专家组是技术平台，区域和国家专家定期开会，共同制定与跨界水管理有关的日常或紧急工作，并协调国家层面相关活动执行。由于湄公河委员会与国家之间的合作得到加强，区域和国家观点将

---

① 张蕴岭：《未来 10—15 年中国在亚太地区面临的国际环境》，北京：中国社会科学出版社 2003 年版，第 318 页。

② 何大明等：《中国西南国际河流水资源利用与生态保护》，北京：科学出版社 2007 年版，第 28 页。

得到越来越多的理解和协调。[①] 澜湄合作机制亦应在专家层面加强与湄公河委员会的合作，共同在科学层面为流域水资源治理提供更多智力支撑。

在2019年12月举行的澜湄水资源部长级会议期间，澜湄水资源合作中心与湄公河委员会签署了合作谅解备忘录，标志着澜湄流域两大机制之间协调合作的正式开启。双方明确在以下方面开展合作：水资源及相关资源开发与管理的经验分享、数据与信息交流、监测、联合评估、联合研究、知识管理和相关能力建设。[②] 这与湄公河委员会重点推进作为“水外交平台”和“知识中心”的定位高度契合。一方面，通过两个机制之间的政策协调和经验分享，促进两个机制的健康协调发展；另一方面，更好地发挥专家、科研机构、社会组织的知识生产作用，达成更多科学共识，形成“共识网络”，制定基于科学共识基础之上的更加符合流域需求的政策。中方在这次会议上还提出加强澜湄水资源合作的三点建议，得到湄公河国家的高度认同。第一，围绕“共商”，加强合作机制建设。建议把澜湄水资源合作部长级会议做实，建立部长级会议共商共议、工作组具体落实的机制，六国定期轮流举办部长级会议，水利主管部门开展政策对话，澜湄水资源联合工作组就有关问题开展协商，提出落实方案。第二，围绕“共建”，推动合理开发利用。建议澜湄六国在共同协商确定澜湄流域水资源、水能资源开发利用的大原则的基础上，制定各自发展与建设目标，协调推进澜湄水资源、水能资源的

① *MRC Annual Report 2018*, p. viii, http://www.mrcmekong.org/assets/Publications/Annual-Report-2018-Part-1-final.pdf.

② 《澜湄水资源合作中心与湄公河委员会秘书处合作谅解备忘录》，中国水利网，2019年12月23日，http://www.chinawater.com.cn/ztgz/hy/2019lmhy/4/201912/t20191223_742573.html。

开发利用。对接“一带一路”倡议，与湄公河五国共同做好在流域规划、防洪抗旱、水电开发等方面的工作，实现互利共赢。第三，围绕“共享”，打造高水平信息平台。建议进一步加强澜湄流域水资源信息共享、经验共享和能力共享建设，早日建成技术领先、协同高效、公开透明的信息共享平台，实现真正意义上的信息共享。①

再次，与域外国家建立对话关系，寻求在治理层面形成明确分工。

当前，美、日、韩、澳、印度等域外国家相继加大在这一地区的投入，各国的规划大都是一揽子计划，不可避免地造成项目之间的重复，不但造成了资源的浪费，而且可能会导致国家间的恶性竞争。如果没有有效的沟通与协调，将对次区域的整体发展产生不利影响。尽管各国在战略目标和具体利益上存在差异，但我们看到，各国在支持澜沧江—湄公河次区域发展方面的目标是一致的，这给国家之间的协调与合作提供了可能性。

流域内外国家应充分利用地区现有双多边机制，就澜沧江—湄公河次区域合作问题进行协调，明确分工。例如，中日两国可在次区域南北走廊和东西走廊的建设中分享经验、制定统一标准、整合资源，共同促进次区域的互联互通。在中日双方致力于开展第三方市场合作的大背景下，日本方面对在澜湄地区开展合作比较积极，中国可利用这一契机，加强与日方协调，推动双方在这一地区开展第三方市场合作。韩国强调在湄公河次区域的“绿色发展”，中韩可在环保及绿色经济领域加强政策协调和技术合作，共同推动次区域可持续发展。美国在次区域的投入

---

① 《澜湄水资源合作部长级会议在北京召开》，中国水利部网站，2019年12月19日，http: //www. mwr. gov. cn/xw/slyw/201912/t20191219_1375529. html。

主要集中在民生领域，中美可以在教育、公共卫生等领域加强协调与合作，中方可发挥地缘和资金的优势，美方可利用技术及经验优势，开展一系列务实合作，共同改善次区域的民生问题。

具体到水电开发方面，鉴于中国在澜沧江中下游段的开发已基本完成，下一步协调与合作的重点将转到水资源的合理分配、流域生态的修复和保持、农业和渔业的增产以及下游国家水电站的建设标准及运行模式等方面。在这些领域，中国应更为主动地与域外国家进行合作，开展联合研究，参考国际通行的最佳做法，综合、全面地考虑各种因素，促进流域水坝标准的制定，努力将水电运行的潜在负面影响降到最低程度，保证流域水资源治理的有效性和可持续性。

最后，与流域内国家加强合作，寻求在政策层面实现突破。

尽管非政府组织及国际组织等在价值层面和科学层面对水电开发进程发挥着重要影响，但对于全流域的水资源治理来说，国家，尤其是流域内国家的政治意志和决策仍是治理成功与否的关键。随着中国国力的快速提升，中国对周边外交的信心也逐步提升。这种源于实力增长的信心体现在政策上，应当是以一种更加合理和更易接受的方式与周边国家开展合作，以增加他们对中国的信心而不是担心。在澜湄水资源治理方面，中国应在充分照顾下游各国利益的基础上，逐步推动建立全流域的治理架构，形成一体化的水资源治理模式，以期从根本上改变目前流域水资源开发的无序状态。

建立全流域的、职能多元的联合管理机构是实现共同利益的理想途径，也是最高程度的合作形式，甚至是实现共同利益的必要手段，但是这种机构的建立和运作效果受制于沿岸各国的政治意愿、信任和合作程度等因素。在国际水资源领域，制度能力和共同利益会使国家倾向于开展合作，从而降低发生水资源冲突的风险。[①] 罗德里奇出版社《水国际》杂志的“跨界水合作”特刊提出了一些重要见解，其中提到跨界水合作具有渐进性、发展性和多面性。在共享环境、经济和社会价值的基础上，依托法律、政策和科学等多学科专业知识，上游国家可充分发掘机遇，强化与下游国家的合作。实施“睦邻友好”政策的同时，中国可通过加强一体化与邻国及其他国际伙伴探讨建立利益共同体。[②] 中国地处澜湄流域的上游，而且是湄公河的发源地，在对流域水资源进行开发时基本不受其他沿岸国家的影响，对流域水资源的开发利用基本可以按照自己的需求单方面进行。正是这样一种地位，使得中国在主观上上可能缺乏与沿岸其他国家合作的意愿和动力。中国如何在满足国内需求的同时，考虑下游邻国的需要，推动建立利益共同体？对于大多数下游国家而言，中国在上游修建水坝是一把双刃剑。一方面，上游修建大坝可能会对下游国家的生态安全、经济安全和政治安全等产生消极影响，威胁到本国人民的生计甚至是国家稳定；另一方面，中国在上游修建大坝有助于调节湄公河的季节性流量，可以保证一年中各个季节持续的水供应量。这对于深受洪涝、干旱等自然灾害之苦的下游国家来说是一个好消息。[③] 而且，中国生产的电力可以通过各种合作形式输送到下游国家，缓解其电力紧张状况。可见，上下游国家在水电开发和水资源

---

① Aaron T. Wolf, “The Importance of Regional Co-operation on Water Management for Confidence-Building: Lessons Learned, ” in *Green Cross International Program: From Conflict Potential to Cooperation Potential: Water for Peace*, Paper prepared for the UNESCO, 2002.

② 《中国上游地域优势能否促进跨界水管理》，《国际河流资讯》2018 年第 10 期，第 4 页。

③ Evelyn Goh, “China in the Mekong River Basin: The Regional Security Implications of Resource Development on the Lancang Jiang, ” in Mely Caballero-Anthony, Ralf Emmers and Amitav Acharya, eds., *Non-Traditional Security in Asia: Dilemmas of Securitization*(Burlington: UK: Ashgate, 2006), pp. 225-245.

合理利用上存在共同利益。

在当今的流域资源开发与管理中，有三条基本经验特别值得重视：（1）将流域视为一个整体，成立一个统一的协调机构，并对流域拥有规划、开发、利用和管理各种资源的广泛权力；（2）流域的开发、资源的利用，必须把促进流域内经济发展和人民生活的改善摆在重要位置；（3）在制定规划和开发的过程中，同时要考虑流域生态环境的改善或重建。① 在这一背景下，水资源开发与利用更要科学决策，进行通盘战略性规划，流域国家间充分、有效的协同，是在政策层面实现突破的关键。

总的来说，在共同利益的基础上，加强制度建设，探索一种适合本地区的水资源多层治理模式，是保障水资源长期安全的必由之路。它可以提高政府对水资源的关注度，政府通过有效的制度设计，把国际组织、成员国、非政府组织以及其他行为体纳入到多层治理架构中，最终实现流域水资源的统一管理。对于中国来说，参与流域水资源治理机制的建设，推动建立全流域水资源治理架构，应当把握几个基本原则：即不损害国家利益、各方接受、中方主导、逐步推进。按照这几个基本原则，澜湄合作机制应当是中国未来参与流域水资源治理的主要平台。在推动构建多层治理机制的过程中，需要协调好经济利益、政治利益和环境利益三者之间的关系。经济利益是合作的动力，政治利益是合作的基础，环境利益是合作的保证。② 为此，中国应当在战略上进一步提升和加强与次区域各国的关系，构建使次区域各国均能受益的紧密关系，促

① 何大明等：《中国西南国际河流水资源利用与生态保护》，北京：科学出版社 2007 年版，第 8 页。

② 秦亚青主编：《东亚地区合作：2009》，北京：经济科学出版社 2010 年版，第 168 页。

进次区域合作中政治、经济和环境利益的最优化，实现地区的可持续发展与共同繁荣。在此过程中，应把澜湄水资源治理放到中国周边外交的总体战略中予以考量，破解澜湄水资源开发利用中的难题，更好地服务于中国周边外交以及“澜湄国家命运共同体”建设。

参考文献

一、中文

（一）著作

1. ［美］理查德·克拉曼：《国家与权力》（郦菁、张昕译），上海：上海世纪出版集团2013年版。

2. ［美］威廉·R. 劳里：《大坝政治学——恢复美国河流协会》（石建斌等译），北京：中国环境科学出版社2009年版。

3. ［美］詹姆斯·罗西瑙：《没有政府的治理》（张胜军、刘小林等译），南昌：江西人民出版社2001年版。

4. ［英］苏珊·斯特兰奇：《权力流散：世界经济中的国家与非国家权威》（肖宏宇、耿协峰译），北京：北京大学出版社2005年版。

5. ［美］詹姆斯·多尔蒂、小罗伯特·普法尔茨格拉夫：《争论中的国际关系理论》（第五版）（阎学通、陈寒溪等译），北京：世界知识出版社2003年版。

6. 国际大坝委员会编：《国际共享河流开发利用的原则与实践》（贾金生等译），北京：中国水利水电出版社2009年版。

7. 何大明、刘大清编译：《湄公河研究》，湄公河研究编辑委员会1992年版。

8. 何大明、柳江、胡金明等：《纵向岭谷区跨境生态安全与综合调控体系》，北京：科学出版社 2009 年 12 月版。

9. 何大明、汤奇成等：《中国国际河流》，北京：科学出版社 2000 年 6 月版。

10. 何艳梅：《中国跨界水资源利用和保护法律问题研究》，上海：复旦大学出版社 2013 年版。

11. 雷建锋：《欧盟多层治理与政策》，北京：世界知识出版社 2011 年 1 月版。

12. 刘稚、卢光盛：《大湄公河次区域蓝皮书：大湄公河次区域合作发展报告（2012—2013）》，北京：社会科学文献出版社 2013 年 8 月版。

13. 刘稚：《大湄公河次区域合作发展报告（2014）》，北京：社会科学文献出版社 2014 年 9 月版。

14. 流域国际组织网、全球水伙伴等编：《跨界河流、湖泊与含水层流域水资源综合管理手册》（水利部国际经济技术合作交流中心译），北京：中国水利水电出版社 2013 年版。

15. 秦亚青主编：《当代西方国际思潮》，北京：世界知识出版社 2012 年版。

16. 邵鹏：《全球治理：理论与实践》，长春：吉林出版集团 2010 年版。

17. 世界水坝委员会编：《水坝与发展：决策的新框架》（刘毅、张伟译），北京：中国环境科学出版社 2005 年版。

18. 水利部国际经济技术合作交流中心编译：《国际涉水条法选编》，北京：社会科学文献出版社 2011 年版。

19. 王志坚：《国际河流法研究》，北京：法律出版社 2012 年 6 月版。

20. 吴志成：《治理创新——欧洲治理的历史、理论与实践》，天津：天津人民出版社 2003 年版。

21. 朱贵昌：《多层治理理论与欧洲一体化》，济南：山东大学出版社 2009 年 6 月版。

（二）论文

1. ［日］西泽信善：《湄公河地区开发与日本的政府开发援助》，《南洋研究译丛》2011 年第 1 期，第 10—24 页。

2. 白明华：《国际水法理论的演进与国际合作》，《外交评论》2013 年第 5 期，第 102—112 页。

3. 白如纯：《“一带一路”背景下日本对大湄公河次区域的经济外交》，《东北亚学刊》2016 年第 3 期，第 32—38 页。

4. 贝娅特·科勒-科赫、贝特霍尔德·里滕伯格：《欧盟研究中的“治理转向”》，《欧洲研究》2007 年第 5 期，第 19—44 页。

5. 毕世鸿：《试析冷战后日本的大湄公河次区域政策及其影响》，《外交评论》2009 年第 6 期，第 112—123 页。

6. 毕世鸿：《重拾“价值观外交”的日本与湄公河地区合作》，《东南亚南亚研究》2013 年第 4 期，第 6—11 页。

7. 边永民：《大湄公河次区域环境合作的法律制度评论》，《政法论坛》2010 年第 4 期，第 149 页。

8. 陈丽晖、曾尊固、何大明：《国际河流流域开发中的利益冲突及其关系协调——以澜沧江—湄公河为例》，《世界地理研究》2003 年第 1 期，第 71—78 页。

9. 陈丽晖、何大明：《澜沧江—湄公河水电梯级开发的生态影响》，

《地理学报》2000年第5期，第577—585页。

10. 陈琪、管传靖：《中国周边外交的政策调整与新理念》，《当代亚太》2014年第3期，第4—22页。

11. 陈志敏：《全球多层治理中地方政府与国际组织的相互关系研究》，《国际观察》2008年第6期，第6—15页。

12. 程晓勇：《弱国何以在不对称博弈中力量倍增——基于朝核问题六方会谈的分析》，《当代亚太》2014年第6期，第51—69页。

13. 傅开道、何大明、李少娟：《澜沧江干流水电开发的下游泥沙响应》，《科学通报》2006年第51卷增刊，第100—105页。

14. 郭延军、任娜：《湄公河下游水资源开发与环境保护——各国政策取向与流域治理》，《世界经济与政治》2013年第7期，第136—145页。

15. 郭延军：《大湄公河水资源安全：多层治理与中国的能力建设》，《外交评论》2011年第2期，第84—97页。

16. 韩益民：《拆坝有缘由建坝须谨慎——从美国拆坝看水电开发政策的演变》，《水利发展研究》2007年第1期，第51—55页。

17. 何大明、吴绍洪等：《纵向岭谷区生态系统变化及西南跨境生态安全研究》，《地球科学进展》2005年第3期，第338—344页。

18. 何影：《利益共享：和谐社会的必然要求》，《求实》2010年第5期，第39—43页。

19. 贺圣达：《大湄公河次区域合作：复杂的合作机制和中国的参与》，《南洋问题研究》2005年第1期，第6—14页。

20. 胡文俊、张捷斌：《国际河流利用权益的几种学说及其影响述评》，《水利经济》2007年第6期，第1—4页。

21. 贾金生等：《国外水电发展概况及对我国水电发展的启示》(系列论文)，《中国水能及电气化》2010 年第 3—10 期。

22. 金灿荣、刘宣佑、黄达：《美国“亚太再平衡战略”对中美关系的影响》，《东北亚论坛》2013 年第 5 期，第 3—13 页。

23. 康斌、何大明：《澜沧江鱼类生物多样性研究进展》，《资源科学》2007 年第 5 期，第 195—200 页。

24. 蓝玉春：《欧盟多层次治理：论点与现象》，《政治科学论坛》2005 年第 24 期，第 49—76 页。

25. 李春霞：《从敌人到全面伙伴：越南发展对美关系的战略考量》，《国际论坛》2014 年第 4 期，第 13—18 页。

26. 李永春：《试析韩国的湄公河开发战略》，《东南亚研究》2013 年第 6 期，第 55—61 页。

27. 李志斐：《跨国界河流问题与中国周边关系》，《学术探索》2011 年第 1 期，第 27—33 页。

28. 李志斐：《水问题与国际关系：区域公共产品视角的分析》，《外交评论》2013 年第 2 期，第 108—118 页。

29. 李志斐：《水资源外交：中国周边安全构建新议题》，《学术探索》2013 年第 4 期，第 28—33 页。

30. 刘戎：《水资源治理与传统水利管理的区别》，《水利经济》2007 年第 3 期，第 53—55 页。

31. 刘稚：《环境政治视角下的大湄公河次区域水资源合作开发》，《广西大学学报（哲学社会科学版）》2013 年第 5 期，第 1—6 页。

32. 卢光盛：《中国加入湄公河委员会，利弊如何》，《世界知识》2012 年第 8 期，第 32—34 页。

33. 罗圣荣：《奥巴马政府介入湄公河地区合作研究》，《东南亚研究》2013 年第 6 期，第 49—54 页。

34. 马燕冰、张学刚：《湄公河次区域合作中的大国竞争及影响》，《国际资料信息》2008 年第 4 期，第 15—20 页。

35. 彭雪辉等：《我国水库大坝风险评价与决策研究》，《水利水运工程学报》2014 年第 3 期，第 49—54 页。

36. 秦亚青：《全球治理失灵与秩序理念的重建》，《世界经济与政治》2013 年第 4 期，第 4—18 页。

37. 任远喆：《奥巴马政府的湄公河政策及其对中国的影响》，《现代国际关系》2013 年第 2 期，第 21—26 页。

38. 屠酥：《美国与湄公河开发计划探研》，《武汉大学学报（人文科学版）》2013 年第 2 期，第 122—126 页。

39. 王浩：《过度扩张的美国亚太再平衡战略及其前景论析》，《当代亚太》2015 年第 1 期，第 4—37 页。

40. 王镇宇：《湄公河管理典则的建立与变迁 1957—2002》，台湾新北市：淡江大学国际政治专业硕士学位论文，2007 年。

41. 王志坚、邢鸿飞：《国际河流法刍议》，《河海大学学报（哲学社会科学版）》2008 年第 3 期，第 92—100 页。

42. 尉洪池：《国际关系中的权力流散》，《求索》2013 年第 3 期，第 240—242 页。

43. 阎学通：《权力中心转移与国际体系转变》，《当代亚太》2012 年第 6 期，第 4—21 页。

44. 杨晨曦：《东北亚地区环境治理的困境：基于地区环境治理结构与过程的分析》，《当代亚太》2013 年第 2 期，第 87 页。

45. 杨紫翔：《多层治理理论的亚洲经验：以大湄公河次区域治理中的亚洲开发银行为例》，《理论界》2014 年第 7 期，第 42—45 页。

46. 俞可平：《全球治理引论》，《马克思主义与现实》2002 年第 1 期，第 20—32 页。

47. 禹雪中、杨静、夏建新：《IHA 水电可持续发展指南和规范简介与探讨》，《水利水电快报》2009 年第 2 期，第 1—5 页。

48. 张胜军：《为一个更加公正的世界而努力——全球深度治理的目标与前景》，《中国治理评论》2012 年第 3 辑，第 70—99 页。

49. 张锡镇：《中国参与大湄公河次区域合作的进展、障碍与出路》，《南洋问题研究》2007 年第 3 期，第 1—10 页。

50. 郑志伟等：《挪威水电开发与生态环境保护》，《水生态学杂志》2009 年第 4 期，第 117—122 页。

51. 中国水力发电工程学会、中国大坝学会、中国水利水电研究院：《国外水电开发对我国的启示》，《中国三峡》2011 年第 5 期，第 59—68 页。

52. 中国水力发电工程学会、中国大坝学会、中国水利水电研究院：《主要国家水电开发历程与发展趋势》，《中国三峡》2011 年第 1 期，第 59—68 页。

53. 周方银：《东亚二元格局与地区秩序的未来》，《国际经济评论》2013 年第 6 期，第 106—119 页。

54. 周方银：《如何看待中国的周边安全环境》，《时事资料手册》2009 年第 5 期，第 15—19 页。

55. 周方银：《中国崛起、东亚格局变迁与东亚秩序的发展方向》，《当代亚太》2012 年第 5 期，第 4—32 页。

56. 周海炜、郑爱翔、胡兴球：《多学科视角下的国际河流合作开发国外研究及比较》，《资源科学》2013 年第 7 期，第 1363—1372 页。

57. 朱贵昌：《多层治理理论与欧洲一体化》，《外交评论》2006 年第 6 期，第 49—55 页。

二、英文

（一）著作

1. Ben Boer and Philip Hirsch, *The Mekong: A Social-Legal Approach to River Basin Development*(New York: Routledge, 2015) .

2. Commission on Global Governance, *Our Global Neighborhood: The Report of the Commission on Global Governance* (Oxford: Oxford University Press, 1995) .

3. Gary Lee and Natalia Scurrah, *The Mekong River Commission and Lower Mekong Mainstream Dams*(Sydney: Oxfam Australia and University of Sydney, October 2009) .

4. Ian Bache and Matthew Flinders, eds. , *Multi-level Governance* (Oxford: Oxford University Press, 2004) .

5. Joseph S. Nye, *The Future of Power* (New York: Public Affairs, 2011) .

6. Kenneth J. D. Boutin and Andrew T. H. Tan, eds. , *Non-traditional Security Issues in Southeast Asia*(Singapore: Institute of Defense and Strategic Studies, Nanyang Technological University, 2001) .

7. Matthias Finger, Ludivine Tamiotti, and Jeremy Allouche, eds. , *The Multi-governance of Water: Four Case Studies*(New York: State University of New York Press, 2006) .

8. Matti Kummu, Marko Keskinen and Olli Varis, eds. , *Modern Myths of the Mekong: A Critical Review of Water and Development Concepts*(Helsinki: Water & Development Publications, Helsinki University of Technology, 2008) .

9. Mely Caballero-Anthony, et al. , eds. , *Non-Traditional Security in Asia: Dilemmas of Securitization*(Burlington, UK: Ashgate, 2006) .

10. Miriam R. Lowi, *Water and Power: The Politics of a Scarce Resource in the Jordan River Basin*(Cambridge: Cambridge University Press, 1993) .

11. Samuel Hickey and Giles Mohan, eds. , *Participation: From Tyranny to Transformation? Exploring New Approaches to Participation in Development* (London: Zed Books, 2005) .

12. Sebastian Biba, *China's Hydro-politics in the Mekong: Conflict and Cooperation in Light of Securitization Theory*(New York: Routledge, 2018) .

13. Yumiko Yasuda, *Rules, Norms and NGO Advocacy Strategies: Hydropower Development on the Mekong River*(New York: Routledge, 2015) .

(二) 期刊

1. Marko Keskinen, " Water Resources Development and Impact Assessment in the Mekong Basin: Which Way to Go?" *Ambio*, Vol. 37, No. 3, May 2008, pp. 193-198.

2. Ian C. Campbell, " Perceptions, Data, and River Management: Lessons from the Mekong River, " *Water Resources Research*, Vol. 43, 2007, pp. 1-13.

3. Scott W. D. Pearse-Smith, "Water War in the Mekong Basin?" *Asia Pacific Viewpoint*, Vol. 53, No. 2, August 2012, pp. 147-162.

4. Timo A. Räsänen, Jorma Koponen, Hannu Lauri and Matti Kummu,

"Downstream Hydrological Impacts of Hydropower Development in the Upper Mekong Basin," *Water Resources Management*, Vol. 26, No. 12, September 2012, pp. 3495–3513.

5. Scott William and David Pearse-Smith, "The Impact of Continued Mekong Basin Hydropower Development on Local Livelihoods," *The Journal of Sustainable Development*, Vol. 7, No. 1, 2012, pp. 73–86.

6. Jane Bradbury, "Giant Fish Threatened by Mekong Dams," *Frontiers in Ecology and the Environment*, Vol. 8, No. 7, September 2010, p. 344.

7. Philip Hirsch, "The Changing Political Dynamics of Dam Building on the Mekong," *Water Alternatives*, Vol. 3, No. 2, 2010, pp. 312–323.

8. David Blake, "Proposed Mekong Dam Scheme in China Threatens Millions in Downstream Countries," *World Rivers Review*, Vol. 16, No. 3, 2001, pp. 4–5.

9. Kai Wegerich and Oliver Olsson, "Late Developers and the Inequity of 'Equitable Utilization' and the Harm of 'Do No Harm'," *Water International*, Vol. 35, No. 6, 2010, p. 714.

10. Virginia Morsey Wheeler, "Co-Operation for Development in the Lower Mekong Basin," *The American Journal of International Law*, Vol. 64, No. 3, June 1970, pp. 594–609.

11. P. K. Menon, "Some Institutional Aspects of the Mekong Basin Development Committee," *International Review of Administrative Sciences*, Vol. 38, No. 2, June 1972, pp. 157–168.

12. Jeffrey W. Jacobs, "Mekong Committee History and Lessons for River Basin Development," *The Geographical Journal*, Vol. 161, No. 2, July.

1995, pp. 135-148.

13. Jeffrey W. Jacobs: "The Mekong River Commission: Transboundary Water Resources Planning and Regional Security," *The Geographical Journal*, Vol. 168, No. 4, December 2002, pp. 354-364.

14. Claudia Kuenzer, Ian Campbell, Marthe Roch, Patrick Leinenkugel, Vo Quoc Tuan and Stefan Dech, "Understanding the Impact of Hydropower Developments in the Context of Upstream-Downstream Relations in the Mekong River Basin," *Sustainability Science*, Vol. 1, No. 1, November 2012, pp. 565-584.

15. Chris Sneddon and Coleen Fox, "Power, Development, and Institutional Change: Participatory Governance in the Lower Mekong Basin," *World Development*, Vol. 35, No. 12, 2007, pp. 2161-2181.

16. Ellen Bruzelius Backer, "The Mekong River Commission: Does It Work, and How Does the Mekong Basin's Geography Influence Its Effectiveness?" *Südostasien Aktuell*, Vol. 4, 2007, pp. 31-51.

17. Philip Hirsch, "Globalisation, Regionalisation, and Local Voices: The Asian Development Bank and Rescaled Politics of Environment in the Mekong Region," *Singapore Journal of Tropical Geography*, Vol. 22, No. 3, 2001, p. 249.

18. Marwa Daoudy, "Benefit-sharing as a Tool of Conflict Transformation: Applying the Inter-SEDE Model to the Euphrates and Tigris River Basins," *The Economics of Peace and Security Journal*, Vol. 2, No. 2, 2007, pp. 26-32.

19. Claudia W. Sadoff and David Grey, "Beyond the River: The Benefits of Cooperation on International Rivers," *Water Policy*, Vol. 4, No. 5, 2002,

pp. 389–403.

20. Claudia W. Sadoff and David Grey, "Cooperation on International Rivers: A Continuum for Securing and Sharing Benefits," *Water International*, No. 30, 2005, pp. 420–427.

21. David Phillips, et al., "Transboundary Water Cooperation as A Tool for Conflict Prevention and Broader Benefit-sharing," *Global Development Studies*, No. 4, 2006, Stockholm: Swedish Ministry of Foreign Affairs.

22. Ines Dombrowsky, "Revisiting the Potential for Benefit Sharing in the Management of Trans-boundary Rivers," *Water Policy*, No. 11, 2009, pp. 125–140.

23. Timo Menniken, "China's Performance in International Resource Politics: Lessons from the Mekong," *Contemporary Southeast Asia*, Vol. 29, No. 1, 2007, pp. 97–120.

24. Mark Zeitoun and Jeroen Warner, "Hydro-Hegemony: A Framework for Analysis of Transboundary Water Conflicts," *Water Policy*, Vol. 8, No. 5, 2006, pp. 435–460.

25. Philippe Sands, "International Law in the Field of Sustainable Development," *British Yearbook of International Law 1994*, Vol. 65, No. 1, pp. 355–356.

26. Gary Marks, Liesbet Hooghe and Kermit Blank, "European Integration from the 1980s: State-Centric v. Multi-level Governance," *Journal of Common Market Studies*, Vol. 34, No. 3, September 1996, pp. 341–378.

27. Miranda A. Schreurs, "Multi-level Governance and Global Climate Change in East Asia," *Asian Economic Policy Review*, Vol. 5, No. 1, June 2010, pp. 88–105.

28. Claudia Pahl-Wostl, Joyeeta Gupta, and Daniel Petry, "Governance and the Global Water System: A Theoretical Exploration," *Global Governance*, Vol. 14, No. 4, October–December 2008, pp. 419–435.

29. KatarinaEckerberg and Marko Joas, "Multi-level Environmental Governance: A Concept under Stress?" *Local Environment*, Vol. 9, No. 5, October 2004, pp. 405–412.

30. Mikiyasu Nakayama, "Aspects behind Differences in Two Agreements Adopted by Riparian Countries of the Lower Mekong River Basin," *Journal of Comparative Policy Analysis: Research and Practice*, Vol. 1, No. 3, 1999, pp. 293–308.

31. Donald E. Weatherbee, "Cooperation and Conflict in the Mekong River Basin," *Studies in Conflicts & Terrorism*, Vol. 20, 1997, pp. 167–184.

32. Chris Sneddon and Coleen Fox, "Power, Development, and Institutional Change: Participatory Governance in the Lower Mekong Basin," *World Development*, Vol. 35, No. 12, 2007, pp. 2169–2172.

33. Oliver Hensengerth, "Transboundary River Cooperation and the Regional Public Good: The Case of the Mekong River," *Contemporary Southeast Asia*, Vol. 31, No. 2, 2009, pp. 326–349.

34. John Lee, "China's Water Grab, "*Foreign Policy*, August 24, 2010.

35. Hillary Clinton, "America's Pacific Century," *Foreign Policy*, November 2011, pp. 57–63.

36. Taeyoon Kim, "Korea's Development Cooperation with the Mekong Region," KIEP, *World Economy*, Vol. 3, No. 40, September 13, 2013.

（三）报告

1. Anders Jägerskog and David Phillips, "Managing Trans-boundary Waters for Human Development," Human Development Report 2006, Human Development Report Office Occasional Paper, September 2006.

2. Chheang Vannatith, "An Introduction to Greater Mekong Subregional Cooperation," CICP Working Paper, No. 34, March 2010, p. 14.

3. Evelyn Goh, "China in the Mekong River Basin: The Regional Security Implications of Resource Development on the Lancang Jiang," RSIS Working Paper, No. 069/04, 2004, Nanyang Technological University.

4. Gary Goertz, "Regional Governance: The Evolution of a New Institutional Form," Paper presented at the American Political Science Association, San Diego, 2011.

5. International Centre for Environmental Management, "Strategic Environmental Assessment of Hydropower on the Mekong Mainstream," Final Report, Prepared for the Mekong River Commission, October 2010.

6. Leif Lillehammer, Orlando San Martin and Shivcharn Dhillion, "Benefit Sharing and Hydropower: Enhancing Development Benefit of Hydropower Investments Through an Operational Framework," SWECO Final Synthesis Report for the World Bank, September 2011, pp. 11–12.

7. Oliver Hensengerth, Ines Dombrowsky and Waltina Scheumann, "Benefit-Sharing in Dam Projects on Shared Rivers," Bonn: German Development Institute, 2012, p. 1.

8. Richard Cronin and Timothy Hamlin, "Mekong Turning Point: Shared River for a Shared Future," The Henry L. Stimson Center, January 2012,

p. 31.

9. Richard P. Cronin and Timothy Hamlin: “Mekong Tipping Point: Hydropower Dams, Human Security and Regional Stability,” The Henry L. Stimson Center, 2010.

10. Tesfaye Tafesse, “Benefit-Sharing Framework in Transboundary River Basins: The Case of the Eastern Nile Subbasin,” Conference Papers, No. 1, 2009, International Water Management Institute, pp. 232-245.

三、重要报纸和网站

1. 凤凰网：https://www.ifeng.com/。

2. 环球网：https://www.huanqiu.com/。

3. 经济观察网：http://www.eeo.com.cn/。

4. 联合国网站：https://www.un.org/en。

5. 湄公河委员会网站：http://www.mrcmekong.org/。

6. 美国国务院网站：https://www.state.gov/。

7. 美国史汀生中心网站：https://www.stimson.org/。

8. 南洋理工大学拉惹勒南国际研究院网站：https://www.rsis.edu.sg/。

9. 全球水伙伴网站：https://www.gwp.org/。

10. 人民网：http://www.people.com.cn/。

11. 日本外务省网站：https://www.mofa.go.jp/index.html。

12. 世界银行网站：https://worldbank.org/。

13. 新华网：http://www.xinhuanet.com/。

14. 新民网：http://www.xinmin.cn/。

15. 中国商务部网站：http://www.mofcom.gov.cn/。

16. 中国水利部网站：http: //www. mwr. gov. cn/。

17. 中国外交部网站：https: //www. fmprc. gov. cn/web/。

18. 中国新闻网：http: //www. chinanews. com/。

19. 中国长江三峡集团公司网站：https: //www. ctg. com. cn/。

20. 中国政府网：https: //www. gov. cn/。

21.《光明日报》。

22.《环球时报》。

23.《人民日报》。

24.《外交政策》(Foreign Policy)杂志网站：https://www.foreignpolicyjournal.com/。

25.“国际河流组织”网站：https: //www. internationalrivers. org/。